华夏衣冠

中国古代服饰文化

孙机　著

上海古籍出版社

图书在版编目(CIP)数据

华夏衣冠:中国古代服饰文化/孙机著.—上海:
上海古籍出版社,2016.8
ISBN 978-7-5325-8141-2

Ⅰ.①华… Ⅱ.①孙… Ⅲ.①服饰文化—中国—古代
Ⅳ.①TS941.742.2

中国版本图书馆 CIP 数据核字(2016)第 138161 号

华夏衣冠

——中国古代服饰文化

孙 机 著

上海世纪出版股份有限公司

上 海 古 籍 出 版 社 出版

(上海瑞金二路 272 号 邮政编码 200020)

(1)网址:www.guji.com.cn

(2)E-mail:guji1@guji.com.cn

(3)易文网网址:www.ewen.co

上海世纪出版股份有限公司发行中心发行经销

中华商务联合印刷有限公司印刷

开本 710×1000 1/16 印张 20 插页 7 字数 250,000

2016 年 8 月第 1 版 2016 年 8 月第 1 次印刷

印数:1—5,100

ISBN 978-7-5325-8141-2

K·2219 定价:78.00 元

如有质量问题,请与承印公司联系

目　录

周代的组玉佩

在大量使用磨制石器的新石器时代中，质地最精的"美石"——玉的被利用，既合乎情理又异乎寻常。说它异乎寻常是因为这种莹润坚致的矿物不仅产量稀少，而且其高硬度和由于结晶状态不同而表现出的各种特性，如顶性、卧性、韧性、拧性、斜性以及脆性、燥性、冻性等，使许多玉料无法通过凿击取形，碾琢工艺则极为繁难。只是在先民以惊人的热忱投入巨大的创造性努力的情况下，玉器才在古代中国崭露头角，放射出夺目的光彩。它所包含的劳动量极大，从而其价值也被推上极峰，成语所称"价值连城"即源于对玉器的估价[①]。因此到了历史时期，玉器——特别是琢制精美的玉器，一般很少有人拿它当工具来使用。就劳作的实际需要而言，更廉价，更易制作，且便于修理加工和回炉重铸的金属制品比玉器更占优势。所以玉器基本上可以归入礼器和礼器以外的工艺品等两大类。夏鼐先生曾把商代玉器分作礼玉、武器和工具、装饰品三类。但先生的论文中又指出：这些"武器有许多只是作仪仗之用，不是实用物"。[②]其实几乎所有的玉制刃器均不耐冲击，不适宜在战场上用于格斗。它们既被视为仪仗，则仍然属于礼器。所以像《越绝书·外传·记宝剑》所称"至黄帝之时，以玉为兵，以伐树木为宫室，凿地"的说法，则与实际情况不符，因为不可能普遍用玉器作为伐木和挖土的工具，更难以据此推导出一个"玉兵时代"或"玉器时代"来。由于质脆价昂等特点，玉器的使用范围受到限制，使它成为在精神领域中影响大，在生产实践中作用小的一个特殊器类。所以像 C.J. 汤姆森提出的以生产工具之材质为依据，将史前时期分成石器、青铜器、铁器等时代的体系里，也安排不上玉器的位置。

玉礼器中最被古人看重的是瑞玉，但这里面有些器物的含义既神秘，造型又比较奇特，如琮、璋之类，性质不容易一下子说清楚。可是瑞玉中的璜和璧，特别是与璧形相近的瑗和环，早在原始社会中就同玉管、玉珠等玉件组合在一起，形成了组玉佩的雏形。组玉佩既有礼玉的性质，又有引人注目的装饰功能，随着其结构的复杂化和制度化，乃逐渐成为权贵之身份的象征或标志。它的起源悠古，历代传承，其胤裔一直绵延到明代尚未绝迹。尤其是两周时期，组玉佩在服制和礼制中都有举足轻重的地位，然而其演变过程却长期未曾得到较明晰的解释。清·俞樾《玉佩考》说："夫古人佩玉，咏于《诗》，载于《礼》；而其制则经无明文，虽大儒如郑康成，然其言佩玉之制略矣。"③所幸近年新资料的不断发现，始为此问题的解决提供了一条约略可辨的线索。

璜和璧类均出现于新石器时代，从北方的红山文化、山东的大汶口文化、中原的河南龙山文化到江南的良渚文化中都有它的踪迹，并发展出多种式样。"弧形璜较常见（仰韶、马家窑、大溪、马家浜、崧泽、宁镇地区等），折角璜应属弧形璜的变例（马家浜、良渚、大溪），半璧璜常见于长江流域（崧泽、良渚、薛家岗、大溪等），扇形璜则多在黄河流域（仰韶、中原龙山、马家窑等）。其他的特例有薛家岗文化的花式璜、良渚文化的龙首纹璜、红山文化的双龙首璜等"④。在这时的遗物中已经发现用璜充当一串佩饰之主体的作法，它被串连在玉佩中部的显著位置上。如江苏南京北阴阳营出土的玉佩饰，由二十四件玉管和三件玉璜组成⑤（图1-1）。当时的人们将它套在颈部，垂于胸前，所以考古学文献中或称之为项链；周代的组玉佩很可能正是在这类项链的基础上发展出来的。不过周代的和原始时代的玉佩之间的承袭关系目前还说不清楚，因为在商代尚未发现可以作为其中间环节的标本。如安阳妇好墓出土各种玉饰达二百六十六件，却看不出有哪些是串连成上述组玉佩形的。所以本文仅以周代的组玉佩作为主要的考察对象。

在西周，以璜为主体的组玉佩很早就出现了。山西曲沃曲村6214号西周早期墓中出土的两套组玉佩，下部正中皆悬垂二璜，上部有玉或石质的蝉、鸟、鱼形，并以玛瑙、绿松石、滑石制作的小管串连起

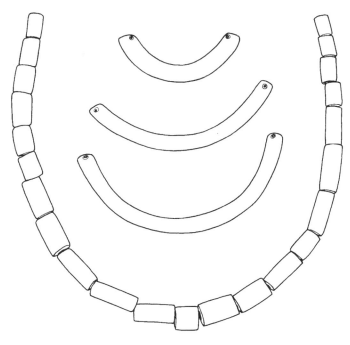

图1-1　新石器时代的玉佩饰

（南京北阴阳营出土）

3

来。这两套组玉佩各有二璜，可称为二璜佩⑥（图1-2：1）。陕西长安张家坡58号西周中期墓出土的组玉佩，以三璜四管和玛瑙珠串成，可称为三璜佩⑦（图1-2：2）。也属于西周中期的陕西宝鸡茹家庄2号墓棺内出的则是一串五璜佩，不过这串玉佩和其他各种玉饰件混杂在一起，发掘报告中没有把它明确地单独列出来⑧。同类五璜佩在山西曲沃北赵村91号西周晚期墓中出过一串，五件璜自上而下弧度递增，安排得很有规律⑨（图1-2：3）。在西周晚期的大墓中，以多件玉璜和玛瑙珠、绿松石珠、料珠等串连成的组玉佩已发现不少例。北赵村31号墓出土的六璜佩，上端套在墓主颈部，下端垂到腹部以下⑩（图1-2：4）。河南三门峡市上村岭2001号墓出土七璜佩，七件璜自上而下，从小到大依次排列，其下端亦垂于腹下（图1-2：5）。此墓墓主虢季是虢国的国君。同一墓地之2012号墓墓主为虢季的夫人梁姬，则以五璜佩随葬⑪。多璜组玉佩中已知之璜数最多的一例见于北赵村92号墓，为八璜佩，这串玉佩中还系有四件玉圭，恰与金文的记述相符⑫（图1-2：6）。由于它们皆以多件玉璜与玉管、玉珠等组合而成，故可名为"多璜组玉佩"。

上述组玉佩虽均出自墓葬，但它和覆面上的那些玉饰件的性质完全不同，大多数应是墓主人生前佩带之物，即《礼记·玉藻》所说，"古之君子必佩玉"，"君子无故玉不去身"。有人把它们笼统地归入葬玉的范畴，不确。虽然，本文上面的叙述给人以西周晚期组玉佩用璜较多的印象，但璜数的变化并不是按照时代先后直线增加的。因为除了时代的因素外，它还受到地区差别的影响和墓主社会地位的制约。在当时的社会生活中，组玉佩是贵族身份在服饰上的体现之一，身份愈高，组玉佩愈复杂愈长；身份较低者，佩饰就变得简单而短小了。这种现象的背后则与当时贵族间所标榜的步态有关，身份愈高，步子愈小，走得愈慢，愈显得气派出众，风度俨然。《礼记·玉藻》：

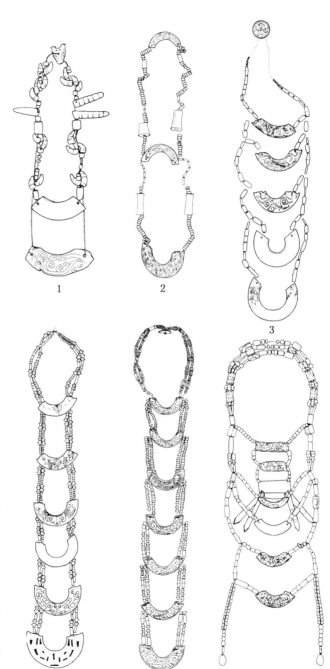

图 1-2　西周的多璜组玉佩

1.二璜佩(山西曲沃曲村 6214 号墓出土)　2.三璜佩(陕西长安张家坡 58 号墓出土)　3.五璜佩(山西曲沃北赵村 91 号墓出土)
4.六璜佩(山西曲沃北赵村 31 号墓出土)　5.七璜佩(河南三门峡市上村岭 2001 号墓出土)
6.八璜佩(山西曲沃北赵村 92 号墓出土)

"君与尸行接武，大夫继武，士中武。"孔颖达疏："武，迹也。接武者，二足相蹑，每蹈于半，半得各自成迹。继武者，谓两足迹相接继也。中，犹间也。每徙，足间容一足之地，乃蹑之也。"也就是说，天子、诸侯和代祖先受祭的尸行走时，迈出的脚应踏在另一只脚所留足印的一半之处，可见行动得很慢。大夫的足印则一个挨着前一个，士行走时步子间就可以留下一个足印的距离了。不过这是指"庙中齐齐"的祭祀场合，平时走得要快些，特别当见到长者或尊者时，还要趋。《释名·释姿容》："疾行曰趋。"这种步态有时是致敬的表示。《礼记·曲礼》："遭先生于道，趋而进。"《论语·子罕》："子见齐衰者、冕衣裳者与瞽者，见之虽少必作，过之必趋。"从而可知步履之徐缓正可表现出身份之矜庄，而带上长长的组玉佩则不便疾行，又正和这一要求相适应。故当时有"改步改玉"或"改玉改行"的说法。《左传·定公五年》说季平子死后"阳虎将以玙璠敛。仲梁怀弗与，曰'改步改玉'"。杨伯峻注："据《玉藻》郑注及孔疏，越是尊贵之人步行越慢越短。……因其步履不同，故佩玉亦不同；改其步履之疾徐长短，则改其佩玉之贵贱，此改步改玉之义。"又《国语·周语中》："晋文公既定襄王于郑，王劳之以地。辞，请隧焉。王不许，曰：'……先民有言曰：改玉改行。'"韦昭注："玉，佩玉，所以节行步也。君臣尊卑，迟速有节，言服其服则行其礼。以言晋侯尚在臣位，不宜有隧也。"此制不仅适用于王侯，大夫等人着朝服时亦须遵循。《礼记·玉藻》："将适公所，……既服，习容，观玉声，乃出。"正义："既服，着朝服已竟也。服竟而私习仪容，又观容，听己佩鸣，使玉声与行步相中适。玉，佩玉也。"等而下之，一般贵族也视以佩玉节步为礼仪之所需。《诗·卫风·竹竿》："巧笑之瑳，佩玉之傩。"毛传："傩，行有节度。"郑笺："美其容貌与礼仪也。"虽然目前出土的资料不足，还无法将组玉佩的规格和贵族的等级准确对应起来，但它的功能性的作用是节步，礼仪性的意义是表示身份。对此，似已无可置疑。

同时也应注意到，《礼记·玉藻》在提到君子玉不去身时，还说："君子于玉比德焉。"《礼记·聘义》中认为玉有"十一德"。《管子·水地》则认为玉有"九德"。《荀子·法行》认为玉有"七德"。到了汉代，许慎在《说文解字》中将玉德归纳为五项："润泽以温，仁之方也；鰓理自外，可以知中，义之方也；其声舒扬，专以远闻，智之方也；不挠而折，勇之方也；锐廉而不忮，洁之方也。"卢兆荫先生对这段话的解释是："'五德'概括了玉的质感、质地、透明度、敲击时发出的声音以及坚韧不挠的物理性能。五德中最主要的德是'仁'，是'润泽以温'的玉质感。'仁'是儒家思想道德的基础，所以儒家学派用'仁'来代表玉的质感和本质。"[13]然而并非所有玉器都是玉德之恰当的载体，在一枚玉鞢或玉玦上，似乎难以全面地反映出这许多道理来。而代表君子身份的组玉佩，对此却可以有较完整的体现。本来古人就看重佩饰的象征意义，如佩弦、佩韦之类。而带上组玉佩，"进则揖之，退则扬之，然后玉锵鸣也"。经常听到佩玉之声，则"非辟之心无自入也"，岂不正显示出玉德的教化作用吗？郑玄在《玉藻》的注中又说，当国君在场时，世子则"去德佩而设事佩，辟德而示即事也"。这里出现了两个名称：德佩、事佩。据孔颖达疏："事佩：木燧、大觿之属。"则事佩乃如《内则》中所记"子事父母"时所佩戴的那些小用具。而德佩显然指的就是组玉佩了。

不过周代的玉佩也不能都包括在德佩和事佩两类中，有些佩饰虽不知其当时的名称，却似乎应划在这两类之外，它们在出土物中也一再见到。比如一种玉牌联珠串饰，早在陕西岐山凤雏村西周早期的甲组建筑遗址内已出土，玉牌呈梯形，雕双凤纹，其所系之珠串虽不存，但在玉牌底边上有系珠串用的十个穿孔[14]。曲沃曲村 6214 号西周墓早期出土的这种佩饰比较完整，其梯形牌为石质，雕对鸟纹，牌下端系有十串以玛瑙、绿松石管和滑石贝、珠等组成的串饰[15]。至西周晚期，实例增多，河南平顶山应国墓地及山西曲沃北赵村31、92号墓均出[16]。其中北赵村31号墓的玉牌联珠串饰与六璜佩伴出，一同挂在墓主胸前。玉牌亦呈梯形，雕龙纹，其上端有六个穿孔，系六串玛瑙珠，下端有九个穿孔，系九串珠饰，整套佩饰长67厘米，亦可垂至腹间。而92号墓出土的两组玉牌联珠串饰，一组出在墓主右股骨右侧；另一组中杂缀玉蚕、玉戈、玉圭等饰件，出于墓主左肩胛骨下，原应佩于肩后（图1-3）。其佩戴方式互不一致，显得颇不规范，它们的地位应比多璜组玉佩为低。另外还有各种小型玉佩，有的只以几件玉管、玉珠或玉环、玉蚕等物组成，结构不固定。还有一种以一环一璜组成，在洛阳中州路西工区、信阳2号楚墓和广州南越王墓出土的人像身上，都刻划出这种佩饰[17]（图1-4）。这些人物为小臣、舞姬之流，身份不高，他们的玉佩中只有一璜，可名"单璜佩"。《韩诗外传》卷一称"孔子南游适楚，至于阿谷之隧，有处子佩璜而浣者"；她佩戴的大约也是单璜佩。此类佩饰的地位是不能和多璜组玉佩相提并论的。

多璜组玉佩既然是代表大贵族身份的仪饰，那么如此重要的玉器在周代青铜器铭文之册命辞所记锡物的名目中应有所反映。陕西扶风白家庄1号窖藏所出的西周懿孝时的八件"瘨簋"和四件"瘨钟"，铭文中都说是因王"锡佩"而作器[18]。锡佩作器之记事他处虽罕见，可是命服中的"赤巿幽黄"、"赤巿恩黄"、"赤巿问黄"、"朱巿五黄"[19]等，其所谓"黄"就是佩饰中的璜；《五年琱生簋》中正作"璜"，《县妃簋》中还提到"玉璜"，更足以为证。"赤巿幽黄"、"赤巿恩黄"无疑就是《玉藻》中的"再命赤韨幽衡，三命赤韨葱衡"。而《诗·曹风·候人》毛传作"再命赤芾黝珩，三命赤芾葱

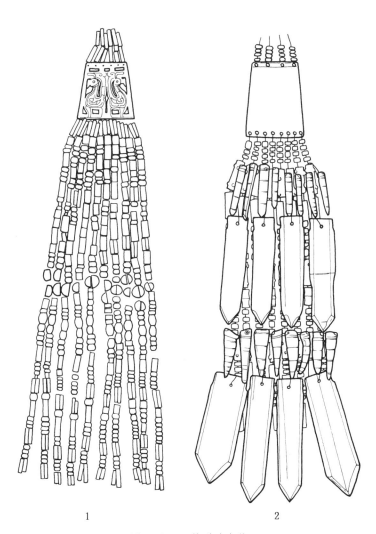

1　　　　　　　　2

图 1-3　玉牌联珠串饰

（均为山西曲沃北赵村 92 号墓出土）

1

2

3

图1-4 单璜佩

1. 洛阳中州路西工区东周墓出土　2. 信阳2号楚墓出土
3. 广州象岗西汉南越王墓出土

珩"。则黄即璜，即衡，即珩。《小雅·采芑》说："服其命服，朱芾斯皇，有玱葱珩。"还为葱珩加上反映其质地的形容词。毛传："玱，珩声也。"充分说明珩是玉制品。以上各点本来极清楚，但唐兰先生于1961年发表的《毛公鼎"朱韨、葱衡、玉环、玉瑹"新解》一文中却提出了不同的看法，他认为黄、衡不是珩，而是系巿的带子。他说："两千多年来，'韨'与'衡'的制度久已失传，今天，如非掌握大量两周金文资料，对汉代学者所造成的错误是很难纠正的。至于玉佩的制度，由于'葱衡'不是佩玉，过去学者的许多说法，都已失去根据。"[20]唐说得到了陈梦家先生和林巳奈夫先生的支持。陈先生说："金文名物之'黄'不是玉器而是衣服的一种。""金文的朱黄、素黄、金黄、幽黄、葱黄即《玉藻》的朱带、素带、锦带、幽衡、葱衡；而幽衡和缁带可能是同类的。"[21]林先生说："秦以后有表明身份差别的垂带'绶'，以黄赤、赤、绿、紫、青、黑、黄等色的绢丝组织成带。关于绶的起源，据传是在韨、佩废止后，由其纽一部分残存而成的。另方面《礼记·玉藻》也有关于'衡'因身份高下而颜色不同的记载，西周金文上连着巿的各种颜色的黄（衡），当然应该是与身份的高下区别有关了。黄相当于衡，也有横的意思，是在巿上面与巿本身成直角的带子，……这条带子被称为衡即黄是很有可能的。"[22]

以下试对三位先生的说法略事分析；匪敢逞其私臆，唐突鸿彦，只是因为受到近年之出土文物的启发，感到已有条件对这个问题重新加以考虑。首先，唐先生认为金文中"葱黄"、"幽黄"、"朱黄"、"金黄"之葱、幽、朱、金"是颜色，但决非玉色"[23]。林先生补充说："金文中'朱黄'之例数见，朱色的'黄'被当作佩玉是不合理的，因为在殷及西周时代，不仅佩玉，一切工艺品中都没有使用赤玉的例子，上村岭虢国墓发现的鸡血石之类红色小玉算是很早的例子，春秋后期有若干红色玛瑙环等，《说文》有'璊、赪色玉也。瑕，玉小赤也'等记载，可见红色玉的语汇不是没有，但红色系统的半宝石类在古代中国向来不为人所尊重。此项事实与唐兰所谓金文中'黄'上面的形容词是有关染色的名称一并探讨，可知'黄'非佩玉是无庸置疑的。"[24]但事实上古人很重视玉色，称之为玉符[25]。汉·玉逸《正部论》说："或问玉符。曰：赤如鸡冠，黄如蒸栗，白如脂肪，黑如淳漆，此玉之符也。"曹丕《与钟大理书》中也有相同的说法[26]。至于认为中国不用赤色玉，亦不尽然。不少古玉表面涂有一层均匀的朱色，有的较厚，应是当时有意识地涂上去的，称此类涂朱之玉璜为"朱黄"应是合理的。葱（素）、幽（黝）色的玉更为常见。至于"金黄"，亦不无可能乃指铜珩而言。

再对"五黄"试作探讨。《师兑簋》说："市五黄。"《元年师兑簋》说："乃且市，五黄。"《师克盨》："赤市五黄。"将"五黄"释为五璜佩，本来顺理成章。但唐先生和陈先生都没有见过后者的实例。唐先生认为"五黄"是市上的五条带子。但市的形状有如蔽膝，系市用一条带子足够，一件市何以要缝上五条带子，既无根据也不合理。陈先生说："五黄犹婕黄，疑指交织之形。"林先生说："假设古时候'吾'读为'梧'，梧即青桐，'五黄'就是以这种树皮的纤维来作'黄'；可是此纤维相当粗这点又说不过去。"此二说连提出者也缺乏充分的自信。

陈先生又说："金文赐市多随以黄，亦有单锡'黄'者（如《康鼎》），可证带是独立的服饰。《玉藻》谓鞸的'肩革带博二寸'，就是附属于鞸的革带，和大带不同。"他认为"黄"是大带，而不是鞸（即市）上的带子，这一点与唐说略有区别。但他又认为黄不是整条大带，说："带分别为横束绕腰与下垂于前的两部分，下垂者为绅，横束者即金文之'黄'，《玉藻》之衡，衡、横古通用而横从黄。"然而既认为"黄"可以单锡，是"独立的服饰"，那么又怎能只赏赐一条大带上之横束的部分，而不及其下垂的部分呢？《诗·小雅·都人士》："彼都人士，垂带而厉。"毛传："厉，大带之垂者。"则大带横向束腰以后，下垂的剩余部分名"厉"，而不叫"绅"；"绅"是指整条大带。陈先生之所以断大带为两截以证成其说，或缘牵合衡、横相通之义而发。

再如唐先生所说，金文中"'黄'次在'市'与'舄'之间，可见'衡'（按指黄）是属于'韨'的服饰。……决不是佩玉"。又说："古书中所见的衡（葱衡、幽衡等）也写作珩，毛苌说是佩玉，金文作黄，或作亢。我曾根据金文中黄的质料和颜色，认为佩玉说是错的。……现在《师虎簋》的'赤市朱横'，横字正从市旁，证明它从属于市而非佩玉。这虽然是很小的问题但可以说明毛苌尽管是西汉初人，对古代事物已经有很多不了解了。"[27]陈先生也说："西周金文中的赏赐，命服与玉器是分开叙述的，'黄'随于'市'之后而多与'玄衣黹屯'、'玄衮衣'、'中绚'、'赤舄'等联类并举；尤其是《师酉簋》的'朱黄'介于'赤市'与'中绚'之间，《曶壶》的'赤市幽黄'介于'玄衮衣'与'赤舄'之间，《师嫠簋》的'金黄'介于'叔市'与'赤舄'之间，可证'黄'是整套命服的一部分。"认为黄属于整套命服的提法并不错，组玉佩本来就是服饰的组成部分，历代史书中的《舆服志》讲祭服、朝服的构成时，也大都把玉佩包括在内。周代的大型组玉佩拖垂到腰下腹前，这里正系着市，从外表看，组玉佩和市是重叠在一起的。何况根据金文的描述，市和黄的颜色须互相配合，更使二者间形成紧密的联系，所以说黄从属于市也是合理的。但唐先生却强调："如果'衡'（按：指黄）确是玉佩，就不应该插入'韨、舄'之间。"实则金文言锡物时，既有种类多少之别，也有叙述详略之分，比如《毛公鼎》说："易女……朱市、恩黄、玉环、玉

周代的组玉佩

13

琮。"黄不是正和玉环、玉琮等玉制品相次吗[23]？环在佩饰中常见，琮则是玉圭之类。《玉藻》说"天子搢珽"，"诸侯荼"。《荀子·大略篇》："天子御珽，诸侯御荼，大夫服笏。"荼（即琮）虽然下天子之珽一等，式样亦应有小殊，但无疑仍属圭类。而北赵村92号西周晚期墓出土的八璜佩中正将玉圭组合在内，堪称确证。黄为命服中的玉佩，至此已无可置疑。唐先生如能亲见这些新出的实例，想必也会对其旧说作出修正的。

古书中常以璜代表玉佩，如《山海经·海外西经》说："夏后启佩玉璜。"汉·张衡《大司农鲍德诔》说："命亲如公，弁冕鸣璜。"然而析言之，有时也只用它指玉佩中的一个部件。《国语·晋语二》韦昭注："珩，佩上饰也，珩形似磬而小。《诗传》（按：系转引《周礼·玉府》郑注所引《韩诗》的传）曰：'上有葱珩，下有双璜。'"似乎只有一串玉饰上部的磬形提梁才是珩，璜则是玉佩下部悬挂的弧形垂饰。珩和璜古音皆属阳部匣母，本可通假。而且先秦时，珩和璜的区别并不严格，西周并无磬形之珩，尽管是一组玉佩最顶上那一件，亦作圆弧形。但是为什么后来会产生珩在上、璜在下的说法呢？其原因应和这类佩饰的形制在东周时的剧烈分化有关。当然并不是说多璜组玉佩至东周已然绝迹，太原春秋晚期晋赵卿墓主棺内出玉璜十八件、龙形佩十件，还有大量水晶珠[29]。虽然由于棺椁坍塌，随葬器物受震移位，但从出土时的分布状况看，其中的若干件可能原本是一副多璜组玉佩。战国早期的曾侯乙墓，墓主内棺出土玉璜三十六件。放置的情况是："墓主腰部以上有九对和四个单件；腰部以下有四对和六个单件。"[30]其中有的原也可能组成一副多璜组玉佩。可是上述两例佩饰之部件间的联系痕迹不明，已无法复原。值得注意的是，两座墓中都出土了一类玉"龙形佩"。根据中山王𰙔墓出土之此类佩上的墨书铭文，它被称为"玉珩"[31]（图1-5：1），而与成组的东周玉

图 1-5 龙形佩

1. 河北平山中山王墓出土　2. 山西长子 7 号墓出土
3. 湖北随县曾侯乙墓出土　4. 山东曲阜鲁故城 58 号墓出土
5. 安徽长丰杨公 8 号墓出土

周代的组玉佩

15

佩相对照，此物都作为垂饰，是安排在组玉佩最下部的璜。目前虽难以确知西周时是否已有"珩"字[32]，但纵然这时已出现珩、璜二名，它们的界限也必然是模糊的。

东周以降，组玉佩的形制产生了较大的变化。自春秋晚期起，组玉佩不再套于颈部，而是系在腰间的革带上。望山2号墓50号竹简称："一革缔（带），备（佩）。"佩与革带连言，表明佩玉附于革带。形象材料也证实了这一点，信阳2号墓与江陵武昌义地楚墓出土的彩绘木俑身上所绘玉佩，都从腰带上垂下来[33]。同时，构成组玉佩的部件也多有创新。以组玉佩下部所垂龙形璜而论，山西长子7号春秋晚期墓所出者，龙身较短肥，蜷曲的程度不甚剧烈，代表角、鳍、足、爪等部位的突出物尚未充分发育[34]（图1-5：2）。同时期的山西太原赵卿墓所出者，尾部虽稍稍加强，但整体变化不大[35]。战国早期的龙形佩，如湖北随县曾侯乙墓所出者，体型变瘦，蜷曲度增大[36]（图1-5：3）。战国中期的河南信阳长台关1号墓、山东曲阜鲁故城58号墓等地所出者，龙身更加瘦长，更加蜷曲，而且头尾两端的曲线趋于对称[37]（图1-5：4）。至战国晚期，如安徽长丰杨公8号墓所出者，身姿蜿蜒，鳍爪纷挐，有飞舞腾踔之势[38]（图1-5：5）。虽然中山王𰐊墓出土的此类玉件名"珩"[39]，但它们却从来不出现在一组玉佩顶端起提梁作用的位置上。相反，𰐊墓所出另一种亦自名为"珩"的部件[40]（图1-6：1），与出土实例相对照，却常被安排在组玉佩顶端或当中的关键部位，以牵引提挈其他佩玉。起初，它们还保持着弧形璜的基本构图，只不过附加上不少透雕纹饰。以后越来越复杂，越来越不适于放到组玉佩底端充当垂饰了（图1-6：2~5）。东周玉佩饰中的其他部件如各类璧、瑗，或出廓，或遍施透雕，构图往往新颖奇巧。再如从韘形演变出来的"鸡心佩"、活泼生动的玉舞人等，碾琢工艺也都得到长足进展，其中不乏极具匠心的精美之作。这时的

图1-6 "珩"形佩

1. 河北平山中山王墓出土 2. 山东曲阜鲁故城乙组52号墓出土 3. 北京故宫博物院藏
4. 安徽长丰杨公2号墓出土 5. 美国华盛顿弗利尔美术馆藏

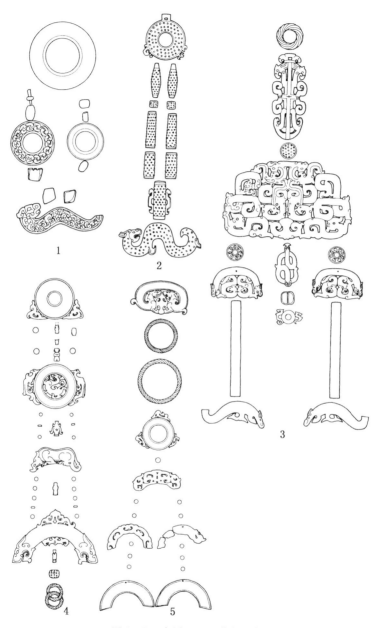

图 1-7　东周至西汉的组玉佩

1. 洛阳中州路 1316 号战国墓出土　2. 曲阜鲁故城乙组 58 号战国墓出土
3. 台北故宫博物院藏战国组玉佩　4、5. 广州象岗西汉南越王墓出土

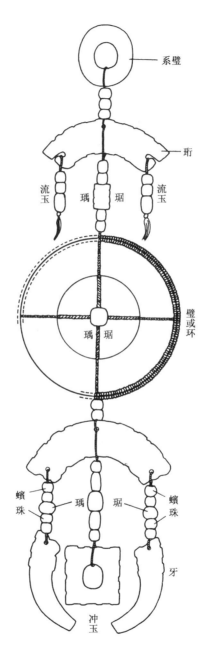

图 1－8　郭宝钧所拟
"战国组玉佩模式图"

组玉佩已经突破了西周之叠加玉璜的作法，出现了不拘一格、斗奇争妍的盛况。可惜出土时原组合关系未被扰动的东周玉佩为数很少，而且由于其结构无定制，复原起来很困难。洛阳金村周墓出土之著名的金链玉佩，由于部分玉件已从金链上脱落，就出现了两种复原方案[41]。图1-7所举诸例，如洛阳中州路和曲阜鲁故城所出者，形制比较简单。台北故宫博物院所藏者，其组合亦带有某些复原的成分[42]。广州南越王墓所出者，时代则晚到西汉初，不过它们无疑还保留着东周遗风[43]。这类成组的实例尽管不够多，亦足以证明大量存世的单件佩玉本是从组玉佩中游离出来的。而且若干东周时期之精致的玉佩件，已娴熟自如地运用了透雕技法，花纹虽繁缛密集，图案仍洒脱流利，有不少例堪称我国古文物中的瑰宝。但对个别部件的极力加工和整套玉佩之组合的不断创新，却使自西周以来组玉佩为反映贵族身份而建立起来的序列规范受到削弱；这和东周时旧制度逐步瓦解、"礼崩乐坏"的历史潮流也是合拍的。以前郭宝钧先生曾拟出一幅战国组玉佩的模式图（图1-8），但近五十年来的出土物罕有与之相合者。现在看来这时的组玉佩正处在更迭变化的过程中，要为它确立一种模式是很困难的。并且由于郭先生不赞同以实物与文献相结合的方法进行研究，主张"玉器自玉器，文献自文献，分之两真，合之两舛"，就更使他的探讨难以得出令人信服的结论[44]。

至西汉中晚期，组玉佩已不多见，朝服普遍用绶，这是服饰史上的一次重大变化。绶虽与系玉之组在渊源方面有所关联，但它是用于佩印的。从这个意义上说，绶和组玉佩具有完全不同的作用。就形式而言，也不宜直接比附了。

深衣与楚服

　　由于形象材料极其缺乏，在研究我国古代服装发展演变的历史时，西周这一段难以说得具体。此时在这方面留下的史料，主要是《尚书》、《诗经》等书中的描写以及金文中有关锡衣的记述。这些文字材料告诉我们，西周贵族的服装不外乎冠冕衣裳。所谓"衣裳"，指上衣下裳，是一种上下身不相连属的服制。到了春秋、战国之交，出现了一种新式的、将上衣下裳连在一起的服装，称为"深衣"。《礼记·深衣篇》郑注："深衣，连衣裳而纯之以采者。"正义："以余服上衣下裳不相连，此深衣衣裳相连，被体深邃，故谓之深衣。"《深衣篇》把这种服装的制度与用途说得很详细："深衣盖有制度，以应规、矩、绳、权、衡。短毋见肤，长毋被土，续衽钩边，要缝半下。"并说这种衣服"可以为文，可以为武，可以摈相，可以治军旅，完且弗费，善衣之次也"。给了它以很高的评价。实际上深衣是战国至西汉时广泛流行的服装式样。只是到了魏晋以后，由于它已被别的服式所取代，才逐渐湮没不彰，从而所谓"续衽钩边"等裁制法也使后人感到难以理解了。清·江永《深衣考误》一书中复原的深衣图样（图2-1），二百年来影响颇大，现代治服装史者，仍有人持以为据。然而江氏所理解的"续衽钩边"，只不过是在衣内掩一小襟而已，它和清代长衫中的小襟差不多，而与战国深衣的钩边却相去

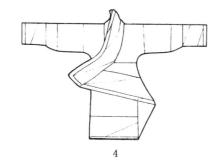

4

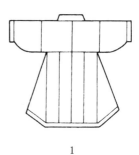

1

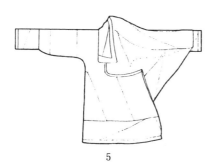

5

2

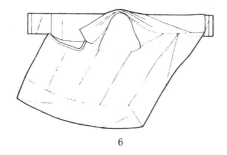

6

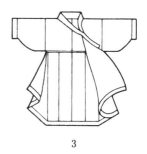

3

图 2－1　深衣

右. 江永所拟深衣图样〔经原田淑人修订〕
（1. 背面　2. 正面　3. 打开前襟后，可见内部的小襟）
左. 马王堆 1 号汉墓出土信期绣深衣（4、5. 打开左襟　6. 打开右襟）

很远。

案《深衣篇》"续衽钩边"，郑注："续犹属也，衽在裳旁者也。属连之，不殊裳前后也，钩读如鸟喙必钩之钩，钩边若今曲裾也。"正义："今深衣，裳一旁则连之相着，一旁则有曲裾掩之，与相连无异，故云属连之不殊裳前后也。郑以后汉时裳有曲裾，故以续衽钩边似汉时曲裾，是今朝服之曲裾也。"汉时的曲裾是什么样子呢？这在《汉书·江充传》中曾描述过："充衣纱縠禅衣，曲裾，后垂交输。"颜注："如淳曰'交输割正幅，使一头狭若燕尾，垂之两旁，见于后。是《礼记·深衣》：续衽钩边。贾逵谓之衣圭。'苏林曰：'交输如今新妇袍上裌，全幅角割，名曰交输裁也。'"《释名·释衣服》也说："妇人上服曰裌，其下垂者，上广下狭，如刀圭也。"而在江永的图上却看不出这些特点来。

到了清代中叶，任大椿于《深衣释例》中始提出新说："案在旁曰衽。在旁之衽，前后属连曰续衽。右旁之衽不能属连，前后两开，必露里衣，恐近于亵。故别以一幅布裁为曲裾，而属于右后衽，反屈之向前，如鸟喙之句曲，以掩其里衣。而右前衽即交乎其上，于覆体更为完密。"任氏的说法很有见地，他指出深衣用曲裾拥掩，这同实际情况是相当接近的。惟任氏说曲裾反屈向前，却不无疏失。因为着衣服时裾当在背后。《方言》卷四郭注："裾，衣后裾也。"《释名·释衣服》："裾，倨也。……亦言在后，常见踞也。"考古材料中见到的情况也证明了这一点。

由于深衣在战国时广泛流行，所以从这时周、秦、齐、魏以及中山等国的遗物中，都能发现深衣的踪迹[①]（图2-2）。着深衣者有男子，也有妇女，但不论国别如何，性别如何，这种服式的共同特点是：都有一幅向后拥掩的曲裾。长沙马王堆1号西汉墓出土的九件深衣，虽时代略晚，却提供了最明确的实证（图2-1：4~6）。

1

2

3

4

5

图2-2　北方各国的深衣

　　1. 周玉佩(洛阳金村出土)　2. 赵国陶器残片(山西侯马出土)　3. 中山国银首人形灯座(河北平山出土)　4. 秦国壁画(人物只存下半身,咸阳3号宫殿遗址出土)　5. 齐国漆盘纹饰(临淄郎家庄出土)

深衣为什么要裁制出此类曲裾呢？这是为了解决上下衣相连属后出现的新问题而产生的新作法。因为汉以前，华夏族固有之服装中的内衣，特别是裤，还相当不完备。《说文》："袴，胫衣也。"王念孙《广雅疏证》卷六："膝以上为股，膝以下为胫。"则胫衣即两条裤管并不缝合的套裤②，人们还要在股间缠裈。而上层人士，特别是妇女，为了使这样一套不完善的内衣不致外露，所以下襟不开衩口。既不开衩口，又要便于举步，于是就出现了这种用曲裾拥掩的服式。

上面所说的情况都是就中原地区华夏族的服式而言的。立国于江汉地区的楚，他们的服装式样又是怎样的呢？史称，西周初"封熊绎于楚蛮"（《史记·楚世家》），楚被认为是蛮夷之地。《国语·晋语》："昔成王盟诸侯于岐阳，楚为荆蛮，置茅蕝，设望表，与鲜卑守燎，故不与盟。"其地位还和当时不太开化的鲜卑相当。西周末年，楚子熊渠说："我蛮夷也，不与中国之号谥。"直到春秋初年，楚武王熊通仍然自称："我蛮夷也"，"我有敝甲，欲以观中国之政"。还把自己划在当时所说的中国之外。既然作为蛮夷之邦，楚服理应与中原诸夏有所不同。但检寻先秦文献，却没有哪一处提到过楚有什么独特的服制。《淮南子·齐俗》总括各族服装的特点时说："三苗髽首，羌人括领，中国冠笄，越人劗鬋。"三苗和羌人的服制虽不知其详③，但越人的装束文献中一再说他们是"鬋发文身"（《逸周书·王会篇》），"错臂左衽"（《战国策·赵策》），"越人跣足"（《吕氏春秋·本味篇》），"首不加冠"（《新论》）；而楚服却不曾被这样描写过。不仅如此，相反，春秋时楚国君臣戴冠弁的记事屡见不鲜。《墨子·公孟篇》："楚庄王鲜冠组缨，绛衣博袍，以治其国。"《左传·昭公十三年》说，楚灵王"皮冠，秦复陶，翠被，豹舄"。同书《僖公二十八年》说楚子玉"自为琼弁玉缨"。《韩诗外传》卷七说，楚庄王赐其群臣酒，日暮酒酣，有牵王后衣者，"后扤冠缨而绝

图 2-3　楚帛画上所见深衣

1. 长沙子弹库楚墓出土
2. 长沙陈家大山楚墓出土

之"。王曰："与寡人饮，不绝缨者，不为乐也。"于是"不知王后所绝冠缨者谁"。可见楚国君臣的装束都可以归入"中国冠笄"一类。

到了战国时，从各地楚墓出土木俑的服饰来看，楚人已普遍着深衣。由于楚俑数量多，保存状况良好者不乏其例，因此在论及深衣制度时，楚俑比北方各国的遗物提供了更为充分的材料。木俑中所见深衣的下摆，因为拥掩得比较紧凑，还不算太肥大；在楚墓帛画中所见者，其下摆却极为褒博，有一大片拖曳在背后，更显得雍容华贵④（图 2-3）。而战国时代男、女两式深衣的区别也只能借楚俑分辨清楚。长沙406号楚墓出土的男俑身上的深衣，其曲裾只向身后斜掩一层，长沙仰天湖25号楚墓出土的女俑，其曲裾却向后缠绕数层，而且前襟下还垂出一枚尖角形物。男、女两式深衣的这种区别，西汉时依然沿袭了下来，湖北云梦大坟头1号墓与江苏徐州北洞山崖墓所出着深衣俑，女俑之曲裾都缠绕得更繁复些⑤（图2-4）。至于女式深衣下垂的尖角形物，在西汉俑上也可以见到，徐州米山出土者，后裾之下垂尖角两枚，其状很像"燕尾"，每一枚也正是上广下狭如刀圭（图2-5）；这和男式深衣的式样是不同的。江充谒见汉武帝时所着之深衣，后垂两枚燕尾，被苏林讥为好像是新妇的袍袿，大约就是因为他故弄风姿，穿了接近女式的深衣之故。

春秋时楚服用冠笄，战国时楚服着深衣，反映出楚俗与中原实无大异。楚虽地处江汉，但楚人自称是颛顼、祝融之后，早在殷商时代，三楚地区就建起了像湖北黄陂盘龙城、湖南宁乡炭河里这类出土物与中原商器无多大差异的邑聚。西周初年的周原甲骨中又出现了"楚子来告"的刻辞。其后，楚人与中原的交往更为频繁，楚人华化的进程更为迅速。至春秋、战国时，楚人华化已深。虽然楚、夏语音有别，书体微殊，但语言文字是相同的。虽然楚俗尚鬼，但楚国思想家与中原人士的思想感情是相通的，这只要看屈原《天问》中提出的"古贤圣怪物行事"等问题中，历数夏、商、周史实，而其主旨不外乎"以有道而兴，无道则丧。……颂三王五伯之美武，违桀纣幽厉之覆辙"⑥，便可得知。所以楚材可以晋用。楚文化是当时中国文化统一体中之重要的、生气勃勃的、然而又是有机的组成部分。曲裾深衣的楚士完全可以比肩于六国冠冕。问鼎周室，逐鹿中原的楚，是当时的文明大国。

那么，是不是楚的服装完全混同于北方各国，没有自己的地方特点呢？不是的。《战国策·秦策·五》说："（吕）不韦使（秦公子异

图 2-4　男、女深衣俑(1、3、5. 男子　2、4、6. 妇女)

1. 长沙 406 号楚墓出土　2. 长沙仰天湖 25 号楚墓出土
3、4. 湖北云梦大坟头 1 号西汉墓出土　5、6. 江苏徐州北洞山西汉墓出土

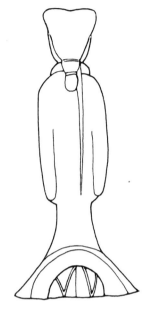

图 2-5　西汉女式深衣上所见"燕尾"

(徐州米山西汉墓出土陶女俑)

人）楚服而见（华阳夫人）。王后悦其状，高其知，曰'吾楚人也'。而自子之。"姚宏注："楚服，盛服。"鲍彪注："以王后楚人，故服楚制以悦之。"《史记·叔孙通列传》："叔孙通儒服，汉王憎之。乃变其服，服短衣楚制，汉王喜。"索隐引孔文祥曰："高祖楚人，故从其俗裁制。"这两件事例相近，都是在干谒权贵之关键时刻用着楚服的方法引起对方的乡情而博得好感，因知楚服也有不同于北方各国的服饰之处。根据《叔孙通列传》的叙述，楚服是一种短衣。楚国的劳动者或穿短衣。如河南信阳长台关楚墓所出漆瑟之彩绘中的猎人，上身着短衣，下身光着腿[⑦]（图 2-6）。但同一彩绘中的乐工则穿长衣，贵族更是褒衣博袖。故公子异人与叔孙通在上述场合，大

图 2-6　漆瑟彩绘中的猎人

（信阳长台关楚墓出土）

约不会打扮得如同彩绘中的猎人，因为那样就不成其为"盛服"了。所谓短衣应作别的解释。按《楚辞·九辩》云："被荷裯之晏晏兮。"裯无疑是一种楚服。王注："裯，祇裯也。"《说文·衣部》："祇裯，短衣。"则裯既是楚服又是短衣，它也叫汗襦。《方言》卷四："汗襦，或谓之祇裯。"清·钱绎《方言笺疏》说："凡字之从需、从奥、从而者，声皆相近。短衣谓之襦，犹小兔谓之㺄，小鹿谓之麚，小栗谓之梂也。小与短同义。"他又认为通行本《方言》中"褕谓之袖"一语当校正作"褕谓之半袖"。可见襦本身短小，有的还是短袖。再看《释名·释衣服》所说："汗衣，近身受汗垢之衣也。《诗》谓之'泽'，受汗泽也。或曰'鄙袒'，或曰'羞袒'。作之用六尺，裁足覆胸背，言羞鄙于袒而衣此尔。"则这种上衣（裯、祇裯、汗襦、汗衣）"裁足覆胸背"，它的袖子一定相当短。裯字有直由切、都牢切两读。《说文》说裯字"从衣，周声"，则古音当依前读。从而可知江陵马山 1 号楚墓出土的系有墨书竹楬"繄以一䊷衣见于君"之笥中所盛短袖的䊷衣就是裯⑧（图 2-7）。䊷、裯皆为幽部字，当可通假。马山 1 号墓出的这件䊷衣用红棕色绢地凤纹绣裁制，是用于

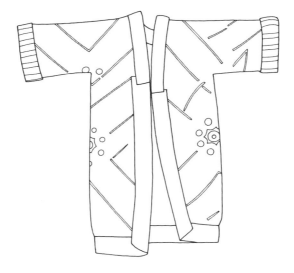

图 2-7 短袖的"绔衣"

(湖北江陵马山 1 号楚墓出土)

助丧之缩小了的衣服模型，通长 45.5、袖长 13、袖宽 10.7 厘米。如折合成实用的尺寸，以衣长为 80 厘米，则袖长也只合 23 厘米许。南方湿热，穿短袖的衣服符合实际需要。《淮南子·原道》说，"九疑之南"，"短袂攘卷"。其实此风大约通行于江南。浙江湖州埭溪出土的人形铜镈，就穿着短袖的上衣⑨（图 2-8：2）。但是穿这种衣服能不能登大雅之堂呢？看来并不成问题。因为湖北随县曾侯乙墓所出编钟之钟虡上的铜人，穿的也是短袖上衣⑩（图 2-8：1）。编钟是宫廷雅乐，又是重器，钟虡铜人自应着盛服。曾侯乙墓虽然不是楚墓，但出土物带有浓重的楚风，研究者认为此墓当与楚墓并论，列入广义的楚文化范畴之内⑪。故可据此铜人以言楚服。公子异人与叔孙通穿这样的衣服谒见华阳夫人或汉王刘邦，应不失体统。此外《方言》还说："襜谓之襤。"郭注："祇裯，弊衣，亦谓之襤褛。"在《左传》

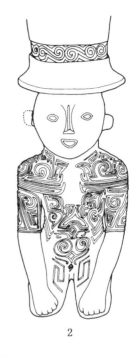

图 2-8　短袖上衣

1. 钟虡铜人(湖北随州曾侯乙墓出土)
2. 人形铜镈(浙江湖州埭溪战国墓出土)

中，宣公十二年和昭公十二年两次提到楚之先王"筚路蓝缕"以开发
林莽。路即辂，筚路是用荆竹制的带有楚之特色的车。蓝缕即祇裯，
是带有楚之特色的衣服。楚之先王乘筚路而着蓝缕，正表示他们与本
地居民打成一片。训祇裯为弊衣，当是后起之义。如果认为楚之先王
穿的就是"敝衣"甚至"破衣"[12]，其尊贵的地位则将难以体现。从而
可知，短袖的裯衣是有代表性的楚服，《秦策》与《叔孙通列传》所
说的楚服当与之相近。

　　当然，楚人的服装在深衣、裯衣之外，还有各种直裾长衣，马山
1 号墓的出土物中就有不少实例。但由于这种长衣在北方也常见，马

山出土者未见新的特点，这里就不作讨论了。

楚服中的冠则比较特殊。《左传·成公九年》记楚·锺仪被俘的故事说："晋侯观于军府，见锺仪。问之曰：'南冠而絷者谁也？'有司对曰：'郑人所献楚囚也。'"杜注："南冠，楚冠。"可见晋侯看到锺仪戴的南冠，就知道他不是晋人，证明楚的冠制不同于北方。但锺仪戴的南冠到底是什么式样，目前尚无法作出准确的判断。在古文献中，另一种常被提到的楚冠是高冠。《离骚》："高余冠之岌岌兮。"《九章·涉江》："冠切云之崔嵬。"王注："戴崔嵬之冠，其高切青云也。"《说苑·善说篇》也说："昔者荆为长剑危冠。"长沙所出的人物御龙帛画中的男子所戴的冠很高，上部呈"8"字形，或与所谓高冠即切云冠相近。但它和汉代的通天、远游、进贤一系冠式不同，在汉代很少见，只有洛阳老城西汉墓壁画中的武士戴此类冠[13]。然而前者在楚国文物与后者在汉代文物中均为孤例，其定名与二者之间的关系尚无法作进一步的说明。第三种著名的楚冠是獬冠。《淮南子·主术》说："楚文王好服獬冠，楚国效之。"高诱注："獬豸之冠，如今御史冠。"《太平御览》卷六八四引《淮南子》作"楚庄王好鲑冠，楚效之也"。许慎注："今力士冠。"其文虽异，但獬冠和鲑冠实为同物，它们都得名于獬豸或鲑鮭，这个名称应来自楚的方言，所以记音时用字或不尽一致。《魏书·崔辩传》："（崔）楷性严烈，能摧挫豪强。故时人语曰：'莫獬獬，付崔楷。'"其所谓獬獬，大约也来自同一语源，它含有刚直倔犟之意，楚人用它作为一种神兽之名。汉·杨孚《异物志》说"北荒之中有兽，名獬豸，一角，性别曲直。见人斗，触不直者；闻人争，咋不正者。楚王尝获此兽，因象其形以制冠"（《晋书·舆服志》引）[14]。汉·王充《论衡·是应篇》说："鲑鮭者，一角之羊也。性知有罪。皋陶治狱，其罪疑者，令羊触之，有罪则触，无罪则不触。"可见獬豸即鲑鮭，这种神话应源于古代的动物神判观念。而獬冠则应取象于獬豸的独角。汉·应劭《汉官仪》说："秦灭楚，以其冠赐近臣，御史服之，即今解豸冠也。古有解豸兽，触不直者，故执宪以其角形为冠，令触人也。"则秦汉的法冠都是从獬冠演变而来。但在汉代的大量形象资料中，却始终未能找到戴这种冠的人像。目前所掌握的较清楚之一例，为敦煌莫高窟 285 窟南壁西魏壁画《五百强盗成佛因缘图》中的法官所戴者，虽然时代去东周已远，但其冠前确有一角状物[15]。根据这一线索和《淮南子》许慎注认为鲑冠即力士冠的说法再进行考察，又可知江苏铜山洪楼汉画像石中的力士所戴竖一角之冠当即源自獬冠的力士冠[16]。《淮南子》说楚王作獬冠后，"楚国效之"，可见它曾在楚国广泛流行。西汉时，长沙马王堆 1、3 号墓亦曾大量出土头顶立直棒的木俑，它们显然不够戴獬冠的资格，此直棒或代表力士冠。当然，这些问题一时难以论定，尚有待继续探讨。至于楚俑中常戴的扁平形帽状物，因为不是"幍持发"之具，所以不属于"冠"的范畴，按照当时的标准，此物只能称为帽。而古代华夏族重视冠、冕，帽是被人看不起的。《说文·冃部》就说："冃，小儿及蛮夷头衣也。"楚俑中戴帽的这么多，倒从一个侧面反映出这里的社会风尚毕竟有别于中夏。

从渊源上说，楚人着深衣系效法北方各国。但及至西汉，由于开国君臣多为楚人，故楚风流布全国；北方原有的着深衣之习为楚风所扇而益盛。出土的战国文物中还能看到一些着直裾半长衣与袴，接近于当时所称胡服的人像[17]（图2-9），这时却看不到了。包括士兵、厮役在内的各种人物无不着深衣，虽然这些人的深衣较短，掩在身后的衣衽也较窄，但终归和直裾之衣不同。而在式样上更加翻新的是女式深衣，这时不仅将以前垂于衣下的一枚尖角增为两枚一组的"燕尾"，并添加飘带，形成了一套称为"襳"与"髾"的装饰。《文选·子虚赋》："蜚襳垂髾。"六臣注："司马彪曰：'襳，袿饰也。

图 2-9　铜人

（山西长治分水岭韩墓出土）

髾，燕尾也。襳与燕尾，皆妇人袿衣之饰也。'铣曰：'髾，带也。'"《汉书·司马相如传》颜注："襳，袿衣之长带也。髾谓燕尾之属。皆衣上假饰。"[18] 又枚乘《七发》："杂裾垂髾。"傅毅《舞赋》："华带飞髾而杂襳罗。"均对襳和髾着意描写。这种服装不仅在东汉画像砖上能够看到，而且在东晋时的朝鲜安岳冬寿墓壁画，顾恺之的《洛神赋图》、《列女传图》及北魏·司马金龙墓漆屏风彩绘、西安草场坡十六国墓出土陶俑，甚至到 6 世纪中叶莫高窟 285 窟西魏大统五年（539 年）的壁画中还能见到[19]（图 2-10∶1~5），流行的时间极长。隋唐时，虽然因为服式发生大的变化，曲裾深衣在现实生活中已经消失，但在若干拟古的场合，唐代画师笔下的古装人物仍有穿缀襳髾的深衣者，如莫高窟 334 窟初唐壁画维摩诘经变中帐前之天女、莫高窟 45 窟盛唐壁画观音经变中现大自在天身之观音均作此种

图 2-10 襚、髾及其演变

1. 河南新野出土东汉画像砖 2. 朝鲜安岳东晋·冬寿墓壁画
3. 东晋·顾恺之《列女传图》 4. 西安草场坡十六国墓出土陶俑
5. 莫高窟285窟西魏壁画 6. 莫高窟45窟唐代壁画中的着古装者
7. 唐彩绘陶俑(传世品)

装束^⑳（图2-10∶6）。而当时若干盛装女俑所着蔽膝在两侧缀以尖角，亦可视为襻鬐之余绪^㉑（图2-10∶7）。

　　男式深衣的历史则没有这样长，东汉时，男子着深衣的已很罕见。画像石中的人物多着宽大的直裾长衣，应即襜褕。《说文》："直裾谓之襜褕。"它虽然是直裾，但由于很宽大，所以与战国时的直裾半长衣之外观大不相同。《方言》卷四："襜褕，江淮南楚谓之㮮裕。"㮮裕为宽松下垂状^㉒。《释名·释衣服》："襜褕，言其襜襜宏裕也。"亦着眼于其宽大。襜褕在西汉时已经出现，但当时还不认为是正式的礼服。《史记·武安侯列传》说田恬"衣襜褕入宫，不敬"。索隐："谓非正朝衣。"东汉时却不然，《东观汉记》说："耿纯，字伯山，率宗族宾客二千余人，皆衣缣襜褕、绛巾，奉迎上于费。上目之，大悦。"^㉓则到了东汉初年，襜褕在社会上一般人士心目中的地位已非昔比。襜褕是从深衣发展出来的，所以它有时也被认为是深衣的一种。不过据《急就篇》颜注说："襜褕，直裾禅衣也。"而禅衣又因"似深衣而褒大，亦以其无里，故呼为禅衣"。所谓似深衣，只是说它们之间存在着渊源关系。从具体式样上看，二者已没有多少共同之点了。

进贤冠与武弁大冠

　　古代华夏族"束发"，以有别于少数民族的"披发"、"断发"、"编发"、"髡发"等发式。冠起初只是加在束起的发髻上的一枚发罩，所以《白虎通·衣裳篇》称之为"帱持发"之具，《释名·释首饰》称之为"贯韬发"之具。早期的冠"寒不能暖，风不能鄣，暴不能蔽"①，它的意义首先是礼仪性的。《晏子春秋》谓"冠足以修敬"，就说明了这一点。我国古代士以上阶层的男子二十岁行冠礼而为成人。举行冠礼是他们一生中的头一件大事，所以《仪礼》的第一篇就是《士冠礼》。《说苑·修文篇》说："冠者所以别成人也。""君子成人必冠带以行事，弃幼少嬉戏惰慢之心，而衍衍于进德修业之志。"《礼记·冠义》也说："凡人之所以为人者，礼义也。礼义之始在于正容体、齐颜色、顺辞令。……冠而后服备，服备而后容体正、颜色齐、辞令顺。故曰：冠者礼之始也。"可见对冠的重视。但先秦冠制颇繁，如《周礼·司服》孙诒让正义所说："冠则尊卑所用互异。"而可持之以相印证的形象资料又极缺乏，还难作出具体说明。所以下面的考察集中在自汉到唐这一阶段的两种主要的冠式：即文职人员所戴进贤冠类型之冠，和武职人员所戴武弁大冠类型之冠。

汉、唐的进贤冠

　　进贤冠是我国服装史上影响极为深远的一种冠式。在汉代，上自"公侯"，下至"小史"，都戴这种冠。而且这时皇帝戴的通天冠，诸侯王戴的远游冠，也都是在进贤冠的基础上演变出来的。汉以后，自南北朝迄唐、宋，进贤冠在法服中始终居重要地位。明代虽不用进贤之名而改称梁冠，实际上仍然属于进贤冠的系统。在我国服装史上，进贤冠被沿用了一千八百多年，其形制几度变易，导致早、晚期式样差别很大，因而有必要予以清理。

　　《续汉书·舆服志》（以下简称《续汉志》）对进贤冠的描述是探讨这种冠式的主要依据："进贤冠……文儒者之服也。前高七寸，后高三寸，长八寸。公侯三梁，中二千石以上至博士两梁，自博士以下至小史、私学弟子皆一梁。宗室刘氏亦两梁冠，示加服也。"现代考古学者中首先据此而对进贤冠的形制作出推断的是李文信先生[②]。他说："其形前高七寸，梁长八寸，后高三寸。若前后以竖立拟之，冠底亦应长八寸，汉尺虽短，其长已超人顶纵长直径。……其上长八寸，下无文者，盖以发髻为大小，略之也。故知其前七寸，后三寸必斜立无疑。若前七寸直竖，上八寸向后低斜，以三寸之高为内斜，不特短不能及髻，而全冠重量位于脑后，既不美观，亦欠安牢。以其尺寸揣之，必以前高七寸、上长八寸之二线作锐角而前突于顶上，始与人首部位、冠之重心均称也。"[③]李说甚核。在汉画像石上，常常可以看到有些人头戴前端突出一个锐角的斜俎状之冠。与附有榜题的例子中所表明的人物身份相推勘，可知这种冠正是进贤冠。不过汉画像石大多数成于东汉，那上面的进贤冠也大都是东汉式的。而东汉和西汉的进贤冠，在形制方面却存在着相当大的差别，倘若用上述西汉及其前的文献对冠的描述来衡量它们，会觉得有点不太相符。这主要是西汉之进贤冠单着，而东汉却在冠下加帻，以致其构造和作用都有所改变的缘故。

《续汉志》说："古者有冠无帻。"这句话里所说的"古"，其实可以包括西汉。在西汉的玉雕、空心砖上和壁画中出现的戴冠者都没有帻，他们的冠正是一种"蜷持发"的用具（图3－1：1～4）。这类冠的侧面是透空的，确乎不能障风取暖。它们当中有的呈斜俎形，应该就是进贤冠。有些虽然形式稍异，但其基本结构仍与进贤冠相一致。这类冠远在战国时已经出现，河南三门峡与河北平山出土的铜人

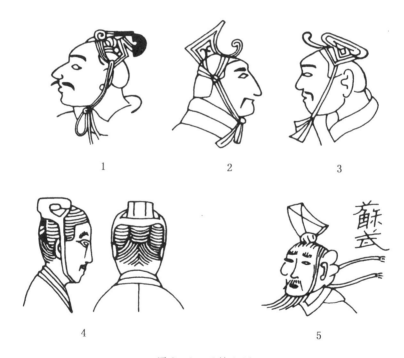

图3－1　无帻之冠

1～3. 洛阳出土西汉空心砖上的戴冠者(1、2. 据《河南汉代画像砖》
3. 据 W. C. White, *Tomb tile pictures of ancient China*.)　4. 满城西汉墓出土玉人
5. 沂南东汉画像石墓所刻历史故事中的"苏武"

物灯座及秦始皇陵兵马俑坑出土的若干陶俑所戴之冠都可以看作是这类西汉冠的先型。特别值得提出的是，西汉时冠不加帻的作法，东汉人是认识得很清楚的。试看东汉晚期的沂南画像石上所刻的历史故事中的人物都戴无帻之冠[④]（图3－1：5），与当时的祭祀、饮宴等场面中的人物所戴的有帻之冠判然有别，便可知画像石的作者是把无帻冠当成前一历史阶段的服饰来处理的。

帻是什么呢？《急就篇》颜师古注："帻者，韬发之巾，所以整乱发也。当在冠下，或单着之。"它起初大约类似包头布，后来发展得有点像现代的便帽。身份低微的人不能戴冠，只能戴巾、帻。《释名·释首饰》："二十成人，士冠，庶人巾。"蔡邕《独断》卷下也说："帻，古者卑贱执事不冠者之所服。"不过从记载中看来，西汉时已有将帻纳于冠下，使它成为冠的衬垫物的趋势。《续汉志》说："秦雄诸侯，乃加其武将首饰，为绛帕以表贵贱。其后，稍稍作颜题。汉兴，续其颜却摞之，施巾连题却覆之；今丧帻是其制也。名之曰帻；帻者，赜也，头首严赜也。至孝文乃高颜题续为之耳，崇其巾为屋，合后施收，上下群臣皆服之。文者长耳，武者短耳。称其冠也。"这里叙述的是帻由包头布状向便帽状演变的过程。所谓"作颜题"、"高颜题"，是指在帻下部接额环脑处增设一圈介壁[⑤]，这是帻脱离其原始的"韬发之巾"状之关键性的步骤。至于所谓文、武官要使帻耳与冠相称之说，似乎意味着西汉时已有加帻之冠，但没有发现过相应的形象材料，大约这种形制当时还不普遍。

在汉代，与进贤冠配合使用的帻叫介帻。《独断》卷下说："元帝额有壮发，不欲使人见，始进帻服之，群臣皆随焉；尚无巾，如今半帻而已。王莽无发乃施巾。故语曰：'王莽秃，帻施屋。'"施屋之帻即介帻，这是一顶上部呈屋顶形的便帽。因为要保持屋顶形的轮廓，所以必须作得硬挺些。"介"就是指这种状态而言（图3－10：1）。

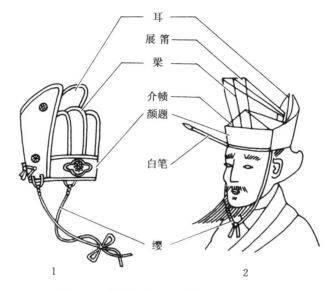

图 3-2　明代的梁冠(1)与东汉的进贤冠(2)

1.《三才图会·衣服图会》所载"三梁冠"
2. 沂南画像石中的戴冠者

当时的文职人员都可戴这种帻，即如《晋书·舆服志》所说："介帻服文吏。"并由于自汉元帝时开始，戴帻渐成风气，进而进贤冠遂被安装在介帻上，二者结合成为整体。在沂南画像石中可以看到这种进贤冠的较典型的形象（图 3-2：2）。

　　有帻的进贤冠的形制是：下部为位于额上的"颜题"，这一部分延伸至脑后，并突起两个三角形的"耳"；罩在头上的是屋顶形的介帻；而跨于介帻之上的，则是斜俎形的"展筩"，它其实就是原来的冠体。这些部位的名称都比较明确，成问题的是进贤冠上的"梁"。冠梁代表戴冠者身份的高低，理应安装在显著的位置上，然而在汉代冠服人物的图像中，却不容易把它辨别出来。《汉大官令注》只说："梁，冠上横脊也。"⑥语意不甚明晰。可是由于进贤冠沿用的时间长，所以可以从晚期的、虽然形状略有改变但部位较易确定的冠梁中求得旁证。宋·孟元老《东京梦华录》卷一〇说："冬至前三日，车驾宿大庆殿。正宰执百官皆法服，其头冠各有品从：宰执、亲王加貂、蝉，笼巾，九梁；从官七梁；余六梁至三梁有差。台谏增鹰角。所谓'梁'者，谓冠前额梁上排金铜叶也。"在宋代的进贤冠上，展筒和介帻已合而为一，冠梁，即冠前的金铜叶，遂直接排在冠顶上。汉代冠前最显著的部位是展筒，所以这时的冠梁大概就是穿在展筒当中的铁骨。宋代进贤冠的式样大体为明代所沿袭，惟明代称之为"梁冠"，冠梁更容易识别。今以《三才图会·衣服图会》中所载"三梁冠"的图样（图3-2：1）与沂南画像石中的进贤冠相对照，其上之各部位的名称乃不难通过比较而确定。汉代进贤冠之展筒的宽度有限，所以梁数最多不过五枚⑦。宋、明的冠梁不受展筒宽度的限制，所以可有七梁、九梁乃至二十四梁之多。由于进贤冠和介帻相结合，使原先仅仅是发罩的冠得到了帻的补充和衬垫，就成为一顶把头顶完全遮盖起来的帽子了。

为什么宋、明的进贤冠将冠梁直接装在冠顶上呢？这还需从进贤冠之形制的演变谈起。上文说过，冠体本来只是一枚斜俎形的发罩，只相当于后来的展筒，它要借助于缄才能固定在头上。《续汉志》说："古者有冠无帻，其戴也，加首有缄。所以安物。"证以《仪礼·士冠礼》："缁布冠，缺项青组缨，属于缺。"郑注："缺读如'有颊者弁'之颊。缁布冠无笄者，着缄围发际，结项中，隅为四缀，以固冠也。"可知《续汉书》的解释是很正确的。缄是固冠的带子，它的形象在始皇陵兵马俑坑出土的陶俑上看得很清楚（图3-3）。可是当帻与冠相结合以后，一方面由帻代替了缄的功能，成为承冠和固冠的基座；另一方面又由于帻蒙覆整个头顶，反而把冠架空了，使起初作为发罩的冠这时却与发髻相脱离。于是原始的冠体之转化物——展筒

图 3－3　陶武士俑冠下之颊

（据秦始皇陵兵马俑坑出土俑）

遂逐渐萎缩。汉代的进贤冠之展筩是有三个边的斜俎形，但是到了晋代，许多展筩却成为只有两个边的"人"字形了（图 3－4：1、2）。与此同时，晋代进贤冠的冠耳急剧升高，冠耳的高度几乎可与展筩之最高点取齐。到了唐代，如洛阳关林 59 号唐代前期墓出土的陶俑所戴的进贤冠之冠耳升得更高，且由尖变圆；其展筩则由人字形演变成卷棚形⑧（图 3－4：3）。陕西礼泉咸亨元年（670 年）李勣墓所出之进贤冠尚与之相近⑨。可是一到开元、天宝年间，情况就起了变化。礼泉开元六年（718 年）李贞墓所出陶俑的进贤冠上已无展筩⑩。特别值得注意的是咸阳底张湾天宝三载（744 年）豆卢建墓出土的俑，它所戴的进贤冠在颜题和后壁上都可以看到由于展筩已折断而余下的断痕（图 3－4：4；3－17：5），但此断痕在该俑随葬前曾用白粉涂饰过，似乎这时展筩已可有可无⑪。再晚一些时候，如，西安高楼村天宝七载吴守忠墓之俑和传唐·梁令瓒笔《五星二十八宿神形图》中的"亢星"所戴的进贤冠，都把展筩和相当于介帻的冠顶合为一体了⑫（图 3－4：5、6）。此后，展筩遂不再单独出现。于是，梁也就只能

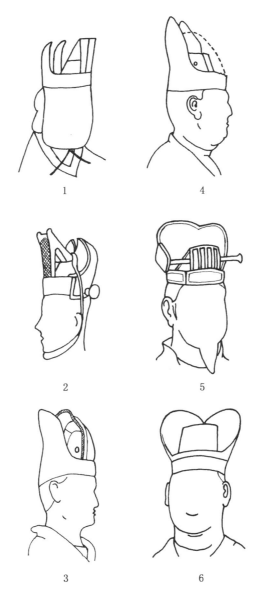

图 3-4　进贤冠的演变

1. 晋当利里社碑　2. 长沙晋永宁二年墓出土陶俑　3. 洛阳出土唐代陶俑　4. 咸阳唐天宝三载豆卢建墓出土陶俑　5. 唐·梁令瓒《五星二十八宿神形图》中之"亢星"　6. 西安唐天宝七载吴守忠墓出土陶俑

装在冠顶上了。

进贤冠与通天冠的异同

在汉代的各类冠中，规格最高的是通天冠。《后汉书·明帝纪》李注引《汉官仪》："天子冠通天，诸侯王冠远游，三公、诸侯冠进贤三梁。"关于通天冠的形制，《续汉志》说："通天冠高九寸，正竖，顶少邪却，乃直下为铁卷梁。前有山、展筩为述，乘舆所常服。"《太平御览》卷六八五引晋·徐广《舆服杂注》说："通天冠高九寸，黑介帻，金博山。"同卷又引刘宋·徐爰《释问》："通天冠，金博山，蝉为之，谓之金颜。"则通天冠以前部高起的金博山即金颜为其显著的特点，因此也被称为"高山冠"。《隋书·礼仪志》引魏·董巴《舆服志》："通天冠……前有高山，故《礼图》或谓之高山冠也。"汉代通天冠的形状，也可以从当时的画像石中寻求，而武氏祠画像石由于人物旁边常附有榜题，身份明确，更易识别。图3-5上列分别是武氏祠中刻出的"王庆忌"、"吴王"、"韩王"与"夏桀"，他们的冠前面都有高高的突起物，应即金博山。而此图下列的"县功曹"、"孔子"、"公孙杵臼"与"魏汤"等人所戴的进贤冠上则无此物，因知前者即通天冠。再看一下其他画像石的例子，如山东嘉祥焦城村画像石中之"齐王"，及山东汶上孙家村画像石中接受朝拜的人物[13]，都戴着这种通天冠，也正和他们的身份相合。

通天冠除了它的金博山以外，式样同进贤冠颇相类似。作为诸王之朝服的远游冠，据傅玄说它的式样"似通天"[14]，可见也属于同一类型。但汉代远游冠的图像尚难确认，现在所知道的最早的例子是宋摹顾恺之《洛神赋》图中曹植所戴的那一顶。由于摹本的细部很难完全准确，从这里仅能大体得知远游冠的式样约介乎通天和进贤之间。

华夏衣冠

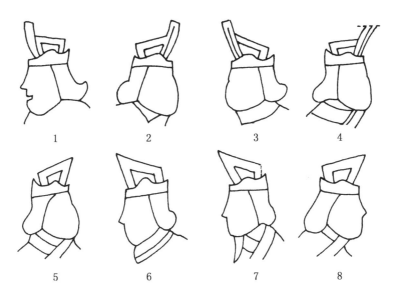

图 3-5　武氏祠画像石中的通天冠(上列)与进贤冠(下列)

1. 王庆忌　2. 吴王　3. 韩王　4. 夏桀　5. 县功曹
6. 孔子　7. 公孙杵臼　8. 魏汤

只是通天冠前的金博山上饰有蝉纹，远游冠上没有这种装饰。进贤冠
上虽然也不附蝉，但侍中、中常侍等所戴笼冠底下的平上帻的金珰上
却有附蝉。不过当这类蝉纹饰件有实物遗存可资探讨时，其平上帻已
演变为"小冠"，而和那时的进贤冠的式样相接近了。这一点到下面
讨论笼冠时再谈。

　　汉代和唐代的进贤冠虽然形制有别，但相互一致的地方还比较
多。汉代和唐代的通天冠可就差得很远，而且它们是沿着不同的途径
演变的，所以汉代进贤和通天之间的类似之处，在唐代的进贤和通天
之间却找不到了。

　　汉代通天冠的形制上文已初步推定。下面再就谱录中所载晚期的
通天冠举出二例，即宋代的《三礼图》与明代的《三才图会》中的两

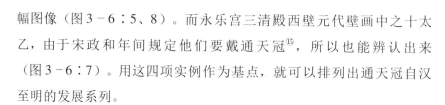

幅图像（图3-6：5、8）。而永乐宫三清殿西壁元代壁画中之十太
乙，由于宋政和年间规定他们要戴通天冠[15]，所以也能辨认出来
（图3-6：7）。用这四项实例作为基点，就可以排列出通天冠自汉
至明的发展系列。

三清殿所画通天冠，其冠顶向后旋卷，但这一部分并不透空，而
北宋·武宗元《朝元仙仗图》中之东华天帝君所戴通天冠的这一部分
却是透空的，正和《三礼图》中的画法相合。唐代通天冠的旋卷部分
也透空（图3-6：3、4），显示出是从汉通天之展筩演变而成。可是
以图3-6：6与图3-6：1相比较，两者还是差得多；图3-6：2所
举龙门宾阳洞北魏浮雕《皇帝礼佛图》中的一例，恰可填补起当中的
缺环，使这个发展过程前后能衔接得上。

汉代的通天冠前部有高起的金博山，上面装有附蝉。这个山后来
变成"圭"形，而且逐渐缩小。唐代有时在其中饰以"王"字，明代
更在其旁饰以云朵。但总的说来，唐代的通天冠已经变得更加富丽堂
皇了。《旧唐书·舆服志》说："通天冠，加金博山，附蝉，十二首，
施珠翠，黑介帻，发缨，翠緌，玉若犀簪、导。"其十二首疑指冠顶
所饰十二珠。图3-6：4所举之例，正顶上饰八珠，左侧面饰二
珠，如再加上图中看不到的右侧之二珠，恰为十二珠。唐·王泾
《大唐郊祀录》卷三说："十二首者，天大数也。"原田淑人以为十
二首即十二个蝉[16]。但唐人《历代帝王图卷》上的衮冕只附有一个
蝉，故其说恐不确。而且唐代的通天冠加施珠翠，则为汉代所未
见。从唐代起，通天冠的图像上常画出许多小圆球，即代表这类珠
翠。明代的通天冠在这方面愈益踵事增华，北京石景山法海寺明代
壁画中的通天冠（图3-6：9），上下缀满了大小珠翠，更极尽其灿
烂辉煌之能事。

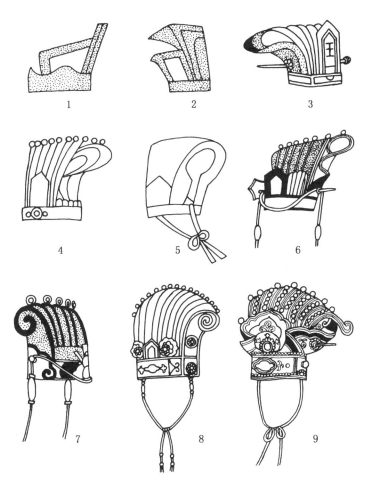

图 3-6 通天冠的演变

　　1. 武氏祠画像石　2. 龙门宾阳洞北魏《皇帝礼佛图》(未破坏前), 据 É. Chavannes, *Mission Archéologique dons La Chine Septentrionale*. pl. 171. 3. 新疆伯兹克里克石窟盛唐壁画, 据 Le Cop, *Die Buddhistische spätantike in Mittelasien*. V.4, Tafel 17.　4. 莫高窟藏经洞发现的唐咸通九年刊本《金刚般若波罗蜜多经》卷首画　5. 北宋·聂崇义《三礼图集注》中之通天冠 6. 北宋·武宗元《朝元仙仗图》中东华天帝君之通天冠　7. 元永乐宫三清殿西壁壁画　8.《三才图会·衣服图会》中之通天冠　9. 北京法海寺大殿后壁明代壁画中天帝之通天冠

弁与汉代的武弁大冠

何谓弁？《释名·释首饰》说："弁，如两手合抃时也。"《续汉志》说弁"制如覆杯，前高广，后卑锐。"可见弁的外形犹如两手相扣合，或者像一只翻转过来的耳杯，即是一下丰上锐的椭圆形帽子。《仪礼·士冠礼》郑注："皮弁者，以白鹿皮为冠，象上古也。"正义："上古也者，谓三皇时，冒覆头句颌绕项。"按《荀子·哀公篇》："鲁哀公问冠于孔子，……孔子对曰：'古之王有务（鍪）而拘领者矣。'"又《淮南子·氾论》："古者有鍪而绻领以王天下者矣。"高注："古者，盖三皇以前也。鍪，头着兜鍪帽，言未知制冠也。"则弁的形状又有些像兜鍪即胄。《隋书·礼仪志》："弁之制。案《五经通义》：'高五寸，前后玉饰。'《诗》云：'玪弁如星。'董巴曰：'以鹿皮为之。'《尚书·顾命》：'四人綦弁执戈。'故知自天子至于执戈，通贵贱矣。……通用乌漆纱而为之。天子十二琪。……案《礼图》有结缨而无笄导。少府少监何稠请施象牙簪导，诏许之。弁加簪导，自兹始也。"这里说明从士兵到皇帝都可以戴弁，但皇帝的弁上有十二琪珠。在历代皇帝当中，特别喜欢戴弁的是隋炀帝，《隋书·炀帝纪》："上常服皮弁十有二琪。"《通典》卷五七"皮弁"条记隋炀帝时的弁制为："大业中所造，通用乌漆纱，前后二傍如莲叶，四闲空处又安拳花，顶上当缝安金梁，梁上加璂，天子十二珠为之。"再看《历代帝王图卷》中的隋炀帝，所戴正是皮弁（图3-7:2），而且是何稠改制后施簪导的皮弁，弁梁上的琪珠也历历可见，所以这一皮弁可以确认无疑。它的形状也正与上引之似两手合抃、似覆杯、似兜鍪诸说相合。再看《历代帝王图卷》中的陈后主，所戴也是皮弁（图3-7:1），不过是何稠改制前未施簪导的皮弁。又宋·聂崇义《三礼图集注》卷一所绘之皮弁与陈后主戴

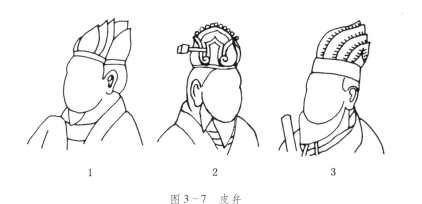

图 3-7　皮弁

1.《历代帝王图》中的陈后主　2.《历代帝王图》中的隋炀帝
3.《三礼图集注》中的皮弁

的那种样子很相近（图 3-7：3）。因知聂图修纂时当有古《礼图》为据，虽不无舛误，但绝非尽出臆构。不过从这三例中都看不到《隋书·礼仪志》根据《礼图》指出的弁上应有的"结缨"。如果把这一层也考虑进去，那么始皇陵兵马俑坑出土之骑兵俑所戴者就可以被认为是弁（图 3-8：1）。不过始皇陵骑俑之弁下露发，没有其他衬垫物；而咸阳杨家湾西汉墓从葬坑中出土的甲士俑所戴的弁，虽与上述骑兵俑所戴者完全一致，但有的底下衬着帻，这就是汉代的武弁了（图 3-8：2）。

前面说过，汉代文职官吏戴进贤冠，武职戴的就是这种武弁。武弁又叫武冠或武弁大冠。《续汉志》："武冠一曰武弁大冠，诸武官冠之。"《晋书·舆服志》："武冠一名武弁，一名大冠，一名繁冠，一名建冠，一名笼冠，即古之惠文冠。或曰赵惠文王所造，因以为名；亦云惠者，蟪也，其冠文轻细如蝉翼，故名惠文。"案将惠文冠说成是赵惠文王所造，或是细如蝉翼，均嫌迂阔费解。《释名·释采

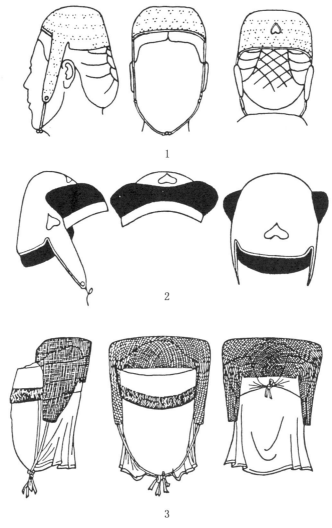

图 3-8 弁与武弁

1. 秦始皇陵兵马俑坑出土之戴弁陶俑　2. 咸阳杨家湾西汉墓陪葬坑出土之戴弁陶俑，弁下已衬有帻　3. 武威磨嘴子 62 号新莽墓墓主所戴武弁大冠

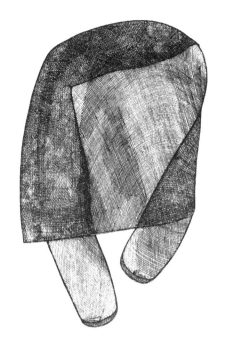

图 3-9　马王堆 3 号汉墓出土的漆缅纱弁

帛》："缲，惠也。齐人谓凉为惠，言服之轻细凉惠也。"《仪礼·丧服》郑注："凡布细而疏者谓之缲。"武弁除用鹿皮做的之外，也有用稀疏的缲布制作的，在汉代更是如此，所以得名为惠（缲）文冠。也有的在上面再涂漆，湖南长沙马王堆 3 号西汉墓与甘肃武威磨嘴子 62 号新莽墓均曾出漆缅纱弁。前者把弁单独放在一个漆笥里，保存得很完整（图 3-9）；后者还戴在男尸头上，周围裹细竹筋，头顶用竹圈架支撑，内衬赤帻，是武弁大冠的完整实例（图 3-8∶3）。这些弁的缅纱均孔眼分明。不仅实物如此，即使在画像石中表现武弁时，也往往特地刻出网纹来，表示它的质地确与缲布相近。

　　但是，汉代的武弁大冠本是弁加帻而构成，与以冠加帻的进贤冠的构成不同，也就是说，它和冠的定义并不符合，所以它的叫法比较混乱，有上面的引文中所列举的那么多名称。根本原因就在于它本来并不是冠，其后却又被视为冠之一种的缘故。

从平上帻到平巾帻

《续汉志》刘注引《晋公卿礼秩》："大司马、将军、骠骑、车骑、卫军、诸大将军开府从公者：着武冠，平上帻。"《晋书·舆服志》也说："平上服武官也。"则衬在武弁底下的帻名平上帻。河北望都1号汉墓壁画中之"门下游徼"，在所戴武弁之下可以看到涂成红色的平上帻，与《御览》卷六八七引《东观汉纪》"诏赐段颎赤帻大冠一具"的记载及上述武威磨嘴子62号墓中所见的情况均相合。汉、晋时的军官与士兵都穿缇（黄赤色）衣或纁（暗赤色）衣，戴赤帻。《汉书·尹赏传》："群盗探赤丸，斫武吏；探黑丸，斫文吏。"即以其衣、帻的颜色为据。《论衡·商虫篇》："虫食谷。……夫头赤则谓武吏，头黑则谓文吏所致也。"也是这种用意。《古今注》卷上"五伯"条更直接地说："今伍伯服赤帻，纁衣，素袜。"可见与赤帻配套的确系武弁。只有水军服黄帻[17]，而文官的衣冠则都是黑色的[18]。

平上帻的形状如在武威磨嘴子所见者，周围是一圈由四层平纹方孔纱粘合而成的颜题，额前部分模压成人字纹，顶上覆软巾[19]。单独戴平上帻者，如山东汶上孙家村出土的画像石中之执戟的士兵（图3-10：2）、甘肃武威雷台汉墓出土之铜武士俑。它们的帻顶虽然都比较低平，但轮廓齐整，好像已经把以前的软巾缝固定了[20]。也有的平上帻顶部中央稍稍隆起，如广州汉墓所出陶俑[21]及美国纳尔逊美术馆所藏汉玉俑[22]。这种帻的顶部或已制成硬壳。至东汉晚期，平上帻的后部逐渐加高。《续汉书·五行志》说："延熹中（158～166年），梁冀诛后，京师帻颜短耳长。"颜短耳长即前低后高。一件传世的东汉中期灰陶执盾俑[23]（图3-10：3），帻的后部已略高。光和五年（182年）的望都2号墓所出石雕骑俑之帻[24]（图3-10：4），前低后高的造型愈加明显。西晋时，帻的后部更高，长沙永宁二年（302年）墓出土陶俑之帻，其后部的高度几乎相当于此人面部之半[25]。再往后，在帻顶向后升起的斜面上，出现两纵裂，贯一扁簪（筓簪），横穿于发髻之中（图3-10：5）。晋式平上帻可以单着，有时它还被称为"小冠"。如《宋书·五行志》所说："晋末皆小冠，而衣裳博大，风流相仿，舆台成俗。"舆台所戴的应是平上帻，而《志》中称之为小冠，可见这时的小冠即指平上帻。平上帻既然也被称为小冠，它的式样也就逐渐向冠，特别是向进贤冠靠拢。湖北武昌周家大湾隋墓[26]和陕西礼泉唐·郑仁泰墓出土的陶裲裆俑所戴的帻，除了没有两个冠耳以外，几乎和进贤冠没有多大的区别[27]。并且在名称上，隋以后只用平巾帻之名。《隋书·礼仪志》："承武弁者，施以筓导，谓之平巾。"同书《炀帝纪》载大业二年制定舆服，"文官弁服，佩玉，……武官平巾帻，袴褶"。安阳隋·张盛墓出土的瓷俑[28]，正是一个手按仪刀的戴平巾帻着裲裆甲的武官。

也就在平上帻向平巾帻演变的过程中，帻的地位逐渐提高。原先只是"卑贱执事"戴的帻，贵胄显要在其平居之时也常着用。《后汉书·马援传》李注引《东观记》："援初到，敕令中黄门引入，上在宣德殿南庑下但帻坐。"《三国志·吴志·孙坚传》："坚常着赤罽帻。乃脱帻，令亲近将祖茂着之。卓骑争逐茂，故坚从间道得免。"两晋以降，由于更为简易的帢帽流行，反以帻为礼服。《世说新语·任诞篇》："谢镇西往尚书墓还，葬后三日反哭。诸人欲要之，初遣一信，犹未许，然已停车；重要，便回驾。诸人门外迎之，把臂便下，裁得脱帻着帽。酣宴半坐，乃觉未脱衰。"《晋书·谢安传》："温后诣

图 3-10 介帻、平上帻与平巾帻

　　1. 沂南东汉画像石中的介帻　2. 山东汶上孙家村东汉画像石中的平上帻　3. 东汉灰陶执盾俑　4. 望都 2 号东汉墓出土石雕骑俑(以上二例代表从平上帻向平巾帻的过渡)　5. 南京石子岗东晋南朝墓出土戴平巾帻的陶俑

安，值其理发，……使取帻。温见留之曰：'令司马着帽进。'其见重
如此。"《北堂书钞》卷九八引《俗说》："谢万与太傅共诣简文，万
来无衣帻可前。简文曰：'但前，不须衣帻。'万着白纶巾、鹤氅、
裘、履，板而前。"都可以证明当时把帻看成礼服，而把巾、帽看成
燕服。

这时不仅把帻看成礼服，而且更把它当成正式的官服，即所谓
"江左……县令止单衣帻"[29]。在其他传记材料中也反映出这种情
况。《晋书·易雄传》："少为县吏，自念卑浅无由自达，乃脱帻，挂
县门而去。"《南史·卞彬传》："延之弱冠为上虞令，有刚气。会稽
太守孟颛以令长裁之，积不能容，脱帻投地。曰：'我所以屈卿者，政
为此帻耳，今已投之卿矣。卿以一世勋门，而傲天下国士。'拂衣而
去。"可见这时已经用"挂帻"代替"挂冠"。又《太平广记》卷三
一六引《搜神记》："陈留外黄范丹字史云，少为尉从佐，使檄谒督
邮。丹有志节，自恚为厮役小吏。及于陈留大泽中，杀所乘马，捐弃
官帻。"《搜神记》汪绍楹校注本改"官帻"为"冠帻"，误。因"官
帻"一语正符合六朝人的说法。

笼冠与貂、蝉

当武弁大冠形成以后，终两汉之世，它一直被武官戴用（图3-
11：1）。虽然我国远在殷、周时已有金属胄，但并不普遍，其实物在
考古发掘中也很少见到。汉代的将军们常常戴着武弁大冠上阵。咸阳
杨家湾出土的军官俑虽身穿鱼鳞甲，但头上只戴武冠[30]。沂南画像石
墓墓门横额上表现墓主人与异族作战的场面中，该墓主人头上也只戴
着武冠[31]。然而东汉晚期的和林格尔大墓与辽阳北园大墓的壁画中，
均有全副甲胄的武士像。此后着甲胄的甲士俑更屡见不鲜。武弁大冠

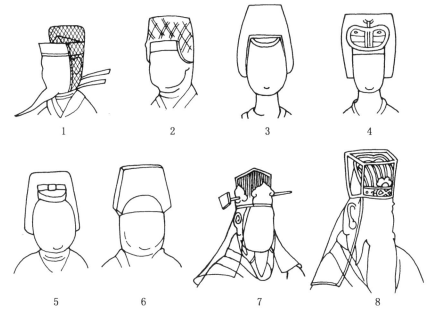

图 3-11　笼冠的渊源和演变(自图 3 以下均未表现笼冠上的孔眼)

1. 沂南东汉画像石中的戴武弁大冠者　2. 长沙晋永宁二年墓出土陶笼冠俑　3. 北魏陶笼冠俑　4. 武汉周家大湾 241 号隋墓出土陶笼冠俑　5. 咸阳唐贞观十六年独孤开远墓出土陶笼冠俑　6. 咸阳唐景云元年薛氏墓出土陶乐俑　7.《送子天王图》　8. 永乐宫三清殿北壁元代壁画中的戴笼冠者

逐渐退出了实战领域。也就在这个时候，本来结扎得很紧的网巾状的弁，遂变成了一个笼状硬壳嵌在帻上（图 3-11：2），这就是《晋书·舆服志》所称之"笼冠"。南北朝时，南北双方都用笼冠，在《女史箴图》、《洛神赋图》以及北朝各石窟之礼佛图、供养人像与陶俑中均不乏其例。其下垂的两耳比西晋时长，但顶部略收敛（图 3-11：3）。隋代的笼冠顶平，正视近长方形，仅两侧微向外扩展（图 3-11：4）。至唐代，笼冠的垂耳有长有短（图 3-11：5、6）。唐末以后，在冠体之下复缀以软巾（图 3-11：7、8）。到了明代，软巾又变成直下而微侈的硬壁（图 3 - 12：6）。这种冠式还影响到日本。日本的"武礼冠"即仿宋、明笼冠又稍加变化而成（图 3 - 12：7）。

最高级的武冠与笼冠是皇帝的近臣如侍中等人戴的。他们在这类冠上加饰貂、蝉。《汉书·谷永传》："戴金、貂之饰，执常伯之职者。"颜注："常伯、侍中。""金"则指附蝉的金珰。《后汉书·朱穆传》："假貂、珰之饰，处常伯之任。"李注："珰以金为之，当冠前，附以金蝉也。""貂"则指紫貂的尾巴。《艺文类聚》卷六七引应劭《汉官仪》："侍中左蝉右貂，金取坚刚，百陶不耗。蝉居高食洁，目在腋下。貂内劲悍而外温润。"貂尾不太小，与狗尾相近。《晋书·赵王伦传》："（赵王伦篡位）同谋者咸超阶越次，不可胜记。至奴卒厮役，亦加以爵位。每朝会，貂、蝉盈坐。时人为之谚曰：'貂不足，狗尾续。'"汉代簪貂的形象，只能在武氏祠画像石中找到约略近似的例子。其中一块画像石上表现出《二桃杀三士》的故事[32]。图中右起第一人系侍郎，第二人戴通天冠，应是齐景公，第三人身材短小，应是晏子，第四至第六人则应是公孙接、田开疆、古冶子等三士。这三个人的冠上都有一枚尾状物，或前拂、或后偃，可能就是貂尾(图 3 - 12：1)。可以识别得比较准确的簪貂尾的形象，最早见于北魏宁懋石室[33]（图 3 - 12：2），这里将笼冠、貂尾、平巾帻等都刻得很清楚。唐人簪貂的图像在莫高窟 235 窟垂拱二年壁画及湖北郧县李欣墓壁画中均曾发现（图 3 - 12：3、4），只是不知道为什么他们都未戴笼冠，而将貂尾直接插在平巾帻上。这些都是 20 世纪 70 年代前后发现的材料。

至于蝉，在我国古代被认为是"居高食洁"[34]、"清虚识变"[35]的昆虫。晋·陆云《寒蝉赋》说："蝉有五德。……加以冠冕，取其容也。君子则其操，可以事君，可以立身。岂非至德之虫哉！"推崇备至。汉冠上的金蝉虽尚未发现，但晋与十六国时的蝉纹金牌饰却有实

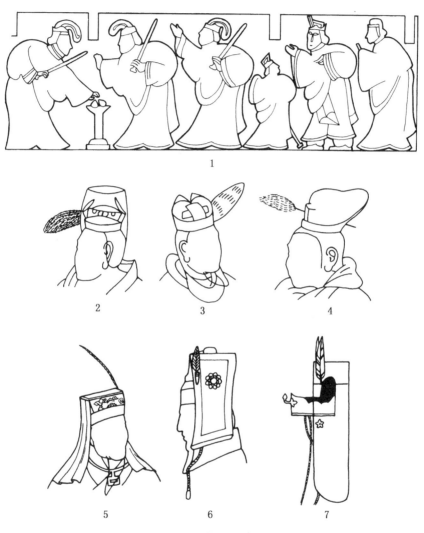

图 3－12　从簪貂尾到簪鹖羽

　　1. 武氏祠画像石中之"二桃杀三士"图,三士戴貂尾冠　2. 北魏孝昌三年宁氏石室线雕人物中之簪貂尾者　3. 敦煌莫高窟335窟唐垂拱二年壁画中之侍臣　4. 湖北郧县唐·李欣墓壁画中之簪貂者　5. 北宋绘本《丞相周益公像》在笼冠上簪雉尾,据 É. Chavannes, *La Peinture chinoise au Musée Cernuschi en 1912.*　6. 明十三陵文石,在笼冠上簪鹖羽
7. 日本的武礼冠

物出土。最先发表的一例是辽宁北票北燕·冯素弗墓出土的[⑯]。这是一块高约 7 厘米的金牌，上部稍宽，下部稍窄，顶部的弧线在当中合尖处突起，轮廓略近圭形。牌之正面镂出花纹，并焊有细金丝和小粒金珠，还在上部对称的位置上镶有两颗半球形灰色石片（图 3 - 13：1）。它的图案乍看时颇难辨认，然而当时撰写发掘简报的李文信先生却正确指出应是蝉形，并认为它："可能就是秦汉以来侍中戴用的'金珰'。"因为此金牌在镂孔饰片背后还垫着一块大小相同的金片，现在看来，所谓金珰，疑指此物。《隋书·礼仪志》引董巴《舆服志》说："内常侍右貂，金珰，银附蝉。"则其垫片（珰）用金，镂孔饰片（附蝉）用银，与冯素弗墓所出者的规格不同。不过这时可资比较的材料太少，所以李先生又说："这里只是结合冯素弗的身份，提出这种饰片用途的一种可能；也有把它作为漆器上的装饰复原的。"不过仅仅过了一年，又发表了敦煌新店台 60M1 号前凉墓出土的金牌[⑰]。此牌残高 5 厘米，所饰蝉纹比较清楚（图 3 - 13：2）。发掘者马世长等先生肯定地指出，它"中间镂出一蝉，双睛突起"。然而此墓中只有一具骨架，墓主为"张弘妻氾心容"。据《晋书·张轨传》，张弘为张重华部将，在与前秦的战争中殁于战地。他的尸骨或未归葬，氾心容墓中遂瘗以亡夫的衣冠。如果此牌确系冠上之蝉珰，那么它出于氾心容墓不难理解。可是这一点尚属推测，对其用途并未掌握直接证据，故简报中仍称之为"金饰"。1998 年在南京仙鹤观东晋名臣高崧墓中又出土了一块金牌，高 6.8 厘米，保存状况良好，极为完整，其上之蝉纹与张弘金牌上的图像几乎完全一致[⑱]（图 3 - 13：3）。但后者已残去一部分，以致蝉纹头侧的线条用意不明。对比高崧的金牌，就看得出它原来代表蝉的六足，其安排颇具巧思，且形象完整，构图饱满。可是要认定这些金牌就是冠上附蝉的金珰，最有说服力的证据是举出戴此冠饰之人像。因为其行使的时间长达八九百年；

进贤冠与武弁大冠

1

2

3

图 3-13　冠珰上的金附蝉

1. 辽宁北票北燕·冯素弗墓出土　2. 甘肃敦煌前凉·氾心容墓出土
3. 江苏南京东晋·高悝墓出土

更如左思《魏都赋》所称："禁台省中，连闼对廊……蔼蔼列侍，金蜩齐光。"服之者不在少数。然而宁懋石室、莫高窟235窟及李欣墓中的图像，虽出现貂尾，却并无金珰。后来在山西太原发掘了北齐太傅东安王娄睿墓，其墓门外甬道西壁所绘侍臣戴笼冠、簪貂尾，而且冠前饰圭形珰[39]；惜珰上一无纹饰(图3-14:2)。同墓所出笼冠俑，冠前也刻出圭形珰。但不知伊谁作俑，竟认为它们都代表"女官"；实属误解。洛阳北魏永宁寺遗址出土之影塑，其中戴笼冠的头像与娄睿墓所出者肖似，却有不少件塑出修剪得颇整齐的髭须，应当是一些很讲究仪表的男性[40]。其中出土的：T1:1104号头像，冠前也贴有一片圭形珰，可惜的是，其上亦无纹饰（图3-14:1）。直到1998年发表了陕西蒲城坡头乡唐·惠庄太子李㧑墓壁画，墓道内所绘执笏进谒的文臣像中，有一人在冠前饰圭形珰，珰上绘出蝉纹[41]（图3-14:3）。于是上述金牌即珰上之金附蝉或曰蝉珰，始了无疑义。不过在皇

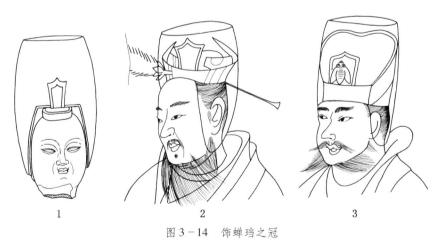

图3-14　饰蝉珰之冠

1. 河南洛阳北魏永宁寺遗址出土陶影塑
2. 山西太原北齐·娄睿墓壁画(以上两例珰上之蝉原被略去)
3. 陕西蒲城唐惠庄太子墓壁画

帝之近臣的冠上加一个"目在腋下"而又"清虚识变"的蝉形徽识，要他们既善于韬晦，又通达封建政治的权变之术，真是一个莫大的嘲讽。南北朝后期，此物的使用受到限制。《周书·宣帝纪》："（宣帝）尝自……冠通天冠，加金附蝉，顾见侍臣武弁上有金蝉……者，并令去之。"隋代虽然恢复了服制中的貂、蝉，但使用范围较前为小。《隋书·礼仪志》说："开皇时，加散骑常侍在门下者皆有貂、蝉，至是（大业元年）罢之。惟加常侍聘外国者特给貂、蝉，还则纳于内省。"至唐代，簪貂之官仍以左右散骑常侍为主[42]，文藻上也没有用貂蝉称侍中或中书令的，而都用它称散骑常侍了。

唐以后，不再簪貂尾。宋代用雉尾充替（图3-12：5）。元以后更易以鹏羽。永乐宫三清殿元代壁画中太乙的侍臣（王逊编号248、249）所簪已是鹏羽[43]。明代仍如此[44]（图3-12：6）。

鹖冠与翼冠

汉代的武冠除武弁大冠以外，还有另一种叫作"鹖冠"。《续汉志》所记武冠就已区分成这样两种。那里说鹖冠的形制是："环缨无蕤，以青系为绲，加双鹖尾竖左右。"又说："鹖者，勇雉也。其斗对，一死乃止，故赵武灵以表武士。秦施之焉。"刘注："徐广曰：'鹖似黑雉，出于上党。'荀绰《晋百官表注》曰：'冠插两鹖，鸷鸟之暴疏者也。每所攫撮，应扑摧岨。天子武骑，故以冠焉。'傅玄《赋》注曰：'羽骑骑者戴鹖。'"这种鹖冠在洛阳金村出土的错金银狩猎纹镜的图像中已经出现，其鹖尾其实是插在弁上的。西汉空心砖上也有这种鹖冠，不过这里的弁上加刻出许多网眼，说明其质地已是缤布、缃纱之类。以上两例在插鹖尾的弁下都未衬帻，而河南邓县出土的东汉画像砖上的人物，却在正规的衬平上帻的武弁大冠上插双鹖尾，这就是《续汉志》所说的鹖冠了⑮（图3－15）。邓县鹖冠所插羽毛中有清晰的横向纹理，故此时之所谓鹖似是一种雉。鹖又作鴰。《后汉书·西南夷传》李注引《山海经》郭璞注："鴰鸡似雉而大，青色，有毛角，斗敌死乃止。"按此处说的鴰鸡很可能指褐马鸡，它有两簇高耸的白色颊毛，颇类"毛角"。鴰亦训白。《仪礼·士丧礼》："鴰豆两。"郑注："鴰，白也。"但褐马鸡却不善斗。《史记·佞幸列传》说："故孝惠时，郎、侍中皆冠鵔鸃。"鵔鸃冠即武冠之别名，见《续汉志》刘注。鵔鸃也是雉属。《说文·鸟部》："鵔，鵔鸃，鷩也。"《尔雅》郭注：鷩"似山鸡而小，冠、背毛黄，腹下赤，项绿，色鲜明"。雉尾颜色美丽，以后遂被沿用。《南齐书·舆服志》说："武骑虎贲服文衣，插雉尾于武冠上。"可见这时已将插雉尾的作法制度化了。

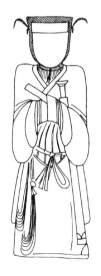

图 3－15
东汉的鹖冠

（河南邓县出土画像砖）

鹖冠除竖插一对鹖尾的类型以外，还有将鹖鸟的全形装饰在冠上的。《史记·仲尼弟子列传》："子路性鄙，好勇力，志伉直，冠雄鸡，佩豭豚。"武氏祠画像石中的子路像，冠上饰有鸡形[46]（图3－16：1）。这类在冠上饰以整体鸟形的实例虽不多见，但直到唐代却仍在文献中被提到。《旧唐书·张说传》："说因获巂州斗羊，上表献之，以申讽喻。其表：'臣闻勇士冠鸡，武夫戴鹖……'"则冠鸡与戴鹖为类。唐代最流行的武官之冠，正是在冠上饰以鹖鸟全形的那一种。虽然这种作法与佛教艺术中的鸟形冠，如在莫高窟257窟北魏壁画中所见者不无关系（图3－16：3），但仍可将汉代的鸡冠视为其固有的渊源。

唐代鹖冠上所饰的鹖鸟并非似雉或似鸡的大型鸟类，而是一种小雀。"鹖"到底是哪种鸟，诸书之说本不一致。上引《续汉志》说它是"勇雉"，曹操则称它为"鹖鸡"[47]《晋书·舆服志》又说鹖"形类鹖而微黑"，可是也有人认为鹖形似雀。《汉书·黄霸传》："时京兆尹张敞舍鹖雀飞集丞相府，霸以为神雀，议欲以闻。"颜注引苏林说："今虎贲所着鹖也。"西安出土的汉代鹖鸟陶范，表现的也是一种小雀，其形与唐代鹖冠所饰者颇相近[48]。

唐代的鹖冠不但饰以鹖鸟全形，而且冠的造型相当高大，冠后还有包叶。这种造型是前所未见的。它的形成，大约一方面是为了和日趋高大的进贤冠相协调，另一方面又受到唐代新创的"进德冠"式样的影响。《新唐书·车服志》说："（太宗）又制进德冠以赐贵臣，玉琪制如弁服，以金饰梁，花趺。三品以上加金络，五品以上附山、云。"这种冠皇太子、贵臣以及舞人都可以戴，流行的时间也比较长。宋元祐五年（1090年）游师雄摹刻的《凌烟阁功臣图》残石拓本上的魏征、侯君集二像所戴之冠后部有软脚，类幞头，与《新唐书·车服志》所称"进德冠制如幞头"之说合[49]。其冠之前部饰以五山、三云朵，又与"附山、云"之说合。加以人物的身份正属贵臣，所以

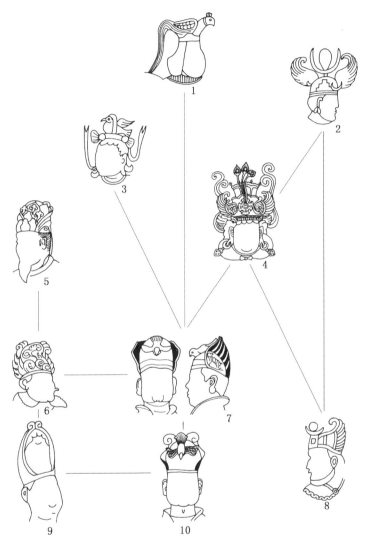

图 3-16　唐代鹖冠造型之渊源

　　1. 东汉武氏祠画像石孔子弟子图中子路之鸡冠　2. 萨珊银盘（圣彼得堡爱米塔契博物馆藏）之王者像　3. 莫高窟 257 窟北魏壁画之力士　4. 莫高窟 338 窟初唐壁画之北方天王　5.《凌烟阁功臣图》中侯君集所戴的进德冠　6. 西安唐天宝四年苏思勖墓石门线雕武士　7. 唐代陶鹖冠俑（荷兰阿姆斯特丹 H. K. Westendrop 氏旧藏）　8. 日本奈良法隆寺藏唐四天王锦　9. 西安唐天宝七载吴守忠墓出土陶俑　10. 唐开元十六年鹖冠俑（英 G. Eumorfopoulos 氏旧藏）

此冠应为进德冠（图3-16:5）。以进德冠与唐式鹖冠相较，则发现后者的造型在很大程度上以前者为模式。

此外，唐式鹖冠从外面看去，在两侧的包叶上还画出鸟翼（图3-16:7）。冠饰双翼，并非我国固有的作风。萨珊诸王的冠上多饰双翼，如卑路斯（457~483年）、库思老二世（590~627年）的王冠上都有这样的装饰（图3-16:2），夏鼐先生以为这是太阳或袄教中屠龙之神未累什拉加那（Verethraghra）的象征⑩。但在波斯阿契美尼王朝时，琐罗亚斯特教的主神阿胡拉·马兹达就用带翼的日轮为其象征，即古代波斯地区本有崇拜双翼的传统。唐代的翼冠确曾受过萨珊的影响。因为萨珊王冠上除翼外，还有成组的日、月或星、月纹，而日本奈良法隆寺旧藏之唐代四天王锦上天王所戴宝冠亦饰有双翼与日、月⑪（图3-16:8），是其证。但从萨珊式翼冠到唐代鹖冠之间，在意匠的传播过程中或者还以佛教艺术为中介。因为佛教中的兜跋毗沙门天（即北方多闻天王）在西域各国特受尊崇，此种信仰亦流衍于中土，而毗沙门天王像上就戴着有翼的宝冠（图3-16:4）。唐式鹖冠上的翼取法于此或更为直接。它们之间的渊源关系与传播途径，试表示如图3-16。

这种饰鹖雀辅双翼的鹖冠，实即唐代文献中所称之"武弁"。在唐墓所出成组的文、武俑或唐陵的文、武石中所见唐代武官着礼服时所戴之冠，大都是这类鹖冠或是其再经演进的式样⑫（图3-16:7、10；3-17:2、4）。唐中叶以后，鹖冠上的雀形渐次消匿。但武官着礼服时所戴之冠仍是鹖冠之流裔，其冠身加高，上无鸟形，而代以卷草、云朵、连珠等纹样。如上海博物馆所藏一唐代着裲裆甲的武官俑⑬，冠前部只装饰着三叶纹和连珠纹，包叶上的翼纹也不见了，仅在冠顶上探出二纽状物（图3-17:8）。咸阳底张湾豆卢建墓出土的武官俑之冠甚至连这样的纽状物也没有了，造型更趋简化⑭（图3-17:6）。不过它们从进德冠那里接受的影响还是看得出来的。

图 3-17 唐代着礼服的文武俑

1、2. 陕西乾县唐·李贤墓出土　3、4. 陕西礼泉唐·李贞墓出土
5、6. 陕西咸阳唐·豆卢建墓出土　7、8. 上海博物馆藏

南北朝时期我国服制的变化

　　民族融合是南北朝时期突出的历史现象。十六国初，汹涌南下的草原民族，经过这一时期的大融合，到了隋唐，已经"齐于编民"。由于北朝的统治者为鲜卑族，或已鲜卑化的少数族，所以鲜卑族和汉族成为这时民族融合的两大主角。以服制而论，尽管这时出现过或汉化或胡化之错综复杂的过程，但最后还是根据社会生活的实际要求，在历史的发展中，重新对各类民族服装加以改革和组合，终于形成了与汉魏时大不相同的隋唐服制。

　　建立北魏王朝的拓跋鲜卑，本是从大兴安岭的大鲜卑山迁移出来的一支狩猎民族。他们与"风土寒烈"之地的居民一样，其服装也属于衣裤式的"短制褊衣"①。其发型则同于我国古代大多数北方民族的辫发；《南齐书·魏虏传》说他们："被发左衽，故呼为'索头'。"起初，他们对中原上层人士的褒衣博带颇抱反感。《魏书·序记》说始祖神元帝力微之子沙漠汗曾长期留在洛阳②，归国后，为诸部大人所害，理由之一就是说他的"风采被服，同于南夏"。所以后来从内蒙古赤峰托克托县出土的太和八年铜佛像基座上的供养人、宁夏固原雷祖庙北魏漆棺上的人物画及敦煌莫高窟出土的太和十一年刺绣佛像上的供养人等处看到的鲜卑装③，除了独具特色的鲜卑帽以外，与新疆吐鲁番阿斯塔那出土的西凉纸本绘画中若干平民的服装相当近似；但不同的是，后一例中所绘贵人着褒博的汉装，而固原漆棺画的贵人却和平民一样，均着鲜卑装（图4-1）。可见拓跋鲜卑曾注意保持其固有的传统；至少在孝文帝改制前，并未在本民族的衣着中大力推广汉族服式。

而从另一方面考察，拓跋鲜卑建立的北魏王朝又有易于接受汉化的条件和倾向。首先，早在北魏建国之初，已改变其旧有的依血族划分部落、设部落大人进行统治的政治体制。《魏书·官氏志》说：道武帝拓跋珪时"散诸部落，始同为编民"。以贺讷为例，他是道武帝之舅，"其先世为君长"，"讷从道武平中原，拜安远将军。其后离散诸部，分土定居，不听迁徙。其君长大人，皆同编户。讷以元舅，甚见尊重，然无统领"。④足可证明这一点。皇始元年（396年）道武帝进尊号，建天子旌旗，并"初建台省，封拜公侯、将军、刺史、太守；尚书郎以下悉用文人"⑤。表明较完备的国家机器开始建立，旧有的氏族军事组织已然解体，在其统治下错杂而居的胡汉各族都成了编户齐民。天兴元年（398年）道武帝"给内徙新民耕牛，计口授田"⑥。明元帝拓跋嗣时也实行这一政策。至孝文帝太和年间乃于全国范围内推行均田制。对"天下男女，计口授田，……勤相劝课，严加赏赐"⑦，使致力农桑成为占主导地位的生产方式；而各族人民在生产方式上的一致性遂更加促进其生活方式上的趋同性。这就为拓跋鲜卑的汉化打下了经济基础。其次，拓跋鲜卑统治者一向抱有入主中原、"混一戎华"的政治目标。早在道武帝议定国号时已表示：当时"天下分裂，诸华乏主。民俗虽殊，抚之在德。"他制定："从土德，服色尚黄。""敬授民时，行夏之正。""令《五经》群书各置博士，增国子太学生员三千人。"⑧太武帝拓跋焘时，又"起太学于城东，祀孔子，以颜渊配"⑨。都摆出了弘扬文治的中华帝王的派头。所以拓跋氏后来附会为黄帝之后，如《魏书·序纪》所称："昔黄帝有子

南北朝时期我国服制的变化

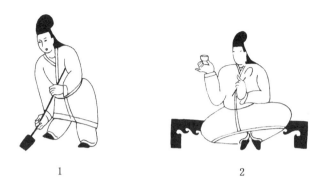

1   2

3

图4-1　北魏迁洛前的服装（1、2）与十六国服装（3）的比较

1、2. 宁夏固原北魏漆棺画　3. 新疆吐鲁番出土的西凉纸本绘画

二十五人，或内列诸华，或外分荒服。昌意少子，受封北土，国有大鲜卑山，因以为号。……黄帝以土德王，北俗谓土为托，谓后为跋，故以为氏。"此说虽非信史，但在对待汉文化的态度上，和十六国以来若干少数族帝王如匈奴族的刘渊之不忘情于"复呼韩邪之业"[10]，羯族的石勒之自称"吾自夷，难为效"[11]，石虎之自称"朕出自边戎，忝君诸夏。至于飨祀，应从本俗"是有所不同的[12]。这些，都为孝文帝元宏的汉化铺设了道路。

　　孝文帝汉化是我国历史上极其特殊的大事件。一位统治者全盘否定本民族的语言、礼俗、服装、籍贯乃至姓氏，可谓空前绝后之举。因为这时拓跋鲜卑与汉族之间仍存在着巨大的文化落差，要名正言顺地做正统的中国皇帝，为雄据各方的强宗豪族所承认，为自命不凡的文化高门所拥戴，非汉化不可。而到了5世纪，汉族的封建文化已形成一个由于完全成熟而显得繁琐，由于十分精致而透出迂腐气息的庞大体系，仅自其中采撷几片枝叶装点一下不足以显示君临诸夏。魏孝文帝如若不想回到依靠鲜卑甲骑作军事征服者的老路上去，就要在汉化上下功夫。而他的政策是全盘汉化。虽然在服制改革方面，道武帝于天兴元年已"命朝野皆束发加帽"[13]。束发的命令看来已被执行，因为在固原雷祖庙北魏墓中曾出横插长笄的发髻[14]。但做到这一步并不意味着对鲜卑装有多大触动，因为戴的仍是鲜卑帽。天兴六年（403年）道武帝又"诏有司制冠服，随品秩各有差。时事未暇，多失古礼"[15]。可见这次改制也没有多少实际效果。至孝文帝时才真正着手进行服制改革。担任设计的是冯诞（贵戚，文明太后兄冯熙之子）、游明根、高闾（两人是著名的大儒）、蒋少游（多才多艺的工程师）、刘昶（宋文帝刘义隆第九子，寄身北魏）等人。刘昶来自南朝，"条上旧式，略不遗忘"[16]。蒋少游和他讨论时，或"二意相乖，时致诤竞"[17]。他们反复研究达六年之久，服制的改革始定型。龙门宾阳中洞前壁浮雕《礼佛图》中的皇帝，即孝文帝本人的形象，以之与顾恺之《洛神赋图》中陈思王曹植像相较，其雍雅襜裕之致，实有过之而无不及（图4-2）。《礼佛图》中的人物皆着高头大履，完全改变了草原民族着靴的旧俗。在江苏常州戚家村南朝晚期墓出土的画像砖上，有些人像的履头高得出奇，而洛阳所出北魏宁懋石室之线刻人像的履头，却可以与之媲美（图4-3）。这说明北魏的服装汉化得十分彻底，连细节也不忽略。相反，南朝自帝王至平民却经常着屐。《宋书·高祖纪》说他："性尤简易，常着连齿木屐。"臣僚谒见君上时亦可着屐。《南齐书·虞玩之传》："太祖镇东府，朝野致敬，玩之犹蹑屐造席。"又《蔡约传》："高宗为录尚书辅政，百僚脱屐到席，约蹑屐不改。"贵游子弟更不例外。《颜氏家训·勉学篇》说：他们"无不熏衣剃面，傅粉施朱，驾长檐车，跟高齿屐"。即当时所称"裙屐少年"（《魏书·邢峦传》）。安徽马鞍山吴·朱然墓曾出漆屐，已残，复原后如图4-4[18]。这种木屐后来东传至日本，成为和服中的下驮。然而在北朝却很少见。屐有类拖鞋，不如履正规。《世说新语·简傲篇》说："王子敬兄弟见郗公（郗愔），蹑履问讯，其修外生礼。及嘉宾（郗超）死，皆着高屐，仪容轻慢。"这段记载将王献之等人的前恭后倨之态，通过履与屐的更换，描画得非常形象。南朝人士喜着屐，所以其装束往往带有轻慢之风。特别是玄学末流，所谓名士大都空疏狂放，衣装举止皆恣纵不羁，与《抱朴子·外篇·刺骄篇》所称"或乱项科头，或裸袒蹲夷，或濯脚于稠众，或溲便于人前"者有相通处。南京西善桥、江苏丹阳建山金家村及胡桥吴家村等地南朝大墓出土的拼镶砖画《竹林七贤图》中那些赤脚袒胸、裸肩翘足、露髻披衣的人物，正是他们的写照[19]（图4-5）。而这种风气在北魏却并不流行，遗物中很少见到这类形象。

至于平日的便服，这时无论南北皆着袴褶。袴褶的特点不在于其

74

图 4-2　褒衣博带

1. 东晋・顾恺之《洛神赋图》　2. 龙门宾阳中洞北魏浮雕《皇帝礼佛图》

1   2

图4－3　南北朝的高头履

1. 北魏·宁懋石室线刻画　2. 常州戚家村南朝墓出土画像砖

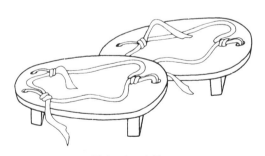

图4－4　漆屐

（据安徽马鞍山吴·朱然墓出土物复原）

图 4-5 《竹林七贤图》中的部分人物
（南京西善桥南朝墓出土拼镶砖画）

南北朝时期我国服制的变化

褶（短上衣）而在于其袴。这种袴即《晋书·五行志》所说"为袴者直幅，为口无杀"的那一种。杀通襚，《集韵》："襚，衣削幅也。"无杀即袴口不缝之使窄，故又称大口袴。为行动便利起见，遂在膝部将袴管向上提，并以带子缚结。洛阳出土的北魏孝子画像石棺与河南邓县、湖北襄阳等地南朝墓出土的画像砖上之劳动者皆着袴褶[20]（图4-6）。这时军人也着袴褶，这种装束被称作"急装"[21]。《南齐书·吕安国传》中提到的"袴褶驱使"，即指一般军人。但北魏在朝会时还以袴褶为礼服。《太平御览》卷六九五引《北疆记》"虏主南郊，着皇斑褶、绣袴"可证。这种作法和南朝不同，故南朝人或不以为然。《梁书·陈伯之传》说："褚緭在魏，魏人欲擢用之。魏元会，緭戏为诗曰：'帽上着笼冠，袴上着朱衣，不知是今是，不知非昔非。'魏人怒，出为始平太守。"褚诗实质上是认为朝会时不应服袴褶。因为袴上着朱衣并不成为问题。《南史·刘怀慎传》说："（刘）德愿岸着笼冠，短朱衣，执鞚进止，甚有容状。"此人执鞚时自当着袴褶。何况南北朝武官着袴褶者，上衣亦多为绛色。如《南史·王融传》就说："融戎服绛衫。"而朱衣与绛衫本不易区别。至于笼冠，则当与平巾帻通着，不应承以帽。但这是太和十八年以前的情况。此后，经孝文帝的彻底改革，北魏服制确已具备华夏之仪型。当北魏·崔僧渊给在齐的族兄崔惠景回信，拒绝叛魏投齐时，称赞孝文帝说：他使"礼俗之叙，粲然复兴；河洛之间，重隆周道"[22]。《洛阳伽蓝记》卷二说得更具体："（陈庆之）曰：'自晋、宋以来，号洛阳为荒土。此中谓长江以北，尽是夷狄。昨至洛阳，始知衣冠士族，并在中原。礼仪富盛，人物殷阜。目所不识，口不能传。所谓帝京翼翼，四方之则。如登泰山者卑培塿，涉江海者小湘、沅。北人安可不重？'庆之因此羽仪服式，悉如魏法，江表士庶，竞相模楷，褒衣博带，被及秣陵。"惟陈庆之南归后，恐怕不会称洛阳为"帝京"；此

图4-6 袴褶装

1. 河南邓县南朝墓出土画像砖　2. 河南洛阳出土北魏孝子画像石棺

华夏衣冠

记述中当有杨衒之润色的成分。尽管如此，却也不能说这些话纯属向壁虚构。可以认为，这时南、北方的服装在汉化的式样的基础上大体趋于一致。

孝文帝的汉化政策虽有其成功的一面，他使迁洛的鲜卑贵族与中原的汉族大姓间的矛盾得到缓和，取得了新旧士族的拥戴。即使从表面现象上看，朝堂上的褒衣博带，也暂时掩盖了民族间的畛域。但伴随着全盘汉化，不得不进一步强化士族制，"以贵袭贵，以贱袭贱"，从而使清浊士庶之间的门阀等级更为森严，这就伏下了潜在的危机。因为拓跋鲜卑的聚居之地本在代北，更北则是柔然的势力范围。北魏为巩固边防计，沿边境设立军镇，镇将大都为鲜卑族或当地少数族豪酋。杂居其地的汉族久经濡染，也大都已鲜卑化。起初边镇很受重视。"昔皇始以移防为重，盛简亲贤，拥麾作镇，配以高门子弟，以死防遏。不但不废仕宦，乃至偏得复除。当时人物，忻慕为之"[23]。可是孝文帝迁洛实行汉化以后，按照门品高下任官。六镇的职业军人无法汉化，只能通过军功任武职浊官，而迁洛之门阀化的鲜卑贵族和汉族高门却可以通过吏部诠选任文职清官，从而前者的社会地位不断下降。"中年以来，有司乖实，号曰府户，役同厮养。官婚班齿，致失清流"[24]。他们被"征镇驱使为虞候、白直，一生推迁，不过军主。然其往世房分，留居京者，得上品通官；在镇者，便为清途所隔。或投彼有北，以御魑魅；多复逃胡乡，……独为匪人。言者流涕"[25]。塞上豪酋对胡汉新旧门阀士族的深刻矛盾与被压迫的下层胡汉人民反抗统治者的阶级矛盾交织在一起，终于激发了北魏末年的六镇起义。

六镇起义以后，代北豪酋中以高欢为首的怀朔集团控制东魏，后来高氏建立起北齐王朝；以宇文泰为首的武川集团控制西魏，后来宇文氏建立起北周王朝。

无论北齐或北周，当政者都是鲜卑或鲜卑化的武人。在北齐，当政者在反对曾使他们受到压抑的士族制时，常同时反对汉化，即《北齐书·高昂传》所说："于时鲜卑共轻中华朝士。"文宣帝高洋尝问杜弼："治国当用何人？"弼答："鲜卑车马客，会须用中国人。"高洋以为"此言讥我"，后斩之㉖。与高洋"旧相昵爱，言无不尽"的高德政，也被杀。高洋说："高德政常言宜用汉，除鲜卑，此即合死。"㉗倖臣韩凤甚至说："狗汉大不可耐，唯须杀却！"㉘同时，鲜卑语复盛，高欢"申令三军，常鲜卑语"㉙。一些通鲜卑语能翻译传达号令的人，"尤见赏重"㉚。在这种风气下，鲜卑装重新流行起来。可是这时的鲜卑装如在山西寿阳河清元年（562 年）厍狄迴洛墓、山西太原武平元年（570 年）娄睿墓、河北磁县武平七年高润墓等处的壁画上所见者，已与固原北魏漆棺画上的式样不同㉛。画中的人物戴圆形或山字形鲜卑帽，身着圆领或交领缺骻长袍，腰束鞢䪌带，足登长勒吉莫靴（图 4－7）。与墓中所出模制的陶俑相比，这些画更富于写实性。山东济南马家庄的一座北齐墓虽与太原娄睿墓相距遥远，但两墓壁画中的人物不仅服式相同，而且连广额丰颐的长圆脸型也绝肖似，可见画中真实地刻画了当时鲜卑人的形貌㉜。《旧唐书·舆服志》说："北朝则杂以戎狄之制。爰至北齐，有长帽短靴、合袴袄子，朱紫玄黄，各任所好。高氏诸帝，常服绯袍。"高氏诸帝所服之袍，其式样应即上述圆领缺骻袍，它是在旧式鲜卑外衣的基础上参照西域胡服改制而成的。《北齐书·文宣帝纪》说高洋有时"散发胡服"；其"胡服"是泛称，实际上指的大约也是缺骻袍。这种长袍不仅出现于墓室壁画，在北齐时开凿的河北邯郸响堂山、水浴寺，河南安阳灵泉寺等石窟的供养人像上也经常可以见到㉝。

　　缺骻袍的流行不是偶然的，因为就服装在生产和生活中的实用功能而言，它比汉魏式褒博巍峨的衣冠要方便得多。早在汉代，匈奴就

图4-7 娄睿墓壁画中着鲜卑装的人物

用"得汉絮缯，以驰草棘中，衣袴皆裂弊"的方式，证明它"不如旃裘坚善"[34]。齐·王融也指出鲜卑人着汉装之不便："若衣以朱裳，载之玄颏，节其揖让，教以翔趋，必同艰桎梏，等惧冰渊，婆娑蹢躅，困而不能前已。"[35]后来沈括在《梦溪笔谈》中也说："窄袖利于驰射，短衣、长靿皆便于涉草。……予至胡庭日，新雨过，涉草衣袴皆湿，唯胡人都无霑。"诸说的道理如一，都很切中要害。既然如此，冠冕衣裳何以尚能长期流传呢？看来这主要是传统的礼法观念在起作用。扬雄《法言·先知篇》说："圣人，文质者也。车服以彰之，藻色以明之，声音以扬之，《诗》、《书》以光之。笾豆不陈，玉帛不分，琴瑟不铿，钟鼓不坱，则吾无以见圣人矣。"因此，对于一个中国中世纪的政权来说，缺少它们，就不成其为正统的封建王朝了。魏孝文帝懂得这个道理，从他开始，北魏采用汉式衣冠已近七十年。北齐对此当然没有骤然停废的必要，何况当时南方的梁朝还有一定吸引力。高欢说："江东复有一吴儿老翁萧衍者，专事衣冠礼乐，中原士大夫望之以为正朝所在。"[36]故北齐在这方面不能不因循敷衍。但他们的基本倾向是反对汉化，所以对旧式衣冠尊而不亲，平日不穿，只在需要时用它摆一摆排场。

北周则与北齐有别，它的政策一方面是士庶兼容，一方面是胡汉并举。宇文氏既维护鲜卑旧俗，如恢复鲜卑复姓、说鲜卑语等，同时又摹仿《周礼》，用六官制度来改组政府，标榜自己是西周传统文化的继承者。在服装上，一方面在大朝会时正式采用汉魏衣冠。《周书·宣帝纪》说："大象元年（579年）春正月癸巳，受朝于路门。帝服通天冠、绛纱袍，群臣皆服汉魏衣冠。"仿佛恢复了魏孝文帝时的制度。另一方面，平时北周君臣着袍。《周书·李迁哲传》说："太祖以所服紫袍玉带及所乘马赐之。"在《周书·熊安生传》、《王思政传》、《李贤传》及《隋书·周法尚传》等处，还多次提到受赐"九环

金带"或"金带"之事，以上各类金、玉带皆属鞢䚢带，和它相配套
的袍只能是缺骻袍。《续高僧传·感通篇·释慧瑱传》说："周建德
六年（577 年）忽见一人着纱帽，衣青袍，九环金带，吉莫皮靴。"这
套装束正与北齐无别。

北周称此种服式为常服。"后令文武俱着常服"㊲，军人都可以
穿。而北周实行府兵制，募百姓当兵，除其县籍，租、庸、调均予蠲
免，汉族农民应募的很多。《隋书·食货志》说："是后夏人（汉人）
半为兵矣。"在众多府兵的影响下，他们的服式在汉族平民中也日益
普及，再加上自鲜卑帽转化改进而成的幞头，遂在北周形成一套所谓
常服。它所体现的既非纯然胡风，更非复古，而是在融合中创造出的
新形式。

隋唐时代南北一统，而服装却分成两类：一类继承了北魏改革后
的汉式服装，包括式样已与汉代有些区别的冠冕衣裳等，用作冕服、
朝服等礼服和较朝服简化的公服。另一类则继承了北齐、北周改革后
的圆领缺骻袍和幞头，用作平日的常服。这样，我国的服制就从汉魏
时之单一系统，变成隋唐时之包括两个来源的复合系统；从单轨制变
成双轨制。但这两套服装并行不悖，互相补充，仍组合成一个浑然的
整体。这是南北朝时期民族大融合的产物，也是中世纪时我国服制之
最重大的变化。

从幞头到头巾

　　在我国中古时代的男装中，幞头很引人注目。它是我国的民族服装，除了我国的一些邻国中有仿效者外，此物绝不见于世界其他地区。所以它可以被认为是这一时期中，我国男装之独特的标志。幞头于南北朝晚期出现以后，历唐、宋、金、元、明，直至清初，其最后的变体才为满式冠帽所取代。通行的时间前后长达一千余年。在中国服装史上，幞头的产生是意义重大的。明·丘濬《大学衍义补》胡寅注："古者，宾、祭、丧、燕、戎事，冠各有宜。纱幞既行，诸冠尽废。稽之法象，果何所则？求之意义，果何所据？"①的确，起初作为一种轻便的裹头之物而流行开来的幞头，本不烦从"法象"上多加附会，但比起以"修敬"为目的的冠来，却要方便实用得多了。

　　幞头产生之前，汉代通行戴冠、帻。男子二十成人，士冠；"卑贱执事不冠者"，则戴帻②。但是在劳动人民中间，还有用布包头的习惯。《方言》卷四："络头，帕头也。……自关以西，秦、晋之郊曰络头，南楚、江、湘之间曰帕头，自河以北，赵、魏之间曰幧头。"《乐府诗集·日出东南隅行》："少年见罗敷，脱帽着帩头。"可见在年轻人心目中，认为包头比戴帽美观些。从图像中看，汉代的帽子多为圆顶小帽，的确相当朴素。但帩头、帕头等又是什么样子呢？《释名·释首饰》："绡头：绡，钞也，钞发使上从也。或谓之陌头，言其从后横陌而前也。"郑玄在《仪礼·丧服》的注中也说:"髺……自项而前交于额上,却紒(髻),如着幓头焉。"以这些描写与形象材料相印证,则邓县长冢店汉墓所出画像石中之牵犬人及成都天迴山汉墓所出说唱俑头上系结之物,或即绡头之类③(图5-1:1、2)。东汉以降,从这类包头布中又演化出一种幅巾来。《后汉书·韩康传》:"亭长……及见康柴车幅巾,以为田叟也。"可见裹幅巾的以劳动人民为多。但若干在野的士人也有喜欢裹幅巾的。《后汉书·鲍永传》说他"既知更始已亡,乃发丧。……悉罢兵,但幅巾与诸将及同心客百余人诣河内"。李注:"幅巾,谓不着冠,但幅巾束首也。"又同书《符融传》:"融幅巾奋袖,谈辞如云。"《法真传》:"(真)性恬静寡欲,不交人间事。太守请见之,真乃幅巾诣太守。"《郑玄传》:"玄不受朝服,而以幅巾见。"均是其例。及至东汉末年,像袁绍这样的高官,在官渡战败以后,也简率地系着幅巾逃走。《后汉书·袁绍传》说,袁军当时"惊扰大溃,绍与谭等幅巾乘马,与八百骑度河"。当时的袁绍确已来不及冠服乘车,传中的幅巾乘马云云,实际上是状其仓皇的点睛之笔。所以《宋书·礼志》引《傅玄子》"汉末王公名士,多委王服,以幅巾为雅"的说法,就未免失之片面。因为裹幅巾者,并非尽是为了体现名士的风雅,像上文所说袁绍所处的场合,裹幅巾只不过求其便捷而已。及至魏晋,在当时的社会风气下,不拘礼法的幅巾,反而更为流行。陶渊明"取头上葛巾漉酒"④,史书中传为美谈。这时的平民出任官吏,还可以称之为"解巾"或"释巾"⑤。清·王鸣盛《十七史商榷》卷六八"解巾"条说:"解巾者,解去幅巾,将袭章服,犹云释褐也。"晋代之幅巾的形象,在南京西善桥东晋墓拼镶砖画《竹林七贤与荣启期图》中的山涛、阮咸像上可以见到(图5-1:3、4)。汉代幅巾的形制,大约也相去不远。

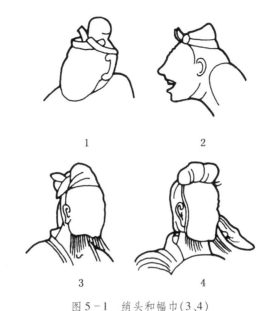

图 5-1　绡头和幅巾(3、4)

1. 河南邓县长冢店汉墓画像石　2. 四川成都天迴山汉墓陶俑
3、4. 南京西善桥南朝墓拼镶砖画

　　然而应当指出的是：幞头并不是直接继承幅巾而来⑥。对于幞头
说来，幅巾仅仅起着先驱的作用，并不是它的原型。这是由于：首
先，裹幅巾的东晋、南朝人士，"皆……衣裳博大，风流相放"⑦，仍
保持着汉以来的传统服装式样。幞头却是和圆领缺骻袍配套的。褒博
的衣裳与缺骻袍分属不同的服装系统；所以与后者配套的幞头的前
身，不能到与前者配套的幅巾那里去寻找。其次，在形象材料中，也
看不到自幅巾向幞头演变的发展序列。因此，虽然不能说幞头和幅巾
毫无关连，但它们中间的断层却是不容忽视的。

　　圆领缺骻袍属于胡服系统。自十六国以来，北方各族大批进入中
原。在近三个世纪中，形势不断动荡，各族政权，风起云扰，虎踞鲸
吞，但同时也促进了以汉族为主体的我国各民族间的融合。这时，不

仅在政治、经济等方面巨变迭起，而且在人民日常生活（如饮食、器用、服饰等）方面，也发生了很大变化。在此期间，由于胡服，特别是鲜卑装的强烈影响，我国常服的式样几乎被全盘改造。这时形成的幞头，虽然远远地衬托着汉晋幅巾的背景，却是直接从鲜卑帽那里发展出来的。

这里所以强调鲜卑装的影响，是由于进入南北朝时期以后，鲜卑贵族成为整个北中国的统治者⑧。上面所说的民族融合，在服饰习俗方面，主要是汉与鲜卑的融合。在北魏迁洛以前的遗物中，可以看到着鲜卑装的人像，如云冈早期洞窟中的供养人、呼和浩特北魏墓与大同太和八年（484 年）司马金龙墓出土的陶俑、敦煌莫高窟出土的太和十一年刺绣品上的供养人像与日本根津美术馆藏太和十三年鎏金佛像基座上的供养人等⑨（图 5－2）。这些人像无论男女，都有戴后垂披幅的鲜卑帽的。《魏书·任城王澄传》说："高祖还洛，引见公卿曰：'朕昨入城，见车上妇人冠帽而着小襦袄者，若为如此，尚书如何不察？'"孝文帝所指摘的帽，无疑即属此类。太和十三年造像基座上的供养人所戴之帽顶呈方形，或即《南齐书·王融传》所说"匈奴（在这里指鲜卑人）……冠方帽则犯沙陵雪"之方帽。但多数鲜卑帽的顶部呈圆形。祖莹在北魏后期曾用这样的话来描述当时的服饰："长衫鬑帽，阔带小靴，自号惊紧，争入时代。"⑩其所谓鬑帽，或即指圆顶的鲜卑帽。

鲜卑装中男女都戴后垂披幅之帽，是一个值得注意的现象。因为不仅平民戴这类帽子，鲜卑武士也戴；不仅迁洛以前如此，迁洛以后这类帽子仍继续流行。特别在东魏、北齐时期，由于鲜卑当政者掀起的反汉化浪潮一浪接一浪，所以鲜卑装和鲜卑帽更为风行⑪。这时不仅鲜卑人戴这种帽，汉人也有戴的。隋·颜之推《颜氏家训·教子篇》说："齐朝有一士大夫尝谓吾曰：'吾有一儿，年已十七，颇晓书

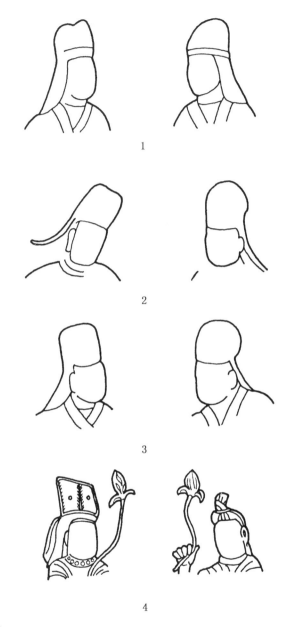

1

2

3

4

图5-2 戴鲜卑帽的男子(2、4)与妇女(1、3)

1. 云冈第18窟 2. 莫高窟出土太和十一年刺绣 3. 固原出土北魏漆棺画
4. 太和十三年鎏金佛像基座(男供养人露髻,未戴帽;日本根津美术馆藏)

疏。教其鲜卑语及弹琵琶，稍欲通解。以此伏事公卿，无不宠爱，亦要事也。'"这种人家的子弟自然也要穿鲜卑装、戴鲜卑帽了。至于鲜卑贵族门下，更是一色的鲜卑装束。试看太原北齐·娄睿墓壁画，其中除了几个戴平巾帻、着袴褶裲裆的人物，被安排在墓门侧摆摆门面以外，大批鲜卑武士尽着鲜卑装。鲜卑武士戴的帽子与上述方帽、鬖帽虽大体相同，但亦略有差别。其顶较小，前部呈山形，脑后披拂长幅[12]（图5-3：1、2）。这种帽子大约就是《旧唐书·舆服志》所说"北齐有长帽短靴，合袴袄子"之长帽。《隋书·礼仪志》所说"后周之时，咸着突骑帽，如今胡帽，垂裙覆带"之突骑，或是记其对音[13]。此外，北朝流行的顶部圆大的鲜卑帽，考古报告中或称之为"风帽"，后部也垂有披幅。不仅用布帛制作的帽子如此，着甲时所戴之胄，北朝的式样也和汉、西晋不同，后部也缀有披幅状的拖叶。

鲜卑帽为什么要在脑后垂披幅呢？估计其起因：一来由于北地苦寒，垂披幅有助于保温；二来也可能与蔽护编发有关。鲜卑族起自塞外，其俗编发左衽。南朝人出于敌忾之情而称之为"索虏"。但早在道武帝时，北魏已进行过服装改革。《魏书·礼志》："太祖天兴六年（403年），诏有司制冠服，随品秩各有差。"大约此后魏人已渐改其编发之俗，所以当魏孝文帝再度改制冠服时，就没有提解编发的问题。自考古材料中所见，这时鲜卑男子已束髻。太和十三年鎏金佛像基座上的男供养人束髻，宁夏固原北魏前期墓中还曾出土贯铜笄的发髻[14]（图5-4）。既然发型已经改变，居住地区又已南迁，帽后的披幅遂逐渐失去了其存在的必要。因此北齐墓中出土的俑，就有将披幅用带子扎起来的[15]（图5-3：3）。太原隋·虞弘墓石椁雕刻中有人头上裹着用四条带子前后结扎的头巾（图5-3：4）。虞弘是中亚契胡，历仕柔然、北齐、北周、隋。在北周时一度"检校萨宝府"，管理胡商及其祆教事务[16]。其石椁雕刻有浓厚的胡风，几乎未出现汉

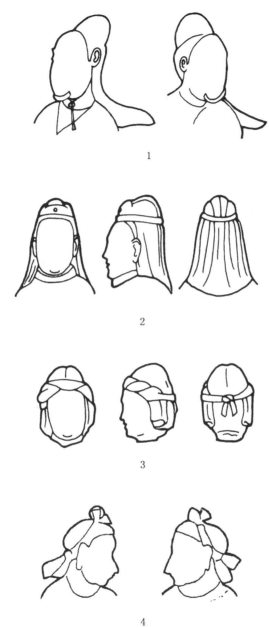

图 5-3　鲜卑帽向幞头的演变

1、2.长帽　3、4.长帽的披幅被扎起,已向幞头过渡)　1.太原北齐·娄睿墓壁画
2、3.河北吴桥北齐墓出土陶俑　4.太原隋·虞弘墓石椁浮雕

图 5-4　贯铜笄的发髻

（宁夏固原北魏墓出土）

人。因此上述用四带扎起的头巾，大约仍属鲜卑帽的范畴，但和幞头
已经十分接近了。按照传统的说法，幞头出现于北周时。《北周书·
武帝纪》说，宣政元年（578 年）三月，"初服常冠，以皂纱为之，加
簪而不施缨导，其制若今之折角巾也"。所以文献中常将北周武帝推
为幞头的创制者。现在看来，他所创的巾式不过是在图 5-3:3 之类
鲜卑帽的基础上略加改进而已。宣政元年距隋朝开国的 581 年仅仅三
年。北周的幞头虽然缺少形象资料，但隋代的幞头俑却不乏实例。其
中如武汉周家大湾 241 号隋墓出土的陶俑的幞头仅有二脚（图 5-
5:1），与宋·俞琰《席上腐谈》卷上"周武帝所制不过如今之结
巾，就垂两角，初无带"的描述相近。陕西三原隋·李和墓、湖南
湘阴隋墓与河南安阳马家坟 201 号隋墓出土俑，所裹之幞头已有四
脚，两脚系于额前，两脚垂于脑后，较前一例已有改进，但头顶上还
是平的，没有攀住发髻而使之隆起的带结（图 5-5:2、4）；特别是敦
煌莫高窟 281 窟隋代壁画中供养人所裹此式幞头，其向前系结的两枚巾
脚竟垂在前额上，更显出裹法的不成熟[17]（图 5-5:3）。但是在安徽亳
县开皇二十年（600 年）王干墓、武汉东湖岳家嘴隋墓等处出土陶俑上
所见的幞头，向前系结的巾脚已将发髻拥起[18]（图 5-5:5）。其裹法已
与宋·沈括《梦溪笔谈》卷一"幞头一谓之四脚，乃四带也。二带系脑

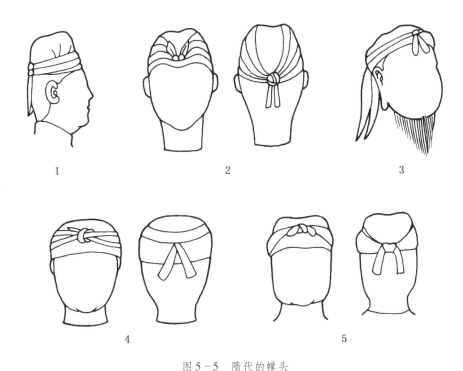

图 5 - 5　隋代的幞头

1. 武汉周家大湾隋墓出土陶俑　2. 陕西三原隋·李和墓出土陶俑
3. 莫高窟281窟隋代壁画　4. 湖南湘阴隋墓出土陶俑　5. 武汉东湖隋墓出土陶俑

后垂之，二带反系头上，令曲折附顶"之说相合（图5-6）。到了这时，幞头就可以被认为是正式形成了。这件通过南北朝时期的服装大变革而产生、并在隋代初步定型的幞头，顶上相当发髻处的隆起部分，是这时汉族与鲜卑族通用的发型的代表，所以成为民族融合的象征，成为我国中古服饰中各民族共同创造的、新的民族形式。至唐代，幞头是男子常服（幞头、缺胯袍、鞢𮪍带、长靿靴）中不可缺少的组成部分。从皇帝到平民，日常生活中都要裹幞头。甚至进行相扑表演的力士，除一裈之外，全身赤裸，却也忘不了裹上幞头（图5-7）。

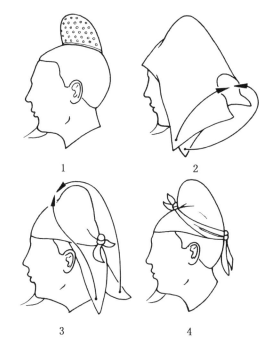

图 5 - 6 唐代软脚幞头的系裹(示意图)

1. 在髻上加巾子 2. 系二后脚于脑后 3. 反系二前脚于髻前 4. 完成

图 5 - 7 莫高窟藏经洞所出
绢本佛画上的相扑者

不过在唐代，幞头的顶部一般较隋代为高。《旧唐书·令狐德棻传》说："高祖问德棻曰：'比者，丈夫冠、妇人髻竟为高大何也？'"反映的就是这一现象。这首先是因为此时在幞头内衬以巾子的缘故。唐·封演《封氏闻见记》卷五："幞头之下别施巾，象古冠下之帻也。"宋·郭若虚《图画见闻志》卷一："巾子裹于幞头之内。"清·王鸣盛《十七史商榷》卷八二也说："盖于裹头帛下着巾子耳。"巾子的形状影响着幞头的外观。关于这一点，四十年前王去非先生已加以阐述，其说殆不可易[19]。只是由于巾子掩盖在幞头之内，从外面看不到，而当时在田野考古工作中尚未发现此物，所以仅能据文献立论。1964年，新疆吐鲁番阿斯塔那墓地出土了唐代巾子的实物（图5-8），进一步证实了记载中的说法。此物或以为是隋大业中牛洪所制[20]；或以为唐初始有[21]；或指为武德间所加[22]；总之，它的出现不晚于初唐，是可以肯定的。

　　在唐代，幞头的形制仍处于不断地变化之中。先说巾子，起初采

图5-8　吐鲁番阿斯塔那
出土唐代巾子

用的是平头小样巾，以后渐变高、变圆、变尖。《旧唐书·舆服志》说："武德以来，始有巾子，文官名流，尚平头小样者。则天朝贵臣内赐高头巾子，呼为武家诸王样。中宗景龙四年(710年)三月，因内宴赐宰臣以下内样巾子(此种巾子即《新唐书·车服志》所称'中宗又赐百官英王踣样巾，其制高而踣，帝在藩时冠也')。开元以来，文官士伍多以紫皂官绁为头巾[23]、平头巾子，相效为雅制。玄宗开元十九年(731年)十月，赐供奉官及诸司长官罗头巾及官样巾子(《唐会要》卷三一作'官样圆头巾子')，迄今服之也。"这段记载中提到的各类巾子，在出土实物中都能得到印证。如西安贞观四年(630年)李寿墓壁画与咸阳底张湾贞观十六年(642年)独孤开远墓出土陶俑的幞头，顶部均较低矮，似即由于其中衬的是"平头小样"巾子的缘故[24](图5-9:1)。礼泉马寨村麟德元年(664年)郑仁泰墓与西安羊头镇总章元年(668年)李爽墓出土俑，幞头顶部增高，似已衬"高头巾子"[25]。至于圆而前踣的"踣样巾"，虽然《唐会要》卷三一、《通典》卷五七和《旧唐书·舆服志》、《新唐书·车服志》都把它和中宗联系起来，但唐·张鷟《朝野佥载》说："魏王为巾子向前踣，天下欣欣慕之，名'魏王踣'。"魏王泰，太宗之第四子，于中宗为伯父，所以此式巾子创制的时间或早于中宗朝。但在形象材料中，它要到开元年间才较为常见[26](图5-9:3)。至天宝年间，幞头顶部变得像两个圆球(图5-9:4)，大约里面衬的就是"圆头巾子"。中、晚唐时，巾子渐变直变尖。《封氏闻见记》卷五说："御史陆长源性滑稽，在邺中忽裹蝉翼罗幞、尖巾子。"建中三年(782年)曹景林墓出土俑可以为例[27](图5-9:6)。但这时它还显得很新奇。至五代时，如《新五代史·前蜀世家》说："(王衍)又好裹尖巾，其状如锥。"这种作法反而愈演愈烈了。

其次，唐代幞头的质料改用薄罗纱。《中华古今注》卷中"幞

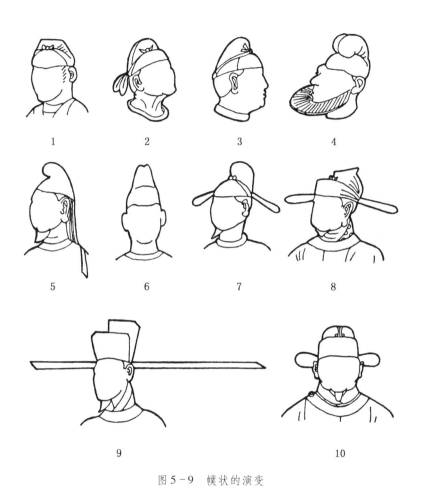

图 5-9 幞状的演变

　　1. 平头幞头(唐贞观十六年独孤开远墓出土俑)　2. 硬脚幞头(唐神龙二年李贤墓石椁线雕)　3. 前踣式幞头(唐开元二年戴令言墓出土俑)　4. 圆头幞头(唐天宝三年豆卢建墓出土俑)　5. 长脚罗幞头(莫高窟 130 窟盛唐壁画)　6. 衬尖巾子的幞头(唐建中三年曹景林墓出土俑)　7. 翘脚幞头(敦煌藏经洞所出唐咸通五年绢本佛画)　8. 直脚幞头(莫高窟 144 窟五代壁画)　9. 宋式展脚幞头(宋哲宗像)　10. 明式乌纱帽(于谦像)

从幞头到头巾

头"条谓："唐侍中马周更与罗代绢。"《宋史·舆服志》说："幞头……唐始以罗代缯。"当北周与隋时，幞头初出，一般人用以裹头的材料，大抵为较粗厚的缯、绝、绢之类，因而系裹后出现的皱褶较多。为了追求紧凑平整，唐代改用罗纱。有人尚嫌不足，甚至创造了一种"水裹法"。《封氏闻见记》卷五："兵部尚书严武裹头至紧，将裹，先以幞头曳于盘水之上，然后裹之，名为水裹。撤两翅皆有褶数，流俗多效焉。"水裹、紧裹和用薄罗纱，所代表的趋向是一致的。唐代遂专门生产了一种供裹头用的细薄织物。《太平广记》卷四八五引唐·陈鸿祖《东城老父传》说："有人禳病，法用皂布一匹，持重价不克致，竟以'幞头罗'代之。"宋·钱易《南部新书》丙说："元和、太和以来，左右中尉或以'幞头纱'赠清望者。"可见"幞头罗（纱）"已经成为一个专门名称了。开元十九年六月的一道勅书说："六品已下……除幞头外，不得服罗、縠。"[28]则幞头须用罗、縠制作，这时似已成为定制。晚唐·皮日休、陆龟蒙因赠送幞头而互相酬唱的诗，都着意吟咏幞头罗的细薄轻明。皮诗有云："周家新样替三梁，裹发偏宜白面郎。掩敛乍疑裁黑雾，轻明混似戴玄霜。"陆诗有云："薄如蝉翅背斜阳，不称春前赠囷郎。初觉顶寒生远吹，预忧头白透新霜。"[29]这种极薄的幞头罗在绘画中也有所反映，太原新董茹村万岁登封元年（696年）赵澄墓壁画与徽宗摹张萱《虢国夫人游春图》等处均有所表现，掩在幞头罗底下的前额与发际的界线，在这些画中都清楚地透露了出来[30]。

再次是唐代幞头脚的变化。幞头脚开始不过是系在脑后的两根带子的剩余部分，此物软而下垂，故名"垂脚"或"软脚"。后来将这部分加长，而有所谓"长脚罗幞头"[31]（图5-9：5），但仍然是软的。可是后来又产生了硬脚幞头，这种类型的幞头初见于神龙二年（702年）章怀太子李贤墓石椁线雕人物（图5-9：2）。宋·毕仲询

《幕府燕闲录》说："自唐中叶以后，谓诸帝改制，其垂二脚，或圆或阔，周丝弦为骨稍翘矣。臣庶多效之。"脚中除用丝弦骨外，也可用铜丝或铁丝为骨。即宋·赵彦卫《云麓漫钞》卷三所谓："以纸绢为衬，用铜铁为骨。"宋·朱熹《朱子语类》卷九一则谓："唐宦官要常似新幞头，以铁线插带中。"由于装了铁丝的骨架，所以硬脚常翘起，故又名"翘脚"（图5-9：7）。思想保守的人士看不惯这种幞头脚。五代·孙光宪《北梦琐言》卷一二"柳氏子幞头脚条"说："柳玭……至东川通泉县求医，幕中有昆弟之子省之。亚台回面，且云不识。家人曰：'是某院郎君。'坚云不识，莫喻尊旨。良久，老仆忖之，'得非郎君幞头脚乎？固宜见怪。但垂之而入，必不见阻'。此郎君垂下翘翘之尾，果接抚之。"玭晚唐时人，则神龙年间出现的硬脚，至此时仍有持非议者。但幞头脚的这种发展趋势，却难以阻止。宋·程大昌《演繁露》卷一二说："至昭宗乾符初，教坊内教头张口笑者，以银捻幞头脚上簪花钗，与内人裹之。上悦，乃曰：'与朕依此样进一枚来。'上亲栉之，复揽镜大悦。由是京师贵近效之。"五代时翘脚更上升成直脚（图5-9：8）。《云麓漫钞》又说："五代帝王多裹朝天幞头，二脚上翘。四方僭位之主，各创新样，或翘上而反折于下，或如团扇、焦叶之状，合抱于前。伪孟蜀始以漆纱为之。湖南马希范二角左右长尺余，谓之龙角，人或误触之，则终日头痛。至刘汉祖始仕晋为并州衙校，裹幞头左右长尺余，横直之，不复上翘，迄今不改。"直脚加长的幞头，即《麈史》卷一所谓"浸为展脚"之展脚幞头，是两宋官服中通用的式样（图5-9：9）。但展脚并不固定在幞头上，它可以临时装卸。《水浒全传》第七四回就说李逵"取出幞头，插上展角，将来戴了"，可证。

除了展脚以外，宋代还有其他各种式样的幞头脚。《梦溪笔谈》卷一说："本朝幞头有直脚、局脚、交脚、朝天、顺风，凡五等，唯直脚贵贱通服之。"直脚又名平脚，即上述之展脚。局脚是弯曲的幞头脚，即宋·孟元老《东京梦华录》卷九所称卷脚，见于白沙宋墓壁画（图5－10∶1）。交脚是两脚相交，见于宣化辽墓壁画（图5－10∶2）。朝天是两脚直上，见于山西高平开化寺宋代壁画（图5－10∶3）。顺风如《宋史·乐志》所说"打毬乐队"的服饰："衣四色窄绣罗襦，系银带，裹顺风脚、簇花幞头。"顺风脚是指幞头脚的形状。沈从文先生认为将两脚提掖，使之偏于一侧者，即顺风幞头[32]（图5－10∶4）。此外，在图像中还可以看到脚作卷云状的卷脚幞头（图5－10∶5），大抵皆是教坊乐工、杂剧艺人诨裹时所戴。但《续通志》所记"式如唐巾，两角上曲作云头，两旁覆以两金凤翅"的"凤翅幞头"，在日常生活中也可以戴，其形象见于山西高平开化寺宋代壁画。元代更为常见，河南焦作老万庄、内蒙古赤峰元宝山元墓壁画[33]及元人绘本《货郎图》中均有其例（图5－10∶6）。至于使役之人，在宋元两代常戴无脚幞头（图5－10∶7），它可以说是幞头中之最低的一等了。

下面再看一下幞头内衬木山子和外施漆纱的情况，这两种作法亦出现于唐代。木山子起于晚唐。《北梦琐言》卷五说："乾符后，宫娥皆以木团头，自是四方效之。唯内官各自出样。匠人曰：砍'军容头'、'特进头'。"《朱子语类》说："唐人幞头初止以纱为之，后以软，遂砍木作一山子，在前衬起，名曰'军容头'，其说以为起于鱼朝恩。一时人争效之。"所谓"军容头"，是因为鱼朝恩曾任观军容使之故。幞头加衬了木山子，可常高起如新，而且便于脱戴。至于用漆纱，上引《云麓漫钞》说始自后蜀，但唐末似已出现。《图画见闻志》卷一说："唐末方用漆纱裹之，乃今幞头。"可以为证。至宋代，这些加工方法就被普遍采用了。《宋史·舆服志》说："国朝之制，君臣通服平脚，乘舆或服折上焉。其初以藤织草巾子为里，纱为

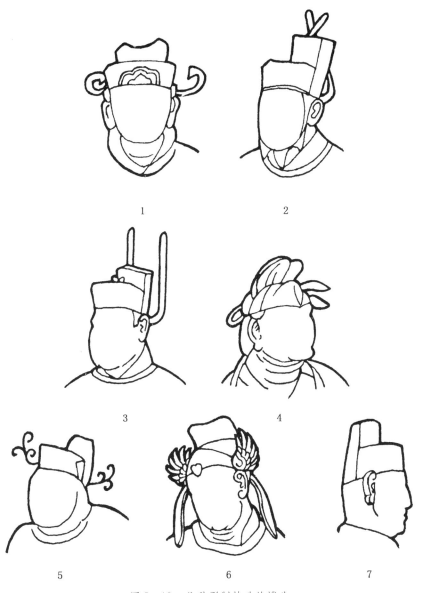

图 5－10　几种形制特殊的幞头

1. 局脚幞头(白沙宋墓壁画)　2. 交脚幞头(宣化辽墓壁画)
3. 朝天幞头(高平开化寺宋代壁画)　4. 顺风幞头(西安唐·韦洞墓壁画)
5. 卷脚幞头(焦作金·邹瑷墓画像石)　6. 凤翅幞头(焦作老万庄元墓壁画)
7. 无脚幞头(巩县宋永熙陵石雕)

表，而涂以漆。后唯以漆为坚，去其藤里。前为一折。平施两脚，以铁为之。"本来只是一幅包头布的幞头[34]，经过以上种种加工之后，已经变成一顶硬壳的帽子，不必"逐日就头裹之"。由于是硬壳，所以宋代人在幞头底下或可不衬巾子。宋·佚名《道山清话》说："周穜言：垂帘时，一日早朝，执政因理会事，太皇太后命一黄门于内中取案上文字来。黄门仓卒取，至误触上幞头坠地。时上未着巾也，但见新髡头，撮数小角儿。黄门者震惧几不能立，旁有黄门取幞头以进。"视其一触即坠的情况，已与起初的软脚幞头迥乎不同了。所以宋代人又称幞头为"幞头帽子"。《东京梦华录》卷三"相国寺内万姓交易"条说："两廊皆诸寺师姑卖绣作领抹、花朵珠翠头面、生色销金花样、幞头帽子、特髻冠子、绦线之类。"又同书卷八："中元节"条说："七月十五日中元节，先数日，市井卖冥器靴鞋、幞头帽子、金犀假带、五彩衣服。"宋·吴自牧《梦粱录》卷一三"诸货杂色"条也说："箍桶、修鞋、修幞头帽子、补修鱿冠、接梳儿……时时有盘街者，便可唤之。"可见在宋代人心目中，已把幞头当作帽子看待了。这时的幞头既已不用软巾系裹，且其内有胎，为了调整它的大小，遂在后部装环。宋画《杂剧图》、《中兴四将图》以及山西芮城永乐宫纯阳殿元代壁画中出现的幞头，都把它表现得很清楚（图5-11：1、2）。黑龙江阿城金代齐国王墓中，夫人所戴类似幞头的塌鸥巾后部装有两枚竹节形八角金环，并用带子将两个环互相系结起来，可松可紧，以适应戴时的要求[35]（图5-11：3）。幞头环的作用也正在此。

到了明代，官员的幞头脚比宋代减短变阔（图5-9：10）。因为它外施漆纱，所以也叫纱帽，但不可与南北朝和隋唐的纱帽相混淆[36]。明·黄一正《事物绀珠》说："国朝堂帽象唐巾，制用硬盔，铁线为硬展脚。列职朝堂之上乃敢用，俗直曰纱帽。"明·郎瑛《七修类稾》卷二三说："今之纱帽……谓之堂帽，对私小而言，非唐帽

图 5-11 幞头环

1. 宋画《杂剧图》 2. 山西芮城永乐宫元代壁画
3. 黑龙江阿城金·齐国王墓出土装巾环的塌鸱巾（背面）

也。"明代的纱帽虽与唐之纱帽全然不同，但却是唐代的幞头的后裔。由于它外表涂的是黑漆，在口语中遂称为"乌纱帽"；由于其两脚左右平伸，在杂剧的"穿关"中则称为"一字巾"。

那么，当幞头变成乌纱帽以后，在不穿公服的场合，士人又戴什么呢？一首明代曲子《折桂令·冠帽铺》中说："乌纱帽平添光色，皂头巾宜用轻胎。"将乌纱帽与皂头巾相提并论，可见燕居之时他们还有头巾可戴；实际上制度也是这么规定的㊼。弘正间的大学士王鏊，既有戴乌纱帽着圆领的画像，又有戴头巾着直裰的画像，正可作为上述情况的例证（图5-12）。这种头巾本沿袭宋之桶顶帽，但此类帽

1   2

图5-12 明·王鏊的两幅画像

1. 戴头巾　2. 戴乌纱帽

亦称头巾；南宋南戏《张协状元》中说："秀才家须读书，识之乎者也，裹高桶头巾。"不过明代头巾的使用范围更加广泛。试看明代肖像画中的男子，凡不穿官服的，几乎一律戴头巾。打开《儒林外史》，那些读书人也是个个戴头巾。"头巾气"甚至用来嘲讽酸秀才的迂腐之风。

不过，"头巾"这个名称容易引起误解，因为按照现代的概念，头巾应是包头的大手巾；而在明代，指的乃是一顶高帽子。它和所谓"幞头帽子"的外形虽然差得多，结构上却仍有共同点。比如幞头装环，头巾也装。宋画《大傩图》中，许多表演者戴的高头巾上都装巾环（图5-13），有圆的，也有扁方形的；后者似即"扑匾金环"。《醒世恒言·郑节使立功神臂弓》中夏德的打扮是："裹一头蓝青头巾，带一对扑匾金环。"此物且在《金瓶梅》第六五、八八、九〇回中多次出现。当然巾环的式样并不止这两种，如《水浒全传》第二回就说鲁达："头裹芝麻罗万字顶头巾，脑后两个太原府纽丝金环。"以上诸例皆为金环。也有嵌银的，元曲《勘头巾》中描写一件谋杀

图5-13　装巾环的头巾

（据故宫博物院藏《大傩图》）

案，其主要物证即"芝麻罗头巾，减银环子"。这里的"减"字本作"錽"。明·李实《蜀语》："铁上镂金银曰錽。"由于是在铁上嵌银，故减银又称减铁。元曲《黑旋风》写白衙内："那厮绿罗衫，绦是玉结；皂头巾，环是减铁。"元·孔齐在《至正直记·减铁为佩条》中认为减铁"既重且易生锈"，对它的评价不高。可是《黑旋风》剧中却以玉绦环与减铁巾环为对文；在这里减铁何以受到重视，原因尚不明了。若干明代墓葬，如河北阜城廖纪墓、辽宁鞍山崔源墓、江苏南京徐俌墓等处，均曾出土金质巾环^㊳。但尚未发现减铁巾环之实例。

宋代的高头巾上多有檐，檐也叫墙，是从帽口外部向上折起的边缘，如王得臣《麈史》卷上所记，有尖檐、短檐、方檐等多种形制^㊴。到了元代，高头巾上不仅设檐，而且后垂披幅，王绎所绘《杨竹西像》提供了这样的例子（图5-14）。但明初颁行的四方平定巾即方巾，却既无巾檐亦无披幅，通体光素（图5-15：1）。后来巾式渐繁，名称不一。研究者面对明代的绘画、雕塑作品，常苦于不能断定上面的头巾该叫什么；有人甚至杜撰巾名，徒增纷扰。其实崇祯间朱术垧编印的《汝水巾谱》，就是一本图文对照的明代头巾手册，这类问题大部分都能在此书中找到答案。兹根据昔年临摹的图样试作分类，则明代的头巾可区别为：1. 无披幅的，如方巾以及折角巾、东坡巾、唐巾等（图5-15：1~4）。书中谓方巾"唯北京金箔胡同款样最妙，其他地方高矮宽窄由人所好"。晚明的这类头巾有的"直方高大"，被人讥为"头上一顶书厨"^㊵。东坡巾在宋代原是有檐的，此书却认为："外加一层（指檐），非其本制也。"朱说虽不符合史实，但所给出的却是明代后期这种头巾的标准式样。2. 只有前披幅的，如纯阳巾（图5-16）。3. 只有后披幅的，如周子巾（图5-17：1）。这种头巾比较流行，曾鲸画的赵赓像、胡尔慥像、徐明伯像、葛一龙像

图5-14　元·王绎《杨竹西像》

等，都戴此式头巾（图5-17：2）。4.前后都有披幅的，如羲之巾、华阳巾、崀崀冠等（图5-18：1）。这是明代后期创出的新式样，晚明人物喜服，在夏完淳的画像上可以见到（图5-18：2）。此外，还有若干较常见的巾式为《汝水巾谱》所未收，如老人巾。《三才图会·衣服图会》说："尝见稗官云：国初始进巾样，高皇以手按之使后，曰：'如此却好。'遂依样为之。今其制方顶，前仰后俯，唯耆老服之，故名老人巾。"老人巾的式样承袭了宋代的敛巾。其实物曾在

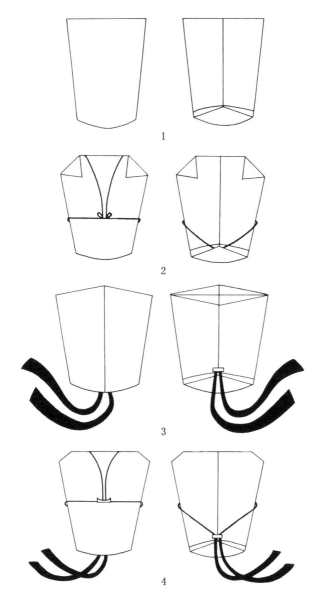

图 5－15　无披幅的头巾（左．正面　右．背面）

1．方巾　2．折角巾　3．东坡巾　4．唐巾（均据《汝水巾谱》）

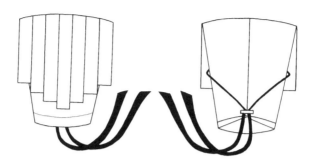

图 5-16　只有前披幅的头巾(纯阳巾)

(左.正面　右.背面)(据《汝水巾谱》)

1

2

图 5-17　只有后披幅的头巾

1. 周子巾(上.正面　下.背面)(据《汝水巾谱》)　2. 明·葛一龙像

1　　　　　　　　　　　　2

图 5－18　有前后披幅的头巾

1. 华阳巾(上.正面　下.背面)(据《汝水巾谱》)　2. 明·夏完淳像

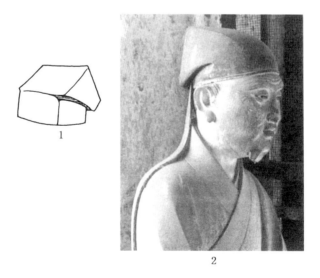

图 5－19　老人巾

1. 上海宝山月浦明·黄氏墓出土　2. 山西平遥双林寺千佛殿明代塑像

上海宝山月浦明·黄氏墓出土[41]。山西平遥双林寺千佛殿功德主牛普林的塑像戴的也是这种头巾，由于此像塑得极好，其老人巾也给人留下了鲜明而具体的印象（图5-19）。

虽说洪武年间先规定"庶人初戴四带巾"，后来又"改四方平定巾"[42]。但戴头巾却不是下层民众日常的装束，他们戴的是小帽，又称瓜皮帽。谈迁《枣林杂俎》说："嘉善丁清惠宾，隆庆时令句容。父戒之曰：'汝此行纱帽人说好我不信，吏中说好我益不信，即青衿说

图5-20　明《皇都积胜图》(部分)

好亦不信，唯瓜皮帽说好我乃信耳。'"纱帽指官场，青衿指一般士人，只有瓜皮帽指老百姓；其父是要他儿子关心民间疾苦。中国国家博物馆所藏明代绘画《皇都积胜图》中，在正阳门一带的闹市上，熙来攘往的人们大都戴小帽。戴头巾的寥寥无几，而且他们手里多半拿一柄摺扇，以示有闲。这就是明代社会生活的写照（图5－20）。

唐代妇女的服装与化妆

　　唐代三百年，是我国封建文化繁荣发达的时代。唐人气魄大，对外来事物能广泛包容，择其精华而吸取。表现在服饰方面，当时也出现了崭新的风貌。如果一个只熟悉汉魏时冠冕衣裳的观察者，忽然置身于着幞头、缺骻袍、鞢鞢带、长靿靴的唐代人物面前，一定会觉得眼前大为改观，不胜新奇。这是由于唐代男装常服吸收了胡服褊衣的若干成分，将汉魏以来的旧式服装全盘改造了的缘故。唐代女装也摆脱了汉代袍服的影响，融入了一些外来因素，形成了一整套新的式样。

　　唐代女装的基本构成是裙、衫、帔。唐·牛僧孺《玄怪录》："小童捧箱，内有故青裙、白衫子、绿帔子。"[①]这里说的是一位平民妇女的衣着。又前蜀·杜光庭《仙传拾遗·许老翁》说：唐时益州士曹柳某之妻李氏"着黄罗银泥裙、五晕罗银泥衫子、单丝红地银泥帔子，盖益都之盛服也"[②]。可见唐代女装无论丰俭，这三件都是不可缺少的。东汉时，我国妇女的外衣多为袍类长衣，图像中罕见着裙者。甘肃嘉峪关曹魏—西晋墓画砖中的女装，大体上仍沿袭这一传统。十六国时，在甘肃酒泉丁家闸5号墓的壁画中出现了上身着衫、下身着三色条纹裙的妇女（图6-1:1）。此后，条纹裙流行了相当长的时间：敦煌莫高窟288窟北魏壁画及285窟西魏壁画、62窟隋代壁画，山东嘉祥隋·徐敏行墓壁画、陕西三原唐·李寿墓壁画以及西安白鹿原43号初唐墓与新疆吐鲁番唐·张雄墓出土的女俑中均有着此式裙者（图6-1:2~5）。其条纹早期较宽，晚期变窄。日本奈良高松冢壁画中的条纹女裙，显然接受了这一传统的影响。到了开元时期，吐鲁番阿斯塔那北区105号墓所出之晕绡彩条提花锦裙以黄、白、绿、粉红、茶褐五色丝线为经，织成晕绡条纹，其上又以金黄色纬线织出蒂形小花，图案意匠已明显有所创新。随即兴起的宝相花纹绵、花鸟纹锦等，则在鲜明的单一地色上织出花纹，突破了以条纹为地的格式。故自盛唐以降，条纹裙在我国渐少见，妇女多喜着色彩更为浓艳之裙。如《开元天宝遗事》说长安仕女游春时，用"红裙递相插挂，以为宴幄"。又如万楚诗之"裙红妒杀石榴花"，元稹诗之"窣破罗裙红似火"，白居易诗之"山石榴花染舞裙"，所咏亦为红裙。这时各式女裙色彩纷繁。如杜甫诗之"蔓草见罗裙"，王昌龄诗之"荷叶罗裙一色裁"，所咏为绿裙。而如张籍诗之"银泥裙映锦障泥"，孙棨诗之"东邻起样裙腰阔，剩蹙黄金线几条"等句，所咏则为银泥裙、金缕裙之类③。唐代最华贵之裙为织成毛裙。《朝野佥载》卷三说："安乐公主造百鸟毛裙，以后百官百姓家效之。山林奇禽异兽，搜山满谷，扫地无遗。"安乐公主为中宗与韦后之季女，骄奢倾一时。她的这条裙子在《旧唐书》及《新唐书》的《五行志》、《资治通鉴》卷二〇九等处均有记载。此裙"正看为一色，旁看为一色，日中为一色，影中为一色，百鸟之状，并见裙中"。拿它和唐代劳动妇女所穿的裙，如刘禹锡诗所称"农妇白纻裙"相比，其悬隔不啻天壤。

我国古代的布帛幅面较窄，缝制裙子要用好几幅布帛接在一起，故《释名·释衣服》说："裙、群也，连接群幅也。"唐代之裙一般是用六幅布帛制成，即如李群玉诗所称"裙拖六幅潇湘水"④。《新唐

图 6-1　条纹裙

1. 甘肃酒泉丁家闸十六国墓壁画　2. 莫高窟 288 窟北魏壁画　3. 莫高窟 285 窟西魏壁画
4. 莫高窟 62 窟隋代壁画　5. 吐鲁番张雄夫妇墓(688 年)出土着衣木俑

书·车服志》记唐文宗在提倡节俭的前提下，曾要求"妇人裙不过五幅"，可见五幅之裙应是比较狭窄的一种。更华贵的则用到七幅至八幅，如《旧唐书·高宗纪》提到的"七破间（裥）裙"[⑤]，曹唐《小游仙诗》所说的"书破明霞八幅裙"[⑥]，可以为例。按《旧唐书·食货志》说布帛每匹"阔一尺八寸，长四丈，同文同轨，其事久行"。此处的尺指唐大尺，约合 0.295 米，因而每幅约 0.53 米。六幅的裙子周长约 3.18 米，七幅约 3.71 米。文宗所提倡的五幅之裙约合 2.65 米，比现代带褶的女裙还略肥一些。

　　裙、衫之外，唐代女装皆施帔。唐人小说《补江总白猿传》说"妇人数十，帔服鲜泽"（《顾氏文房小说》本），就以"帔服"作为女装的代称。唐代的帔像一条长围巾，又名帔帛或帔子，与汉、晋时指裙或披肩而言的帔不同[⑦]。不过当旧称之帔未绝迹前，帔帛已经出现，目前所知最早的一例见于青海平安魏晋墓出土的仙人画像砖（图 6-2：1）。此像耳高于额，戴的帽子则与嘉峪关画砖中所见者相同，因知并非佛教造像[⑧]。但稍晚一些，在莫高窟 272 窟北凉壁画的菩萨像上也见到帔帛（图 6-2：3）。其渊源均应来自中亚。1970 年山西大同出土的鎏金铜高足杯上的人物有施帔者（图 6-2：2），此器的国别不易遽定，但很可能是波斯一带的制品[⑨]。所以帔帛大约产生于西亚，后被中亚佛教艺术所接受，又东传至我国。可是当东晋时，汉族世俗女装中尚不用此物。顾恺之的《女史箴图》、《列女传图》、《洛神赋图》等绘画中，女装虽襳髾飞举、带袂飘扬，却并无帔帛。至隋、唐时，帔帛在女装中就广泛使用了。

　　裙、衫、帔之外，唐代女装中又常加半臂。宋·高承《事物纪原·背子条》说："《实录》又曰：'隋大业中，内官多服半臂，除却长袖也。'唐高祖减其袖，谓之半臂，今背子也。"则半臂乃是短袖的上衣。此物又名半袖，出现于三国时。《宋书·五行志》："魏明帝

图 6-2　帔帛

1. 青海平安魏晋墓出土画像砖　2. 山西大同出土鎏金铜杯
3. 敦煌莫高窟 272 窟北凉壁画

着绣帽，披缥纨半袖，尝以见直臣杨阜。阜谏曰：'此礼何法服邪？'"可见这时半臂初出，看起来还很新奇刺眼。不过至隋代它已逐渐流行，到了唐代，男女都有穿的，而以妇女穿半臂者为多。《新唐书·车服志》："半袖、裙、襦者，女史常供奉之服也。"证以图像，如永泰公主墓壁画中所绘侍女，其身份应与女史为近，正是上身在衫襦之外又加半臂。而且这种装束不仅宫闱中为然，中等以上唐墓出土的女俑也常有着半臂的。至盛唐时，不着半臂已显得是很不随俗的举动。唐·张泌《妆楼记》："房太尉家法，不着半臂。"房太尉即房琯，就是在咸阳陈涛斜以春秋车战之法对付安史叛军羯骑而大吃败仗的那位极其保守的指挥官，他家不着半臂，或自以为是遵循古制，但在社会上不免被目为特异的人物了。

半臂常用质量较好的织物制作。《旧唐书·韦坚传》、《新唐书·来子珣传》、唐·姚汝能《安禄山事迹》卷上、五代·王定保《摭言》卷一二等处都提到"锦半臂"[⑩]。与之相应，《新唐书·地理志》记载的扬州土贡物产中有"半臂锦"。玄宗时曾命皇甫询在益州织造"半臂子"[⑪]，估计这也是一种特殊的供制半臂用的优等织物。新疆吐鲁番阿斯塔那 206 号唐墓出土的绢衣女木俑着团窠对禽纹锦半臂。李贺《唐儿歌》则有"银鸾睒光踏半臂"之句[⑫]，描写一袭用银泥鸾鸟纹织物制作的半臂；上述 206 号墓所出者或与之相类。

虽然在古文献中发现过三国时着半袖的记事，但当时的具体形制尚不明了。从图像材料考察，唐代女装中的半臂，应受到龟兹服式的影响。在新疆拜城克孜尔石窟中所见龟兹供养人常着两种半臂：一种袖口平齐，另一种袖口加带襦的边缘（图 6-3:1、4）。这两种半臂都在中原地区流行。特别值得注意的是后一种，它常加在褒博的礼服上。但由于这类衣服太肥大，实不便再套上一件半臂，所以有时就把半臂袖口上的那圈带襦的边缘单缝在礼服袖子的中部。有的还给以艺

图 6-3　半臂

（上列.袖口平齐　下列.袖口带褶）

1、4. 新疆克孜尔石窟龟兹壁画　2. 唐永泰公主墓壁画　3. 西安唐·韦顼墓石椁线雕
5. 龙门宾阳洞北魏皇后礼佛图　6. 武昌何家垅 188 号唐墓出土俑

唐代妇女的服装与化妆

术加工，使之成为袖子上很惹人注目的装饰品（图6－3：5、6）。另外，半臂有时还可以穿在外衣之下、衬衣即中单之上。后唐·马缟《中华古今注》卷中："尚书上仆射马周上疏云：'士庶服章有所未通者，臣请中单上加半臂，以为得礼。'"采用这种着法，在衣服之外不能直接看到半臂，但唐画中确也发现过衣下隐约呈现出半臂轮廓的例子（图6－8：1~3），证明当时确有这样着半臂的。

不过，总的说来，半臂在唐代前期的女装中较流行，唐代中晚期则显著减少。这是因为唐代前期女装上衣狭窄，适合套上半臂；中唐以后，随着女装的日趋肥大，再套半臂会感到不便，所以使用范围就逐渐缩小了。

唐初女装衣裙窄小，"尚危侧"，"笑宽缓"[13]，仍与北周、北齐时相近，如莫高窟205、375等窟初唐壁画中的供养人便是其例。这种服式大体上沿用到开元、天宝时期，西安鲜于庭诲墓出土的陶俑，是开元时期最典型的作品，其服式仍然带有初唐作风。所以《安禄山事迹》卷下说天宝初年"妇女则簪步摇。衣服之制，襟袖狭小"。白居易《新乐府·上阳人》所说"小头鞋履窄衣裳，……天宝末年时世妆"，更可以代表中唐人对盛唐服式的看法。但盛唐时一种较肥大的式样也开始兴起，莫高窟130窟盛唐壁画中榜题"都督夫人太原王氏一心供养"的女像便可为例。总之，至盛唐时，妇女的风姿渐以健美丰硕为尚。《历代名画记》卷九称盛唐·谈皎所画女像作"大髻宽衣"，正是这种新趋势的反映。中唐以后，女装愈来愈肥（图6－4）。元稹《寄乐天书》谓："近世妇人……衣服修广之度及匹配色泽，尤剧怪艳。"白居易《和梦游春诗一百韵》也说："风流薄梳洗，时世宽妆束。"[14]女装加肥的势头在唐文宗朝急剧高涨。文宗即位之初，于太和二年（828年）还曾向诸公主传旨："今后每遇对日，不得广插钗梳，不须着短窄衣服。"可是由于其后此风日炽，不过十年，

120

图 6-4　唐代女装加肥的趋势

(1、2. 初唐；　3、4. 盛唐；　5. 中唐；　6、7. 晚唐)

1. 莫高窟 375 窟壁画　2. 永泰公主墓壁画　3. 莫高窟 205 窟壁画
4. 莫高窟 130 窟壁画　5. 莫高窟 107 窟壁画
6. 莫高窟 9 窟壁画　7. 莫高窟 192 窟壁画

至开成四年（839年）正月，在咸泰殿观灯之会中，却因为延安公主衣裾宽大，而将她即时斥退，并下诏说："公主入参，衣服逾制；从夫之义，过有所归。（驸马窦）澣宜夺两月俸钱。"[15]可见这时贵族妇女追求宽大服式的狂热，已经使封建朝廷觉得有加以限制的必要了[16]。

但是在唐代前期，对服式审美的角度不仅并不倾向于褒博，反而比较欣赏胡服。《大唐西域记》卷二说："其北印度，风土寒烈，短制褊（宋藏音义：窄也）衣，颇同胡服。"则胡服以褊狭为特点。再如翻领、左衽之类，也是胡服不同于汉以来的传统服制之处。唐代着胡服的妇女，在石刻画和陶俑中都曾发现。而更特殊的还是胡服的帽子。《新唐书·五行志》说："天宝初，贵族及士民好为胡服胡帽。"可见着胡服时，胡帽是相当惹眼的。最典型的胡帽即所谓"卷檐虚帽"[17]。这种帽子与欧亚大陆北方草原民族——从斯基泰人到匈奴人都喜欢戴的尖顶帽很接近（图6-5）。唐墓所出胡俑（图6-6：1）、莫高窟45窟盛唐壁画中的胡商都戴它。若干看来是汉族面像的陶俑

图6-5　尖顶帽

1. Kul Oba 银瓶上的斯基泰武士　2. 沂南画像石中的匈奴武士

也有戴这种帽子的（图6-6：2）。唐·刘肃《大唐新语》卷九说长安市上"汉着胡帽"，或指这种情况而言。咸阳边防村唐墓出土男俑所戴之帽，折上去的帽沿裁出凸尖和凹曲，形成很大的波折（图6-6：3），其形制和斯坦因在新疆和田丹丹乌力克发现的木板画上所绘者很相似。礼泉李贞墓出土女俑所戴花帽亦属此型，不过它的下垂之帽耳更引人注目（图6-6：6）。西安韦顼墓石椁线雕中的女胡帽另有两种式样：一种装上翻的帽耳，耳上饰鸟羽；另一种在口沿部分饰以皮毛（图6-6：4、9）。这两种女胡帽与莫高窟159窟中唐壁画《维摩经变》中的吐蕃赞普的侍从及莫高窟158窟壁画中的外国王子所戴的帽子很接近（图6-6：5、7、8）。只不过赞普侍从的帽子与吐鲁番阿斯塔那出土绢画中的女胡帽的戴法一样，将帽耳放了下来而已。唐代的这类女胡帽或即刘言史《夜观胡腾舞》一诗中提到的"蕃帽"[18]。蕃应指西蕃、吐蕃，正与上述莫高窟159窟所表现的情况相合。

从广义上说，唐代的羃䍦也是胡帽的一种。《大唐新语》卷一〇："武德、贞观之代，宫人骑马者，依周（指北周）礼旧仪，多着羃䍦。虽发自戎夷，而全身障蔽。"所谓"发自戎夷"，证以《隋书·附国传》称其俗"或戴羃䍦"，《旧唐书·吐谷浑传》称其人"或戴羃䍦"，可知其所自来，羃䍦在隋代已流行。《北史·隋文帝四王·秦王俊传》谓："俊有巧思，每亲运斤斧，工巧之器，饰以珠玉。为妃作七宝羃䍦，重不可载，以马负之而行。"则羃䍦周围所垂的网子上还可以加施珠翠。由于它障蔽全身，所以隋代的杨谅和唐初的李密都曾让士兵戴上羃䍦，伪装成妇女，以发动突袭[19]。但《大唐新语》又说："永徽之后，皆用帷帽，施裙到颈，为浅露。……神龙之后，羃䍦始绝。"则到了唐高宗时，妇女已用帷帽代替羃䍦。帷帽与羃䍦的不同点是前者所垂的网子短，只到颈部，并不像后者那样遮住全身。从羃䍦这方面说，它的垂网减短即成为帷帽。但帷帽的本体是席帽，从

图 6-6　胡帽与蕃帽

1. 唐嗣圣十年杨氏墓出土胡俑　2. 西安韩森寨唐·高氏墓出土男俑
3. 咸阳边防村唐墓出土男俑　4、9. 开元六年韦项墓石椁线刻中的女像
5、8. 莫高窟 159 窟东壁壁画吐蕃赞普的侍从　6. 礼泉唐·李贞墓出土女骑俑
7. 莫高窟 158 窟北壁壁画中的外国王子

席帽这方面说，在它的帽沿上装一圈短网子，也就成为帷帽。唐·王叡《炙毂子录》："席帽本羌服，以羊毛为之，秦汉靴以故席。女人服之，四缘垂网子，饰以珠翠，谓之韦（帷）帽。"席帽的形状是怎样的呢？唐·李匡乂《资暇集》卷下说："永贞之前，组藤为盖，曰席帽。"《中华古今注》卷中说："藤席为之骨，鞔以缯，乃名席帽。至马周以席帽油御雨从事。"宋·龚养正《释常谈》卷上说："戴席帽谓之张盖。"则席帽的形状和盖笠相似（图6-7：1）。席帽上蒙覆油缯的，叫作油帽（图6-7：2）。宋代的帷帽多以油帽为本体。《事物纪原》卷三说，帷帽是"用皂纱全幅缀于油帽或毡笠之前，以障风尘，为远行之服"。这类帷帽的形象在宋代的《清明上河图》和元代的永乐宫壁画中都可以看到。明人犹知其形制，《三才图会·衣服图会》清楚地画出了它的形象，榜题二字："帷帽"（图6-7：3）。因此我们知道，它和软胎风帽、渔婆勒子等全然不同。

　　冪䍡的形象在唐代的绘画雕塑中尚未发现，但帷帽却常见。传世唐画《关山行旅图》中的妇女在黑色的席帽下缀以两旁向后掠的绛纱网子，面部外露[20]（图6-7：4）。南京博物院所藏明摹《胡笳十八拍图》中文姬所戴的帷帽，其下垂的纱网却将面部遮住（图6-7：6），看来帷帽在实际使用时应作此状。而在陶俑上因为用泥土表现遮面之纱网颇困难，所以大都作掩颈露面的样子。不过证以《关山行旅图》和莫高窟61窟《五台山图》中的戴帷帽人，可知当时确也存在这样的戴法。这些帷帽皆拖裙到颈；只有《清明上河图》中的一例垂至胸际，它如果再长一些，那就和冪䍡相仿佛了（图6-7：5）。

　　上引《大唐新语》介绍了冪䍡和帷帽的使用情况后，接下去又说："开元初，宫人马上始着胡帽，靓妆露面，士庶咸效之。天宝中，士流之妻或衣丈夫服，靴、衫、鞭、帽，内外一贯矣。"本来戴障蔽全身的冪䍡，原有不欲使人窥视的用意，这和《礼记·内则》所说

125

图 6－7　席帽、油帽与帷帽

1. 戴席帽的唐女俑　2.《清明上河图》中戴油帽的男子　3.《三才图会》中的帷帽
4. 唐画《关山行旅图》中戴帷帽露面的妇女　5.《清明上河图》中帷帽施裙至胸的妇女
6.《胡笳十八拍》中的蔡文姬

"女子出门必拥蔽其面"等古老的礼俗亦相合。但唐代的社会风气既颇豪纵，妇女的装饰又不甚拘束，所以这种要求很难贯彻。唐高宗于咸亨二年（671年）颁发的诏书上指责说："百官家口，咸预士流，至于衢路之间，岂可全无障蔽？比来多着帷帽，遂弃羃䍦；曾不乘车，别坐檐子。递相仿效，浸成风俗。过为轻率，甚失礼容！"[21]尽管如此，到了玄宗时，开元十九年（731年）的诏书上却要求"妇人服饰……帽子皆大露面，不得有掩蔽"了[22]。至于妇女穿男装，如《新唐书·五行志》称："高宗尝内宴，太平公主紫衫、玉带、皂罗折上巾，具纷、砺、七事，歌舞于帝前。帝与武后笑曰：'女子不可为武官，何为此装束？'"在唐代，给使内廷的宫人或着男装，称"裹头内人"。《通鉴》唐德宗兴元元年条胡三省注："裹头内人，在宫中给使令者也。内人给使令者皆冠巾，故谓之裹头内人。"其所谓裹头，即裹幞头。永泰公主墓前室壁画每侧有盛装妇女一人，持物者六或八人，最后一人为裹幞头的男装女子，其身份应与裹头内人即粗使官女为近[23]。所以当太平公主之时，像她这种地位的妇女不宜着男装。唐代女艺人则或着男装。唐·范摅《云谿友议》载元稹《赠探春诗》有云："新妆巧样画双蛾，慢裹恒州透额罗。正面偷轮光滑笏，缓行轻踏皱文靴。"探春裹幞头，执笏，着靴，正是男装。我国有的戏剧史研究者以为唐代软舞的舞女着女装，健舞的舞女着男装[24]；也有学者以为着男装的女俑是扮生的女艺人，以与旦角演出"合生"[25]。恐不尽如此。唐代贵妇也偶或穿男装。《永乐大典》卷二九七二引《唐语林》："武宗王才人有宠。帝身长大，才人亦类帝。每从（纵）禽作乐，才人必从。常令才人与帝同装束，苑中射猎，帝与才人南北走马，左右有奏事者，往往误奏于才人前，帝以为乐。"[26]王才人穿男装，犹如《金瓶梅》第四〇回潘金莲摘了髽髻装丫头一样，乃是故意取乐。奏事者前来"误奏"，更属成心凑趣了。故不能以着装的常规视之。在图像材料中，有的妇女虽着男式袍，但头上露出发髻（图6-8：1）；有的虽着袍且裹幞头，但袍下露出花袴和女式线鞋（图6-8：2、3）；也有的服装全同于男子，但自身姿、面型与带女性特征的动作上看，仍可知其为妇女（图6-8：4）。

唐代妇女常着线鞋。《旧唐书·舆服志》说："武德来，妇人着履，规制亦重；又有线靴。开元来，妇人例着线鞋，取轻妙便于事。"在永泰公主墓与韦泂墓的石椁线刻画中出现的侍女几乎都穿线鞋，只是没有把线纹刻出来。莫高窟147窟晚唐壁画中一个女孩的线鞋，则将线纹画得很清楚（图6-9：1）。这类线鞋的实物在新疆吐鲁番阿斯塔那古墓群中屡有出土，往往以麻绳编底、丝绳为帮，做工很细致。图像中也有式样与线鞋相仿，但鞋帮不用线编而用锦绣等材料制做的，如韦顼墓石椁线雕中所见者（图6-9：2）。这种鞋在鞋面正中还装有两枚圆形饰物，估计是玛瑙扣、琉璃扣之类，因而显得更加华丽。

妇女所着的履，最常见的应即唐文宗时允许一般妇女通着的高头履和平头小花草履[27]。本来从先秦时起，履头已有高起且略向后卷的绚。绚本不分歧，这种履即通常所称笏头履。汉代才常见歧头履。湖南长沙马王堆1号墓和湖北江陵凤凰山168号墓均出土了这种履的实物。唐代妇女的履头或尖，或方，或圆，或分为数瓣，或增至数层，式样很多（图6-10）。王涯诗所谓"云头踏殿鞋"，元稹诗所谓"金蹙重台履"，和凝词所谓"丛头鞋子红编细"，当即其类[28]。履以丝织物制作，吐鲁番出土的一双高头锦履，帮用变体宝相花锦，前端用红地花鸟纹锦，衬里用六色条纹花鸟流云纹锦缝制，极为绚丽[29]。此外，敦煌壁画中也见过一类前头不高起，有些像现代布鞋式样的履[30]，大概就是所谓的平头履了。

丝履之外，唐代妇女还喜欢穿蒲履。《册府元龟》卷六一载太和

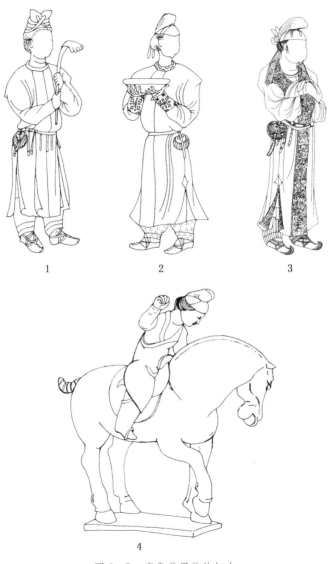

1   2   3

4

图6-8　唐代着男装的妇女

1. 永泰公主墓石椁线刻画　2. 韦洞墓石椁线刻画
3. 薛儆墓石椁线刻画　4. 洛阳出土唐代女子打毬陶骑俑

图 6 − 9　线鞋与锦鞋

1. 莫高窟 147 窟唐代壁画中的线鞋
2. 唐·韦顼墓石椁线刻画中接近线鞋式样的锦鞋

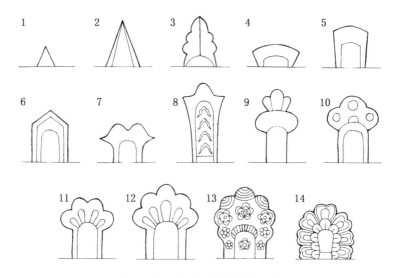

图 6 − 10　唐代女装之履的头部

　　1. 莫高窟 375 窟壁画　2. 莫高窟 171 窟壁画　3.《捣练图》　4. 莫高窟 202 窟壁画　5. 莫高窟 156 窟壁画　6. 莫高窟 205 窟壁画　7.《历代帝王图卷》　8. 阿斯塔那 230 号唐墓出土屏风画　9. 莫高窟藏经洞所出绢画（据《燉煌画の研究》附图 125）　10、13. 莫高窟 130 窟壁画　11、12. 莫高窟 144 窟壁画　14.《宫乐图》

六年（832年）王涯奏议中说："吴越之间织高头草履，纤如绫縠，前代所无。费日害功，颇为奢巧。"唐文宗曾禁止妇女穿这种蒲履，但不曾认真执行。它一直流行到五代时。明·胡应麟《少室山房笔丛》卷一二说："至五代蒲履盛行。《九国志》云'江南李昇常靸蒲履'是也。然当时妇人履亦用蒲，刘克明尝赋诗云：'吴江江上白蒲春，越女初挑一样新。才自绣窗离玉指，便随罗袜步香尘。'"唐代蒲履的实物曾在新疆吐鲁番县阿斯塔那出土（图6-11）。

线鞋和蒲履都由于其轻便的特点而受到一般妇女的欢迎，但"规制亦重"的履，在贵妇盛装之际却也不可缺少。而履尽管笨重，裙尽管肥大，上衣却竟有半袒的。女装上衣露胸，汉魏时绝不经见，南北朝时才忽然出现，山西大同北魏·司马金龙墓和河南安阳北齐·范粹墓均出袒胸女俑。唐代女装露胸，即沿袭北朝这一颓俗。唐代前期，往往愈是贵妇人愈穿露胸的上衣。至中唐时，此风稍敛；这时在诗句中描写的，如施肩吾诗"长留白雪照胸前"，李群玉诗"胸前瑞雪灯斜照"，方干诗"粉胸半掩疑暗雪"等，则大都为歌伎舞女等人而发[31]。沈亚之在《柘枝舞赋》中说女伎在表演中"俟终歌而薄袒"[32]。

图6-11　蒲履

（新疆吐鲁番阿斯塔那唐墓出土）

反映出唐代统治阶级沉溺声色的靡靡之风。

唐代贵妇不仅服装华奢，面部化妆也很特殊。除了施用一般的粉、泽、口脂等之外，其为后代所不常见的有以下几种。

一、翠眉与晕眉。眉本黑色，妇女或描之使其色加深，所以先秦文字中多称"粉白黛黑"。如《楚辞·大招》："粉白黛黑施芳泽。"《战国策·楚策》："周郑之女，粉白黛黑。"汉代仍以黑色描眉，如《淮南子·修务》："虽粉白黛黑，弗能为美者，嫫母、仳催也。"贾谊《新书·劝学篇》："傅白臁黑（《说文》：臁，画眉墨也）。"《后汉书·梁鸿传》："鸿谓孟光曰：'今乃衣绮罗、傅粉墨，岂鸿所愿哉？'"但先秦作家偶或也提到翠眉。《文选》卷一九宋玉《登徒子好色赋》："眉如翠羽。"吕向注："眉色如翡翠之羽。"南北朝时，此风转盛。晋·陆机《日出东南隅行》："蛾眉象翠翰。"梁·费昶《采菱》："双眉本翠色。"《南史·梁简文帝纪》还说："帝……双眉翠色。"虽是依当时的好尚作出的附会，但反过来却可以证明这时确有将眉毛染成翠色的化妆法。唐诗中也经常提到妇女的翠眉。如万楚诗"眉黛夺将萱草色"、卢纶诗"深遏朱弦低翠眉"等句均可为例㉝。翠眉即绿眉，即韩愈《送李愿归盘谷序》所说的"粉白黛绿"，韩偓《缭绫手帛子》所说的"黛眉印在微微绿"。由于翠眉流行，所以用黑色描眉在唐代前期反而成为新异的事情。《中华古今注》卷中说："太真……作白妆黑眉。"徐凝诗："一旦新妆抛旧样，六宫争画黑烟眉。"㉞新妆为黑眉，可知其旧样应是并非黑色的翠眉了。及至晚唐，翠眉已经绝迹。宋·陶谷《清异录》卷下说："自昭、哀来，不用青黛扫拂，皆以善墨火煨染指，号薰墨变相。"五代时，著名墨工张遇所制之墨，常被贵族妇女用于画眉，称"画眉墨"。金·元好问诗所说"画眉张遇可怜生"，即指此而言㉟。宋代更是如此，所以宋·赵彦卫在《云麓漫钞》卷三中说："前代妇人以黛画眉，故见于诗词，皆云'眉黛远山'。今人不用黛，而用墨。"

涂翠眉的色料，劳费尔与志田不動麿都以为是靛青[36]。考虑到文献中曾称黛眉为"青黛"或"青蛾"，则其说不无可能，惟尚无确证。吉田光邦以为是 Tyrian purple[37]。但这是从紫贝中提取的红紫色染料，用它绝对画不出翠眉来。《御览》卷七一九引服虔《通俗文》："染青石谓之点黛。"陈·徐陵《〈玉台新咏集〉序》："南都石黛，最发双蛾。"则用于涂翠眉的还有一种矿物性颜料。但究竟是哪种矿物，目前亦未能确定。

唐代很重视眉的化妆。唐·张泌《妆楼记》："明皇幸蜀，令画工作十眉图，横云、斜月皆其名。"此十眉之全部名称，见于宋·叶廷珪《海录碎事》及明·王世贞《弇州山人稿》卷一五七，但其史料来源可疑，兹不具论。概括地说，唐代眉式主要有细眉和阔眉两种。前者如卢照邻《长安古意》中"纤纤初月上鸦黄"、白居易《上阳白发人》中"青黛点眉眉细长"、温庭筠《南歌子》中"连娟细扫眉"等句所描写的。不过早在初唐，陕西礼泉郑仁泰墓中女俑之眉已颇浓阔[38]。沈佺期诗"拂黛随时广"或即指此种眉式而言[39]。盛唐时阔眉开始缩短，玄宗梅妃诗称"桂叶双眉久不描"，以后李贺诗中也一再说"新桂如蛾眉"，"添眉桂叶浓"；晚唐·李群玉《醉后赠冯姬》中仍有"桂形浅拂梁家黛"之句。眉如桂叶，自应作短阔之形。所以元稹诗云"莫画长眉画短眉"，即着眼于此[40]。短阔之眉所涂黛色或向眼睑晕散，即元稹《寄乐天书》所说的"妇人晕淡眉目"。它的形象在五代时的《簪花仕女图》中画得很清楚。

二、额黄。唐代妇女额涂黄粉。此法起于南北朝。梁·江洪诗"薄鬓约微黄"，北周·庾信诗"额角细黄轻安"，可以为证[41]。唐诗中，如吴融"眉边全失翠，额畔半留黄"，袁郊"半额微黄金缕衣"，温庭筠"黄印额山轻为尘"等句，都是对它的描写[42]。此风至五代、北宋时犹流行，如前蜀·牛峤词"额黄侵腻发"、宋·周邦彦词"侵晨浅约宫黄"所咏[43]；但已经不像唐代那么流行了。

额上所涂的黄粉究竟是何物，文献中没有明确的答案。唐·王建《宫词》："收得山丹红蕊粉，镜前洗却麝香黄。"此"麝香黄"应指涂额之黄粉，但其成分不详。又唐·王涯《宫词》："内里松香满殿开，四行阶下暖氤氲；春深欲取黄金粉，绕树宫女着绛裙。"她们采集松树的花粉是否有可能系供涂额之用，亦疑莫能明。额部涂黄的风习传到边地，所用的材料又自不同。宋·叶隆礼《契丹国志》卷二五引张舜民《使北记》："北妇以黄物涂面如金，谓之佛妆。"此黄物宋·佚名《蒙鞑备录》谓是黄粉，宋·徐霆《黑鞑事略》谓是狼粪。但狼粪之说，王国维已言其非[44]。清初北方妇女冬天仍以黄物涂面，她们所用的材料是括蒌汁[45]。由于时地各异，难以用这些记载解释唐之额黄。

三、 花钿。又名花子、媚子，施于眉心，即刘禹锡诗所说的"安钿当妩眉"[46]。它的起源，据《事物纪原》卷三引《杂五行书》说南北朝时"宋武帝女寿阳公主人日卧于含章殿檐下，梅花落额上，成五出花，拂之不去，经三日洗之乃落。宫女奇其异，竞效之"。唐·段公路《北户录》卷三另记一说："天后每对宰臣，令昭容卧于床裙下记所奏事。一日宰臣李对事，昭容窃窥。上觉，退朝怒甚，取甲刀札于面上，不许拔。昭容遂为乞拔刀子诗。后为花子以掩痕也。"则以为起于初唐。但这两种说法的传奇色彩都太浓厚，不可尽信。按武昌莲溪寺吴永安五年墓与长沙西晋永宁二年墓出土俑都在额前贴一圆点（图6-12∶1、2）。当时佛教已传入这些地区，此类圆点或以为是模拟佛像的白毫(ûrṇā)。但《女史箴图》中的女像有在额前饰以V字形妆饰者（图6-13），则很难认为和佛教有什么关系。又阿斯塔那出土之十六国时纸本绘画中的妇女，有在两颊各饰一簇圆点者（图6-14∶2），这种妆饰亦见于唐俑（图6-14∶3）；其式样与犍陀罗地区出

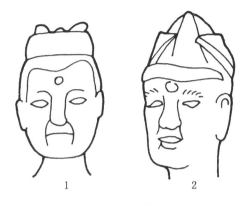

图 6-12 "白毫"形额饰

1. 武昌吴墓出土陶俑　2. 长沙西晋墓出土陶俑

图 6-13　V 字形额饰

（据《女史箴图》）

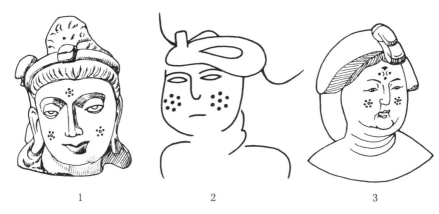

图 6－14 "梅花妆"式的面饰

1. 犍陀罗石雕女供养人像(据田边胜美)　2. 阿斯塔那出土十六国时纸本绘画
3. 盛唐陶女俑(据《世界文化史大系》卷 16)

土的贵霜石雕像上的同类妆饰很接近，惟后者在额前与双颊各有一
簇[47]（图6－14∶1）。其饰于额前者则与寿阳公主的所谓梅花妆相
似。则花钿在我国的出现或曾兼受印度与中亚两方面的影响，但其中
也包含着某些我国独创的因素。唐代花钿的形状很多[48]（图6－15）。
它并非用颜料画出，而是将剪成的花样贴在额前。唐·李复言《续玄
怪录·定婚店》说韦固妻"眉间常贴一钿花，虽沐浴、闲处，未尝暂
去"，可证。用以剪花钿的材料，记载中有金箔、纸、鱼腮骨、鲥
鳞、茶油花饼等多种[49]。剪成后可贮于妆奁内。石渚长沙窑出土的唐
代瓷盒盖上书"花合"二字，应即妆奁中盛花钿之盒子的盖（图6－
16）。元稹《莺莺传》∶"兼惠花胜一合。"即指此而言。化妆时用呵
胶将它贴在眉心处[50]。图像中所见花钿有红、绿、黄三种颜色。红色
的最多，吐鲁番阿斯塔那出土的各种绢画，莫高窟唐代壁画中女供养
人的花钿，大都为红色。绿色的也叫翠钿，即杜牧诗"春阴扑翠
钿"、温庭筠词"眉间翠钿深"所咏。宋徽宗摹张萱《捣练图》中妇

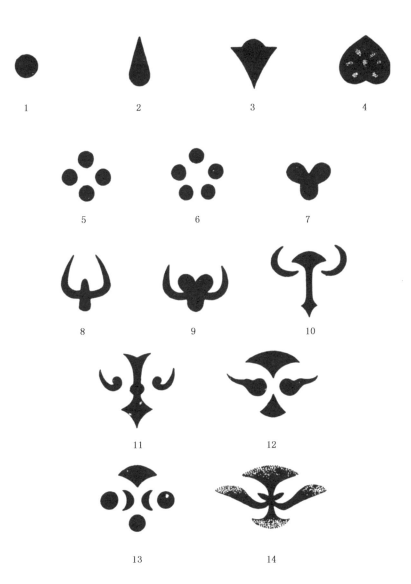

图 6-15 花钿的式样

1.《宫乐图》 2. 莫高窟 129 窟壁画 3、7、8、10. 阿斯塔那出土《桃花仕女图》 4. 阿斯塔那出土《弈棋仕女图》 5. 唐女俑(据《陕西省出土唐俑选集》彩版 2) 6. 莫高窟 9 窟壁画 9. 阿斯塔那出土《棕榈仕女图》 11. 阿斯塔那出土唐女俑 12. 西安中堡村出土唐女俑 13. 唐女俑(据《世界文化史大系》卷16,图版 16) 14. 阿斯塔那 230 号唐墓出土屏风画

女的花钿就有绿色的。还有所谓"金缕翠钿"。如李珣词"金缕翠钿
浮动"，张泌词"翠钿金缕镇眉心"所咏者。这是在绿色的花钿上再
饰以缕金图案。阿斯塔那所出《弈棋仕女图》中的人物，在其蓝绿色
的心形花钿中有六瓣形图案，惟其图案是红色的，否则就正是金缕翠
钿了（图6－15：4）。黄色的在温庭筠词"扑蕊添黄子"，成彦雄词
"鹅黄翦出小花钿"等句中有所描述[51]。《簪花仕女图》中的花钿即
作黄色。

四、妆靥。点于双颊，即元稹诗"醉圆双媚靥"，吴融诗"杏小
双圆靥"之所咏者[52]。旧说以为这种化妆法起自东吴。唐·段成式
《酉阳杂俎》前集卷八："近代妆尚靥，……盖自吴·孙和邓夫人也。
和宠夫人，尝醉舞如意，误伤邓颊，血流，娇婉弥苦，命太医合药，
医言得白獭髓杂玉与琥珀屑，当灭痕。和以百金购得白獭，乃合膏。
琥珀太多，及差，痕不灭，左颊有赤点如痣。视之更益其妍也。诸婢
欲要宠者，皆以丹点颊。"但证以上述贵霜石雕，则妆靥之起，或亦
与贵霜化妆有关。不过汉魏以来原有在颊上点赤点的作法，当时将
这种赤点叫"旳"。《释名·释首饰》："以丹注面曰旳；旳，灼
也。"旳字后来讹作"的"[53]。汉·繁钦《弭愁赋》："点圜旳之荧
荧，映双辅而相望。"晋·傅咸《镜赋》："点双旳以发姿。"晋·左
思《娇女诗》："临镜忘纺绩，……立旳成复易；玩弄眉颊间，剧兼机
杼役？"则点妆靥之传统实由来已久。

五、斜红。《玉台新咏》卷七，皇太子《艳歌十八韵》中有句
云："绕脸傅斜红。"唐·罗虬《比红儿诗》第一七也写道："一抹浓
红傍脸斜。"傍脸的斜红在西安郭杜镇执失奉节墓壁画舞女像及阿斯
塔那出土的《桃花仕女图》、《棕榈仕女图》等绘画中均曾出现。

除了翠眉和额黄在图像中看不清楚外，花钿、妆靥和斜红在阿斯
塔那出土的唐代女俑头上都有（图6－17）。而且经五代至北宋，这

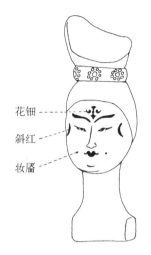

花钿 ----

斜红 ----

妆靥 ----

图 6-16　石渚长沙窑出土盛花钿的盒子　　　　图 6-17　木女俑头

（仅存盒盖）　　　　　　　　　　　（吐鲁番阿斯塔那出土）

类化妆法的繁缛程度几乎有增无已。花钿与妆靥或合称为花靥，后蜀·欧阳炯词所云"满面纵横花靥"，与莫高窟壁画中五代、北宋女供养人面部此类装饰成排出现的情况正相一致。

　　唐代妇女的发髻形式亦多。唐·段成式《髻鬟品》："高祖宫中有半翻髻、反绾髻、乐游髻。明皇帝宫中：双环望仙髻、回鹘髻。贵妃作愁来髻。贞元中有归顺髻，又有闹扫妆髻。长安城中有盘桓髻、惊鹄髻，又抛家髻及倭堕髻。"这里列举了不少发髻名称，但未说明其形制。其中有些名称本身具有形象性，可与绘画雕塑相比定。如西安乾封二年段伯阳墓陶女俑的髻，既颇高，顶部又向下半翻，似即半翻髻（图6-18：1）；这种髻在永泰公主墓石椁线雕中亦可见。永泰公主石椁上雕出的髻式还有如鸟振双翼状的，似即惊鹄髻（图6-18：2）。石椁上还出现一种髻，从两侧各引一绺头发向脑后反绾，似即反绾髻（图6-18：4、5）；它在这时的陶俑上也常见，是初唐比较流行

唐代妇女的服装与化妆

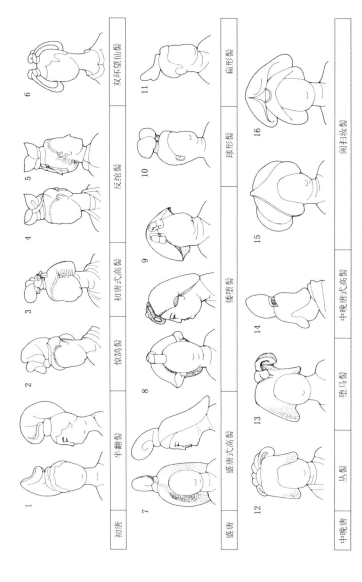

图 6-18　唐代妇女鬓式

初唐　半翻鬓　惊鹄鬓　初唐式高鬓　反绾鬓　双环望仙鬓

盛唐　盛唐式高鬓　堕马鬓　倭堕鬓　球形鬓　扁形鬓

中晚唐　丛鬓　中晚唐式高鬓　闹扫妆鬓

1、9. 北京大学考古教研室藏女俑　2、4、5. 永泰公主墓石椁线刻画　3. 西安出土开元四年石墓门线刻画　6. 西安头镇李爽墓壁画　7、10. 西安长郭 50 号史思礼墓出土俑　8. 西安中堡村唐墓出土俑　11. 莫高窟 217 窟壁画　12. 西安郭家滩张堪贵墓出土俑　13. 西安王家坟唐墓出土俑　14. 《捣练图》　15. 西安路家湾柳昱墓出土俑　16. 唐女俑（据 A. Salmony, Chincsischc Plastik. Abb. 74. ）

的一种髻式。西安羊头镇总章元年李爽墓壁画中有一种绕出双环的髻式，似即双环望仙髻（图6-18：6）。此外，初唐还流行高髻。不过，高髻这一名称最易含混。姑不论《后汉书·马援传》中已有"城中好高髻，四方高一尺"的谚语；即以唐事而论，《旧唐书·令狐德棻传》记唐高祖问令狐德棻"比者，丈夫冠、妇人髻竞为高大，何也"中的高髻，与《新唐书·车服志》所载文宗诏中"禁高髻险妆、去眉开额"的高髻，式样也绝不相同。所以，谈及高髻，似宜联系实例作出具体说明，否则，唐、宋诗词中高髻的字面经常出现，援引时倘不加辨析，就会议论纷纭而莫衷一是了。初唐式高髻缠得较紧，矗立在头顶上，其状如图6-18：3。盛唐时，出现了所谓蝉鬓，即将鬓角处的头发向外梳掠得极其扩张，因而变成薄薄的一层，仿佛蝉翼。白居易词"蝉鬓鬅鬙云满衣"之句，描述很得要领[54]。与蝉鬓相配合，有一种将头发自两鬓梳向脑后，掠至头顶挽成一或二髻，再向额前俯偃下垂的髻式，似即倭堕髻（图6-18：8、9）。开元时许景先所撰《折柳篇》有"宝钗新梳倭堕髻"之句，可证当时使用此名[55]。西安开元十一年鲜于庭诲墓出土女俑，莫高窟205、217等窟盛唐壁画中的女供养人，大都梳这种髻。特别是经常被研究者提到的莫高窟藏经洞所出绢本佛画《引路菩萨图》中的妇女，梳的也是倭堕髻（图6-19：4）。惟其俯向额前的髻垂得较低，和正仓院藏《鸟毛立女屏风》及近年发掘的陕西长安南里王村唐墓之壁画中的妇女髻式颇相近。南里王村唐墓的年代《简报》定在盛唐与中唐之交[56]，《引路菩萨图》的年代不会和它差得太远。研究者或以《簪花仕女图》（以下简称《簪花》）与《引路菩萨图》比较，认为两幅图中的妇女髻式相仿[57]。其实二者全然不同。《簪花》图中妇女的发型虽很高大，但没有俯偃向前的髻，与《引路菩萨图》中的髻式迥异。相反，它和南京牛首山南唐·李昪墓出土的女俑不仅髻式全同，而且脸型的丰腴程度也相近。

图6-19 五代的高髻(1～3)与唐代的倭堕髻(4)

1. 南京牛首山南唐墓出土陶女俑
2. 《簪花仕女图》中的仕女(略去所簪之花与首饰)
3. 河北曲阳后梁·王处直墓出土石雕中的伎乐人
4. 莫高窟藏经洞所出唐代绢画《引路菩萨图》中的妇女

特别是近年在河北曲阳西燕川后梁·王处直墓中出土的浮雕侍女图，其髻式与面相更和它有着不容忽视的一致性，反映出共同的时代风格[58]（图6-19：1~3）。《簪花》图中的金钗上有多层穗状垂饰，这种式样的钗在唐代出土物中未见，而1956年安徽合肥西郊南唐墓中出土的"金镶玉步摇"却与之类似，尤其是二者均缀以接近菱形的饰片，手法更如出一辙[59]（图6-20）。所以《簪花》图当依谢稚柳先生的鉴定，断为南唐时的作品[60]。它虽然保存了不少唐代余风，但毕竟是五代时的画，和唐代有一段距离。其中的发型虽然也可以称为高髻，但这是南唐式的高髻，盛唐、中唐之交时的高髻并不如此。如先梳掠出蝉鬓，却不使自脑后向上挽起的髻俯偃而下，而让它直立于头顶，那才是唐代中期的高髻（图6-18：7）。这种高髻在长安南里王村唐墓的壁画中与倭堕髻并见。不过盛唐时也有不梳蝉鬓的，其髻式略如图6-18：10、11。

中唐后期至晚唐，倭堕髻偏于一侧，似即堕马髻（图6-18：13）。白居易《代书诗一百韵寄微之》中有"风流夸堕髻"句，原注："贞元末城中复为堕马髻。"但堕马髻这一名称汉代已有。《后汉书·梁冀传》说梁妻孙寿作堕马髻，李注引《风俗通》："堕马髻者，侧在一边。"汉代堕马髻的式样虽不能确知，但唐代再度使用这个名称，或者就是因为此时这种髻也是"侧在一边"的缘故。堕马髻中晚唐常见，徽宗摹张萱《虢国夫人游春图》中右起第四、五人，就梳着这种髻。中晚唐也有高髻，如白居易诗所称"时世高梳髻"，其状略如图6-18：14。

此外，结合段成式的叙述，中晚唐髻式可识的还有闹扫妆髻。传会昌初长安西市张氏女《梦王尚书口授吟》中有句："鬓梳闹扫学宫妆。"[61]又《潜确居类书》卷八八"闹扫妆"条引《三梦记》："唐末宫中髻号闹扫妆，形如焱风散鬐，盖盘鸦、堕马之类。"按唐代所谓

图 6-20　《簪花仕女图》中之钗与南唐金钗

1.《簪花仕女图》　2. 安徽合肥西郊南唐墓出土的"金镶玉步摇"

闹装，本有纷繁炫杂的含义[62]，而中晚唐时正流行一种重叠繁复的髻式，似即闹扫妆髻（图6-18:15、16）。至于王建诗"翠髻高丛绿鬓虚"，元稹诗"丛梳百叶髻"中之所谓丛髻[63]，大体或与图6-18:12的髻式相当。

唐代妇女不仅髻式复杂，约发用具的种类也很多。其中单股的为簪，双股的为钗。簪源于先秦之笄，用以固髻。后于顶端雕镂纹饰，所以簪体加长。其质地有竹、角、金、银、牙、玉等多种。玉簪又名搔头，据《西京杂记》卷二说，是因为汉武帝在李夫人处曾取玉簪搔头之故。白居易诗"碧玉搔头落水中"，即沿用此名称[64]。陕西乾县唐·李贤墓壁画中有以长簪搔头的女子。江苏宜兴安坝唐墓出土的刻花银簪，长26.8厘米，或与画中人所用者相类[65]（图6-21:1、3）。有些簪的头部近扇形，与弹琵琶用的拨子相似。唐·冯贽《南部烟花记》说隋炀帝的宫人朱贵儿插"昆山润毛之玉拨"，应即指此型簪（图6-21:2、4）。但也有些簪顶的形式过于繁缛，如湖北安陆王子山唐·吴王妃杨氏墓出土的金簪，顶端用细金丝扭结盘屈成多层图案，边缘再缀以金箔剪成的小花[66]。这样的簪看来就是以装饰为主，而不是以固髻为主了。但由于簪铤为单股，顶端增重后容易自发上滑脱，所以唐代的簪大体上还保持着约发的功能，而钗却踵事增华，以致主要成为一种发饰了。

早在唐代前期，钗的形式已多种多样，永泰公主与懿德太子墓石椁线刻画中女侍之钗，有海榴花形的和凤形的，但每人只插一件或两件（图6-22）。钗头常悬有垂饰。韩偓《中庭》诗："中庭自摘青梅子，先向钗头戴一双。"又《荔枝》诗："想得佳人微启齿，翠钗先取一双悬。"[67]可见有些钗头的垂饰作果实形。如图6-23:1，其钗头即悬有菱角形垂饰。有些钗头并制出栖于其上的小鸟，如广州皇帝岗唐墓出过这种钗（图6-23:3）。段成式诗"金为钿鸟簇钗梁"，韩偓

145

图 6-21　唐簪

1. 唐·李贤墓壁画　2、4. "拨"型簪(西安郊区唐墓出土)
3. "搔头"型簪(江苏宜兴安坝唐墓出土)

1

2

图 6 - 22　唐代石刻线画中的钗

1. 永泰公主墓　2. 懿德太子墓

诗"水精鹦鹉钗头颤"，正与之相合[68]。也有虽未另作出栖在钗上的小鸟，却将鸟形组织在钗头图案当中（图6-23：2）。以装饰为主的钗又名花钗。唐代后妃、命妇所簪"花树"，实际上就是较大的花钗。它们往往是一式二件，图案相同，方向相反，多枚左右对称插戴。还有的钗头上接或焊以宝相花形饰片，如安陆唐·吴王妃墓所出者，分十二瓣，嵌以宝石；其背部有小钮，钗股插入钮中，故容易脱落。西安韩森寨唐·雷氏妻宋氏墓出土的八瓣宝相花形饰片，以细小的金珠联缀成花叶，嵌以松石，花心还有一只小鸟[69]；装此饰片的钗股已不存，所以它曾被称为金钿或珠花。证以吴王妃墓出土之例，可知原来也是钗头的饰件。

至于这时的梳子，虽已较汉代之作马蹄形者为阔，但还没有作成宋代那种扁长的半月形。梳本为理发具，盛唐时插梳为饰之风才广泛流行。起初只在髻前单插一梳，梳背的纹饰也比较简单。后来有在两鬓上部或髻后增插几把的，如《宫乐图》中所见者。晚唐则以两把梳子为一组，上下相对而插，有在髻前及其两侧共插三组的。王建《宫词》："玉蝉金雀三层插，翠髻高丛绿鬓虚。舞处春风吹落地，归来别赐一头梳。"描写的就是头上插着许多钗梳的宫女。梳子既然被看重，梳背的装饰亦日趋富丽，有包金叶镂花的（图6-24：1），还有用金丝和金粒掐焊出花纹的。值得注意的是，在俞博《唐代金银器》一书中著录的一件掐花金梳背的图案是倒置的[70]（图6-24：3），说明它应是一组梳子中自下向上倒插的那一把。而西安何家村唐代窖藏中出土之同类型的金梳背，图案是正置的，当是自上而下正插的那把。又浙江临安唐天复元年（901年）水邱氏墓还出土了一把玉背角梳[71]（图6-24：2）。李珣词"镂玉梳斜云鬓腻"句中所描写的应即这类梳子[72]。

钗、梳之外，唐代妇女也戴耳环，但出土的实物极少，只在绘画

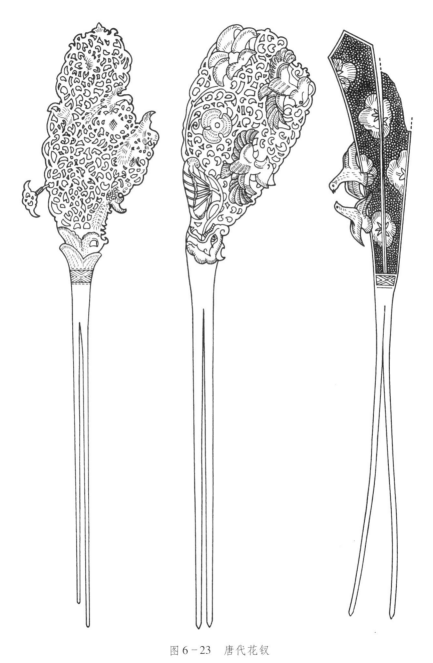

图 6−23　唐代花钗

1. 浙江长兴下莘桥出土　2. 瑞典斯德哥尔摩 C. Kempe 氏旧藏　3. 广州皇帝岗出土

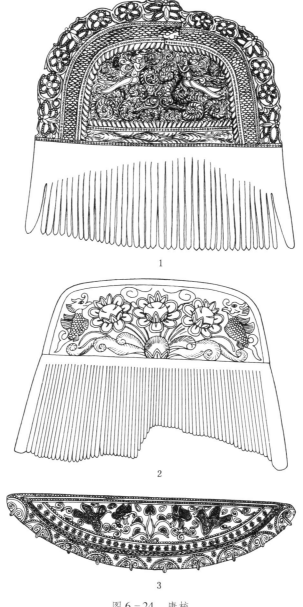

图 6-24 唐梳

1. 镂花包金梳(江苏扬州三元路出土) 2. 玉背角梳(浙江临安唐墓出土)
3. 金梳背(美国明尼阿波里斯艺术馆藏)

图 6-25　新疆吐鲁番出土
唐代绢画中所见之耳环

中见过(图 6-25)。项饰多戴珠链,如本书图 2-10:7 所举唐女俑之
例,不过她的项链仅为单行珠串;敦煌唐代壁画中还有将两行或多行
珠串重叠穿连起来的。另一种用金银扁片制作的项圈在唐代遗物中也
见过,陕西耀县柳林背阴村唐代窖藏中曾出土(图 6-26:1)。《簪
花仕女图》中左起第二人也戴着这种项圈(图 6-26:3)。式样基本
相同的项圈不仅曾在浙江宁波天封塔宋代地宫出土,唐墓和宋、金墓
中所出陶俑、瓷俑亦有戴此式项圈之例[23](图 6-26:2、4~6)。钏
在绘画中少见,却有实物出土。西安何家村唐代窖藏中出土的一对金
镶玉钏,每只以三节玉件用三枚兽头形金合页衔接而成,极为精巧
(图 6-27:1)。宋·沈括《梦溪笔谈》卷一九说:"予曾见一玉臂
钗(钏),两头施转关,可以屈伸,合之令圆,仅于无缝,为九龙绕
之,功侔鬼神。"他记述的也应是这类金镶玉钏,或亦为唐物,可是
在北宋人眼中,已诧为功侔鬼神。这类玉钏只出过少量几副。一般唐

图 6-26　项圈

1. 银项圈(陕西耀县柳林唐代窖藏出土)　2. 金涂项圈(浙江宁波天封塔宋代地宫出土)　3.《簪花仕女图》左起第二人(略去所簪花饰)　4. 女侍俑(河南焦作新李村宋墓出土)　5. 襁褓俑(陕西西安韩森寨唐墓出土)　6. 襁褓俑(河北邯郸峰峰矿区金墓出土)

图 6-27 唐钏

1. 西安何家村出土金镶玉钏
2. 内蒙古和林格尔土城子出土晚唐银钏

钏则多用柳叶形金银片弯成，两端尖细的部分缠金银丝，并绕出环眼。内蒙古和林格尔土城子出土的此式唐代银钏，还用小银圈穿过环眼将两端联结起来（图6-27:2）。但江苏丹徒丁卯桥所出与俞博书中所著录者，都只弯成椭圆形，未再联结。山西平鲁屯军沟唐代窖藏中一次就出土了此式金钏十五只，可称洋洋大观了[74]。

总的说来，初唐女装比较褊狭，常着胡服、胡帽，钗梳等首饰用得较少。盛唐时衣裙渐趋肥大，出现了颇具特点的蝉鬓和倭堕髻。安史之乱后，进入中唐时期，短阔的晕眉较流行，而胡服渐不多见，研究者或据元稹《新乐府·法曲篇》"自从胡骑起烟尘，毛毳腥膻满咸洛。女为胡妇学胡妆，伎进胡音务胡乐"之句，以为这时胡服大流行；并举《新唐书·五行志》中之椎髻、赭面、啼眉、乌唇等以为佐证。其实从考古材料中看，胡服的流行时期是在安史乱前。由于这场战争的影响，社会心理中的华夷界限较乱前显著，胡服亦急剧减少。晚唐服式愈加褒博，首饰也愈加繁缛。五代大体沿袭着这种风气[75]。北宋时才又有新的变化。

华
夏
衣
冠

中国古代的带具

先秦法服上的革带

先秦时代，在华夏族固有的上衣下裳式服装，即后世所谓法服上[1]，于腰间束有大带和革带。大带又名绅带，用丝织物制作，它虽然比较华美，却不适于悬荷重物；鞶鞢[2]和玉佩都要系在革带上。所以郑玄在《礼记·玉藻》和《杂记》的注中一再说："凡佩系于革带"，"革带以佩鞢"。孔疏："总束其身，唯有革带、大带"，"大带用组约，其物细小，不堪悬鞶、佩"。更明确指出革带在这类服装上所起的作用是大带所不能代替的。

古法服所用革带的实物虽未见，但战国楚俑身上有的却绘出玉佩，其系玉佩之带应即革带。湖北江陵武昌义地6号墓出土俑，腰间绘出红色革带，带鞓上有环形和贝形物及短绦带，下垂两条很长的玉佩（图7-1）。此俑穿左右异色的偏衣[3]，亦应归入法服之例。至于画得清楚的法服革带的图像，则只能在较晚的材料中看到。宋摹唐画《历代帝王图卷》中的隋文帝，身着冕服。这种饰十二章的冕服虽是东汉明帝改制后的式样[4]，但与先秦法服应相去不远。此像在腰间束有大带，大带外再束革带。鞢和玉佩的系结情况虽然被袖子遮住，不能看到，但估计仍应上悬于革带。不过此时的革带已装带扣，先秦的

图 7 - 1 偏衣佩玉木俑

（江陵武昌义地 6 号楚墓出土）

革带上尚无此物。而且先秦时"申加大带于上"⑤，即将大带束在革带外面。隋文帝像却是革带居外，大带居内，与前有所不同。先秦之所以起初将革带束在大带底下，大概是因为当时的革带朴素无华的缘故，只束革带，给人的观感不免有些寒俭。《说苑·奉使篇》："唐且曰：'大王亦尝见夫布衣韦带之士怒乎？'"《汉书·贾山传》"布衣革带之士"，颜注："言贫贱之人也。"可见早期之布衣所束的革带不会有多少饰件。在带钩和带扣出现以前，革带的两端大约多用窄缘带系结。江陵马山 1 号楚墓出土的彩绘着衣木俑与秦始皇陵侧出土的 2 号铜马车的御者的革带均未装带钩,仅以绦带系结。贵族使用的,例如长沙仰天湖楚墓出土的第 21 号简所记"〔革〕缔(带)又(有)玉镮(环)红缠(组)"。⑥其所谓环、组,亦应供系结革带之用。如果认为这里的环、组是比革带更贵重的玉佩和佩玉之组,则简文的记述就不应以〔革〕带为主体了。从而使我们知道,早期的革带上也可以用绦带和环系结其两端。

施 钩 之 带

带钩的发明使革带的面貌大为改观。就目前所知,带钩在华夏族地区最早见于山东蓬莱村里集 7 号西周晚期至春秋早期墓。此钩铜质,长方形,素面,长 4.3 厘米⑦。春秋时期,带钩已相当流行,河南洛阳中州路西工段 2205 号与 209 号、淅川下寺 10 号,湖南湘乡韶山灌区 65SX10 号与 65SX17 号,陕西宝鸡茹家庄 5 号与 7 号,及北京怀柔师范西 12 号等春秋墓均出铜带钩⑧。山东临淄郎家庄 1 号及陕西凤翔高庄 10 号墓且出金带钩⑨。河南固始侯古堆大墓墓主腹膝间有玉带钩、铜环,与玉瑗、玉璜和回形玉饰组成的佩饰同出。玉带钩和铜环应是装在革带上供勾括之用的,玉佩饰则应系垂于革带之下。这些反映出此带的作用仍与上述早期革带相同⑩。因而带钩也可以被看作是由早期革带上与环相系结的绦带演化而来的。到了战国时期,仍经常发现带钩与环伴出的实例。如,河南安阳大司空村 131 号战国墓中,于人架腹部发现铜带钩与玉髓环套合在一起⑪;河南汲县 5 号战国墓中铁带钩与骨环同出;同地 6 号战国墓中镶嵌绿松石的铜带钩与羊脂玉环同出⑫。此外,原田淑人《汉六朝の服饰》一书中也著录了一件铜带钩与玉环相锈合的例子⑬。尽管其中有些钩、环出土时已分离,但它们无疑是配套使用的。《淮南子·说林》说："满堂之坐，视钩各异，于环、带一也。"表明当时曾采用以钩与环相勾括的方法来束结革带。《隋书·礼仪志》说那时帝王法服上的革带是："博三寸半，加金镂，䚢、螳螂钩以相拘带。自大裘至于小朝服皆用之。"螳螂钩即带钩，䚢是承钩之具。《广雅·释器》："䚢谓之觓。"觓字从叉，叉有括约之意。《广雅·释言》："叉，括也。"《方言》卷一二："括、关，闭也。"承钩之具应与钩相勾牵且括闭之使不脱出，正和环的用途相当。当然，也有将钩直接勾住革带另一端的穿孔的，但那只能被看作是一种省便的形式了。

既然远在西周晚期至春秋早期华夏族地区已知用带钩，这就动摇了过去认为带钩是从北方草原民族地区传入中原之说，因为在后一地区发现的带钩不早于春秋末，不仅比华夏族地区晚，而且数量也少[14]。更不用说认为中原用钩始于赵武灵王"胡服骑射"时者，将用钩的时间推迟到战国中期，与实际情况愈益差得远了。《左传·僖公二十四年》、《国语·齐语》、《管子·大匡篇》、《吕氏春秋·贵卒篇》、《史记·齐太公世家》、《新序·杂事》、《论衡·吉验篇》诸书所记春秋时齐国的管仲射公子小白中钩的著名故事，就发生在赵武灵王之前三百多年。不过这里有一个问题，即前人或谓《楚辞·大招》之"鲜卑"、《战国策·赵策》之"师比"、《史记·匈奴列传》之"胥纰"、《汉书·匈奴传》之"犀毗"、《淮南子·主术》高注之"私纰头"，均是带钩。如《汉书·匈奴传》颜注："犀毗，胡带之钩也；亦曰鲜卑，亦谓师比，总一物也，语有轻重耳。"又引张宴说："鲜卑，郭落带瑞兽名也，东胡好服之。"不过试加推敲，则张宴和颜师古都说犀毗或鲜卑是郭落带或胡带上的瑞兽或钩，可是这些词汇并不是中原地区习用于带钩和革带的名称。什么是鲜卑呢？包尔汉、冯家昇在《"西伯利亚"名称的由来》一文中解释为："鲜卑，它的意思是一种兽，相当于蒙古语 sobar（貊＝五爪虎）。因为鲜卑人崇拜它，把它用作本部落的名称，同时把它的形象用在金属带钩上。"关于郭落的语源此文中亦有考释："至于'郭落'，伯希和在 1928—1929 年曾在《通报》论王国维的《胡服考》已指出是 *quraq 的对音，突厥的革带。又在 1930 年伯希和指出《南齐书》的'胡洛真'（带仗人）为 *uraqčen，案 11 世纪的突厥语词典有 qur，注为腰带。又北京图书馆藏明代《高昌馆译书》有 qurr（库儿）也作腰带讲。"[15]江上波夫亦持类似的见解[16]。果依其说，则汉语中以对音形式存在的鲜卑和郭落等词以及它们所代表的带钩和革带等物，就都应该是从外部传入的了。然而根据本文以上所述革带和带钩的历史，此说却不容易讲得通。因为革带一词在文献中早已出现，无须引入。何况《战国策·赵策》说："遂赐周绍胡服衣冠、具带、黄金师比。"可见师比是在胡服上使用的。所以，它和郭落带有可能并非指中原通用的那类带钩和革带。至于欧亚大陆北方流行的斯基泰—西伯利亚式带钩，则是属于另一个系统的器物，与我国带钩的形制并不相同。前一种的钩首向下弯，而我国的钩首向上弯，二者更有明显区别。

带钩在中原地区广泛流行以后，革带已逐渐摆脱了从属于大带的地位。特别在战国时代，由于胡服的影响，武士们多着齐膝的上衣和长袴，腰间只束一条装钩的革带。秦始皇陵兵马俑坑所出大批陶武士的装束就都是这样的。又由于革带这时已无须隐蔽在大带底下，所以露在外面的带钩的造型就受到重视，制作也日趋精巧。制钩的材料包括金、银、铜、铁、玉、玛瑙各类，即以铜、铁带钩而言，也还有再用包金、错金、鎏金、嵌琉璃、嵌玉或松石等方法加工的，从而产生了不少工艺珍品。有些高级带钩的体积很大，江陵望山 1 号墓所出错金铁带钩弧长达46.2、宽达 6.5 厘米[17]，反映出制钩手工业的兴盛。一般带钩的长度，则约在 10 厘米以内。

匈奴·东胡的带头、带镭和郭落带

我国北方匈奴·东胡各族用的革带与中原地区不同，这种革带的带鞓上起初只有装饰物。我国古文献中曾称胡服之带为"贝带"，如《淮南子·主术》说："赵武灵王贝带、鵔鸃而朝。"高诱注："赵武灵王出春秋后，以大贝饰带，胡服。"《史记·佞幸列传》集解引《汉书音义》也说贝带是"以贝饰带"；实例见于西周晚期至春秋早期的河南陕县上村岭虢国墓。其1706号墓墓主腰间出土六件圆形贝壳饰、一件三角形石饰，排成一横列。1715号与1810号墓也出形状相似的带饰，只不过是石质的和铜质的[⑱]（图7-2）。上村岭这批墓葬的出土物中含有某些草原文化的成分，如1612号墓所出多钮镜，久已为研究者所注意，所以这里的饰贝壳之带应即早期的贝带。内蒙古乌兰察布盟凉城毛庆沟5号春秋晚期至战国早期北狄墓中的带饰，形制又有所不同。此墓墓主腹前出土两枚左右对称的铜饰牌，原应装于腰带会合处两侧。饰牌呈不规则的长方形，正面以阴线刻划出简略的虎纹[⑲]（图7-3：1、2）。时代与之相近的哈萨克斯坦伊塞克（Issik）塞种王墓中，墓主的腰带上饰有鹰喙鹿身、头生多枝长盘角的怪兽纹金饰牌及十三件小饰牌，饰牌的钮均穿过带鞓在其背面透出；再用两条细带贯穿各钮孔。这样，既起固定作用，细带之超出带鞓的部分又可用于系结；饰牌本身并不具有括结的功能[⑳]（图7-3：3、4、7）。其小饰牌的缀结方式与内蒙古敖汉旗周家地45号夏家店上层文化墓葬出土的窄革带上所见之例相同（图7-3：6）。在内蒙古伊克昭盟杭锦旗阿鲁柴登发现的匈奴金银器中，有十二件铸成头生多枝长盘角之虎状怪兽纹的金饰牌，原来也是装在一条腰带上的，和伊塞克塞种王墓的出土物亦颇相似[㉑]（图7-3：5）。这种饰牌在塞

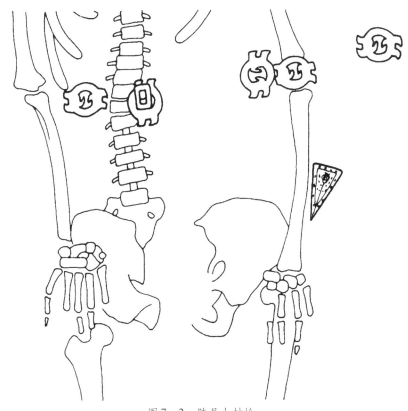

图 7 - 2　陕县上村岭
1715 号墓带具出土位置

种人及迤西的斯基泰人那里都能见到。乌克兰切尔卡萨州
Berestnyagi 村之公元前 5 世纪的斯基泰古墓中所出腰带上的青铜饰
牌，以八件为一副，腰前两件呈侧视的狮头纹，体型较大，显得更
为突出；两边则装有较小的兽面纹饰牌[22]。表明北狄、匈奴以及塞
种、斯基泰等族之装饰腰带的作法相通，他们的腰带之形制在许多
方面亦应互相接近。

　　西汉遗物中，这种无括结功能的腰带饰牌出土的数量虽不多，但

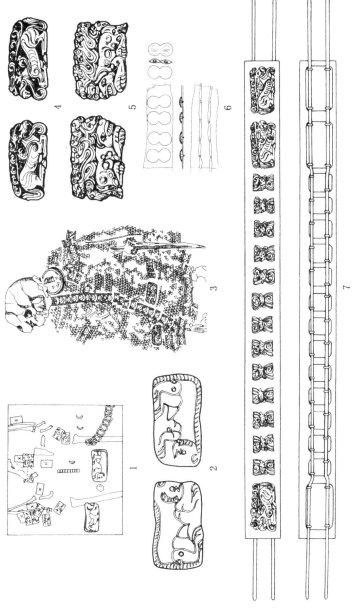

图 7-3 无拮结功能的腰带饰牌

1. 内蒙古凉城毛庆沟 5 号墓带具出土位置 2. 毛庆沟 5 号墓出土的无穿孔带头 3. 伊塞克塞种王墓带具出土位置
4. 内蒙古救汉周家地 45 号墓出土腰带带具的缀结方式 5. 内蒙古杭锦旗阿鲁柴登案发现的匈奴无穿孔带头 7. 伊塞克塞种王墓种具出土腰带带具的缀结方式
6. 内蒙古救汉周家地 45 号墓出土腰带带具的缀结方式 7. 伊塞克塞种王墓出土腰带带具的缀结方式

分布广袤，北起匈奴，南抵南越，均有它的踪迹。1716 年，俄国的西伯利亚总督加加林公爵献给沙皇彼得一世一对本地出土的金饰牌，长方形，透雕双龙纹，边框饰柳叶形花纹[23]（图 7-4：1）。此器现藏圣彼得堡爱米塔契博物馆，过去曾被鉴定为公元前 4～前 3 世纪的塞种制品。但其龙纹不类塞种艺术风格；而宁夏同心倒墩子 1 号西汉匈奴墓出土的铜饰牌的图案却与之全同，说明它其实是西汉时物[24]。成对的此种鎏金铜饰牌在广州登峰路福建山 1120 号西汉墓及象岗南越王墓中均曾出土[25]（图 7-4：2、3）。在西安三店村西汉墓及江苏扬州西汉"妾莫书"墓中，也发现过同类之物[26]。

而略早于此时，战国晚期已开始对上述两件一组的饰牌加以改进，即在其中一件的内侧开一个孔，以便从另一侧用一条窄带子穿过此孔，再绕回来拴紧；这样它就初步具有了括结的功能。阿鲁柴登发现的战国匈奴遗物中有此式金牌，铸出四狼噬牛纹，有穿孔的那一件在牛鼻上硬开一个洞，致使图案的完整性受损[27]（图 7-5：1）；说明它初铸出时原本是不开穿孔的。又如同心倒墩子 19 号西汉匈奴墓出土的双马纹铜饰牌，穿孔也正开在马嘴上[28]（图 7-5：5）。而在北京征集到的同型之品，图案几乎全同，却无穿孔[29]，清楚地表明开穿孔者正是无穿孔之饰牌的改进型。

因这类饰牌的改进工作本是匈奴人完成的，故遗物多出于匈奴墓。除了上面举出的例子外，在伊盟西沟畔 2 号墓（图 7-5：2）及同心倒墩子 5 号墓中也曾发现[30]。有意思的是西沟畔的金饰牌上刻有铭文，同出的银节约上还刻有"少府"等制作机构的名称，书体与三晋铜器铭文相同，研究者认为它们或为赵国制作[31]。所以内地对此物也是熟悉的。在广州象岗南越王墓、河北满城中山王墓、安徽阜阳汝阴侯墓、湖南长沙曹𤩽墓、江苏扬州"妾莫书"墓及徐州石桥、陕西西安三店村、四川成都石羊、山东五莲张家仲崮、广西平乐银山岭等地

1

2

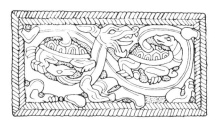

3

图 7-4 汉代的腰带饰牌，即无穿孔带头

1. 南西伯利亚出土的双龙纹金带头
2. 广州登峰路西汉墓出土的虎噬羊纹鎏金铜带头
3. 广州象岗南越王墓出土的蟠龙双龟纹鎏金铜带头

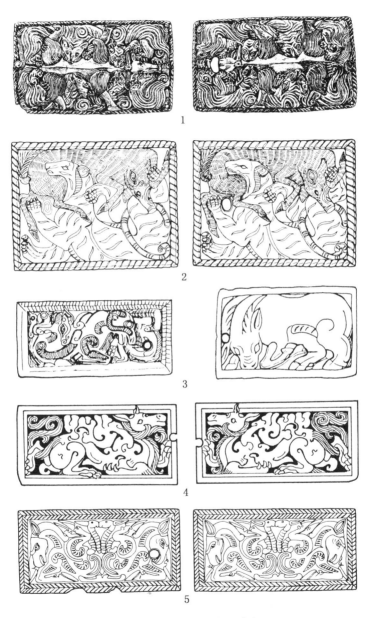

图 7 - 5　汉代的有穿孔带头

　　1. 阿鲁柴登发现的四狼噬牛纹金带头　2. 西沟畔 2 号墓出土的虎豕搏噬纹金带头　3. 广州象岗南越王墓出土的鎏金铜框镶玻璃带头　4. 长沙曹䵎墓出土云驼纹玉带头　5. 同心倒墩子 19 号墓出土的双马纹鎏金铜带头

的西汉墓中均曾出土^②（图7-5：3、4）。最完整的实例则是江苏徐州狮子山西汉楚王陵外墓道耳室中所出两端装金饰牌的贝带。此带之带鞓的痕迹尚存，其上缀贝壳三排；中间夹金花四朵。两端的两块金牌各长13.3、高6厘米，铸出浮雕式的双熊噬马纹。其中一块无穿孔，另一块在偏前居中的位置上开穿孔，正处于马颔下，恰为图案所包容，是经过设计有意安排的。特别值得注意的是，金牌的穿孔附近发现金穿针，长约3.3厘米^③（图7-6）。穿针应拴在固定于另一侧之窄带的末端，以便将它引入金牌的上述穿孔。这就充分证明了前文所推测的系结方式。

此类金牌无论开穿孔或不开穿孔，由于它们分别装在腰带两端，所以很可能就是班固《与窦将军笺》所称"犀毗金头带"之"金头"^④。又由于除金质者外，也有用其他材料制作的，则又不妨通称之为"带头"。而在车马具中，中原和长江流域于春秋战国时期还制作了另一种系结带子的扣具，考古报告中称之为方策。安徽舒城九里墩与湖南长沙浏城桥等地的春秋墓中均曾出土^⑤。九里墩所出者装在车軎上，是一个铸出昂起的鸟头的长方环，鸟喙与鸟颈略成直角。战国时常用它作为骖马之靳带的扣具，见于汲县山彪镇1号墓和洛阳中州路战国车马坑^⑥（图7-7：1）。始皇陵2号铜车之靳带上所装方策

图7-6 附穿针的有穿孔金带头

（徐州狮子山西汉墓出土）

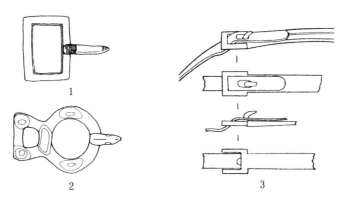

图 7-7 "方策"(1、3)与带镭(2)

1. 洛阳中州路战国车马坑出土的铜方策　2. 内蒙古博物馆藏铜带镭
3. 始皇陵 2 号铜车骖马靷带上所装方策

出土时还在原来的位置上，将其扣结方式反映得清清楚楚（图 7-7：3）。不过"方策"这个名称并不准确，它应该叫镭。《说文·角部》："镭，鑣或从金、乔。""鑣，环之有舌者。"段玉裁注："环中有横者以固系。"则也被称为鑣的镭是一种外端有舌（或称喙状突起），当中有孔，可用以括结带子的扣具。依据外轮廓的形状，将带镭分成四型。I 型：圆形（图 7-7：2；7-9）；II 型：长方形（图 7-10）；III 型：刀把形（图 7-8：3；7-11：1）；IV 型：前椭后方形（图 7-11：2）。I 型圆带镭是单独使用的；II 型长方带镭有单独使用的，也有成对使用的；III 型和 IV 型带镭则以成对使用者为多。

从年代上说，I 型圆带镭出现得最早，在春秋晚期至战国早期的内蒙古伊克昭盟杭锦旗桃红巴拉 1、2 号墓中就已经发现。它和毛庆沟 5 号墓出土的饰牌即无穿孔之带头的外形相去较远，出现的时间却相距很近，所以不会由那种带头演变而来。其直接的借鉴实应得自内地马具中的方策及圆策。由于采用了装喙状固定扣舌的作法，括结功能

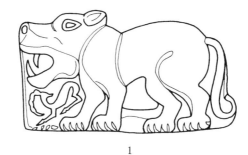

1

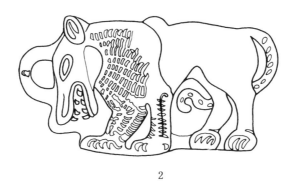

2

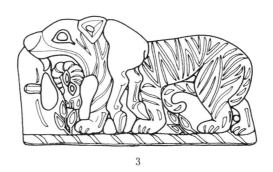

3

图 7-8　从带头到带镅

1. 南西伯利亚出土　2. 宁夏彭阳出土
3. 内蒙古乌兰察布盟征集品

大为改进。这是我国古代北方民族在带具工艺上的一项创造。进而，圆带镜与无穿孔带头相结合，突破了原先单调的圆形构图。比如一种虎纹带头，早期的标本不仅没有固定扣舌，而且也没有穿孔（图7-8：1）。可是后来它在前端拼接上半个圆形带镜，功能是改进了，但造型上给人以生硬的感觉，如宁夏彭阳姚河、甘肃镇原吴家沟圈等地所出之例[57]（图7-8：2）。这种意匠初出时尽管不够成熟，却为日后各类造型精美之带镜的设计奠定了基础。

带镜的使用方法没有在形象材料中充分显示出来，但根据其构造并参考带头的系结方式可作以下推测：Ⅰ型镜的穿孔较大，革带可将其末端自下而上透过穿孔，再折回来用喙状突起勾住，而将剩余部分压到前一段带子底下（图7-9：4）。内蒙古陈巴尔虎旗完工古墓所出带镜上残存之皮带，即由穿孔中穿出后，再勾在带镜前端的喙状固定扣舌上[38]。内蒙古敖汉旗周家地之夏家店上层文化墓葬中出土的一条革带，未装带镜，其右端插在左端的切口中。发掘简报认为：使用时"尚需将两端折回压于带下"[39]。这些情况均可作为上述推测的佐证。Ⅱ型以下各种带镜的穿孔都比较小，估计也应在带鞓末端缝上供系结用的窄带，将窄带穿入另一端之带镜的穿孔中。这些带镜常两两成对出土，所以窄带勾住突喙后的剩余部分似乎还可以压在前一块饰牌底下。

Ⅱ、Ⅲ、Ⅳ型带镜中均不乏佳作（图7-10）。爱米塔契博物馆所藏南西伯利亚出土的怪兽噬马纹Ⅲ型金带镜，更是著名的古代工艺品[40]（图7-11：1），时代约属战国。其上之后躯极度扭曲的马，既在斯基泰和塞种金饰上出现，也在宁夏固原三营红庄出土的战国匈奴金带具上见过[41]。如进一步考虑到Ⅲ型带镜的分布地域，则不能排除其作者为匈奴人的可能性。此外，值得注意的是，内蒙古满洲里市扎赉诺尔与吉林榆树老河深两地之东胡鲜卑墓出土的Ⅳ型带镜，它们皆为

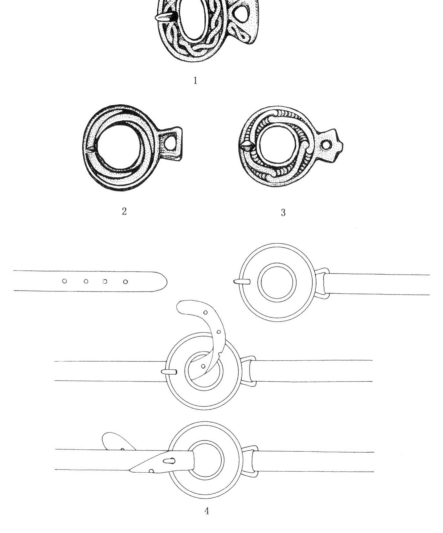

图7-9 Ⅰ型带镝及其使用方法

1. 内蒙古伊克昭盟杭锦旗桃红巴拉出土 2. 内蒙古伊克昭盟准格尔旗西沟畔出土
3. 陕西神木出土 4. 使用方法示意图

1

2

3

图 7 - 10　Ⅱ 型带镑

1. 陕西西安客省庄出土　2、3. 辽宁西丰西岔沟出土

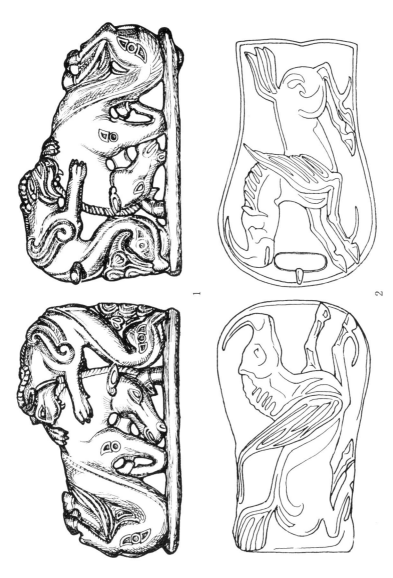

图 7-11　成对的 Ⅲ 型和 Ⅳ 型带镌

1. 南西伯利亚出土的怪兽盛马纹金带镌　2. 榆树老河深出土的神马纹鎏金铜带镌

铜质鎏金,并饰以鲜卑神话中的神马纹[42](图7-11:2)。老河深所出者不仅是两个一对,而且其中未装固定扣舌那一件的中部突起,在带镅与带鞓间形成空隙,正可以容纳系结时通过穿孔再绕回来的窄带之末端。这处墓葬的年代相当两汉之际。而比它的时代更早,准格尔旗西沟畔战国匈奴墓与呼伦贝尔盟陈巴尔虎旗完工西汉鲜卑墓中出土的带镅,却都是单独使用的。那么为什么时代较晚的老河深出土物仍然是成对使用的呢?这就不仅应注意到在使用带头的历史阶段中所形成的习尚,还应联系其特殊的系结方法,才能说明个中原委。这一点在下文中还要谈到。匈奴·东胡革带除了在用镅扣结和在鞓上装饰牌等方面与中原革带不同外,而且革带下缘还装有垂饰。为了适应草原上的游牧生活,这种垂饰不像华夏族的玉佩那么拖累。虽然北方各族的革带在形制上不尽一致,但仍可以归纳出若干共同的特点来。如:1.用镅括结;2.大多数在鞓上装饰牌;3.少数在鞓下装垂饰。根据这些特点,匈奴·东胡革带和中原用钩的革带就可以明显地互相区别。颜师古所说的胡带,张宴所说的郭落带,很可能均指此类革带而言。此类革带的带镅之装饰图案以动物纹为主,所谓鲜卑、瑞兽等或指其中的某些形像。带镅上有固定扣舌即钩状突喙,故亦无妨称之为胡带之钩。至于郭落,虽然伯希和认为是突厥语的对音,但匈奴语究竟是属于阿尔泰语系中的突厥语族还是蒙古语族,研究者迄无定论,至少不排除匈奴语中有一些与突厥语相通的词汇。所以,如果匈奴人称其革带为郭落,也正是合理的。

带扣与鞢䩞带

带扣与上述方策的区别在于它有活动扣舌,其结构已与现代通用的式样基本相同。始皇陵2号铜马车的靳带上所装之带镅,安装的方向与匈奴·东胡式带镎相反，突喙的指向和靳带末端的走向一致，扣结时更加便利（图7-7:3）。将这类反向使用的带镎再改进一步，将扣舌后端套在轴上，变成活动的，便是真正的带扣了。始皇陵2号兵马俑坑T12出土的陶鞍马腹带上的带扣是我国目前已发现之最早的有明确年代的实例[43]（图7-12），可知它也是先在马具中使用的。河北满城1号西汉墓所出车马器中的铜带扣与广西西林西汉墓所出小带扣已装有活动扣舌[44]。它们一般较小，长度不超过4厘米许，且朴素无华[45]（图7-13）。富丽的金银腰带扣之结构与之相仿，但比它们大得多，是豪华的服饰用具，也是汉晋时代特有的贵重工艺品。它们也可分成单独使用的和成对使用的两种。

单独使用的大带扣出现于西汉时，以前尚未见过。云南晋宁石寨山7号西汉墓出土的银带扣，长10.1厘米，扣面饰虎纹，虎目嵌橙黄色玻璃珠，虎体错金并镶有绿松石，一前肢握持"三珠树"之类卉

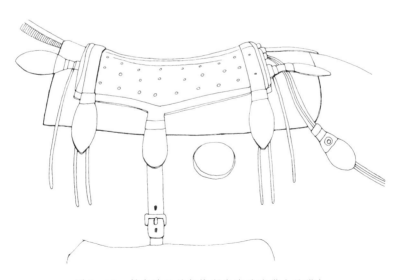

图7-12　始皇陵2号俑坑所出陶马腹带上的带扣

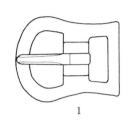 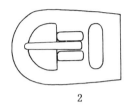 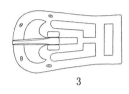

图 7 - 13　汉代车马具中的小带扣

1. 满城 2 号墓出土　2. 广西西林普驮铜鼓墓出土　3. 满城 1 号墓出土

木，背后则衬以缭绕的云气[46]（图 7 - 14：2）。其形制与平壤贞柏洞
37 号乐浪墓所出虎纹银带扣极为肖似[47]（图 7 - 14：3），均纯属汉代
工艺作风。过去曾把晋宁带扣上的虎纹视为"古希腊的所谓'亚述式
翼兽'"，并认为它是"经波斯、大夏而输入西南夷"的外来之物；
失实殊甚。以上两件带扣的穿孔呈弧形，位于扣体前部，扣舌较短；
其他汉代金、玉带扣亦无不如此。新疆焉耆博格达沁古城黑圪垯与平
壤石岩里 9 号乐浪墓所出形制相近的龙纹金带扣，均长约 10 厘米，穿
孔的位置也很靠前，主要的纹饰布置在扣面后部，锤鍱成型，作群龙
戏水图案[48]（图 7 - 15：1、2）。焉耆带扣上有一条大龙和七条小龙。
石岩里 9 号墓的带扣上则只有一条大龙和六条小龙。它们都出没于激
流漩涡间，扬爪掉尾，擎波擘浪，身姿蜿蜒，头角峥嵘，充溢着动
感。而且龙体上满缀大小金珠，在玲珑纷华之中，烘托出一派炽烈奔
放的艺术气息。其上之大量细如苋子的小金珠，不能用"炸珠法"、
即将金液滴在冷水中凝成；而是先将细金丝断为等长的小段，再熔融
聚结成粒，然后夹在两块平板间碾研，加工成滚圆的小珠。但这里的
金珠虽小，却排列得均匀整齐、清晰光洁，肉眼几乎观察不到焊茬，
工艺极其精湛，用通常的焊接方法是不能完成的。据研究，这是以金

中国古代的带具

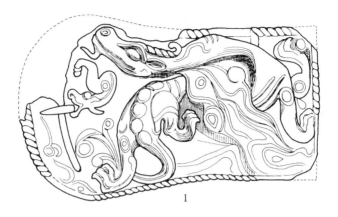

1

2

3

图 7-14　汉代的银带扣

1. 平壤石岩里 219 号王根墓出土　2. 晋宁石寨山 7 号墓出土
3. 平壤贞柏洞 37 号墓出土

176

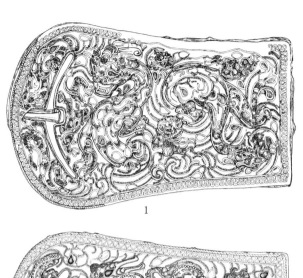

1

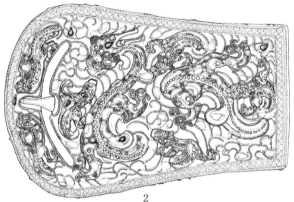

2

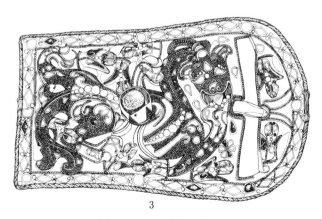

3

图 7-15　汉晋的金带扣

1. 焉耆出土的八龙带扣　2. 平壤出土的七龙带扣　3. 安乡刘弘墓出土的龙纹带扣

汞齐泥膏将金珠粘合固定，然后加热使汞蒸发，金珠就牢牢地附着在器物表面上了。其原理与我国的火法鎏金技术是相通的。但也有一些标本上检查不出汞的痕迹来，似是用在炭粉中加热的方法，借助金珠表面形成的炭化物薄膜的还原作用，以所谓"扩散接合法"（diffusion bonding）将金珠固定在金器表面上的。此法很早就出现在西亚地区。在我国，这类制品已知之最早的例子是广州象岗南越王墓出土的小金花泡。以后在河北定县八角廊40号西汉墓出土的马蹄金和麟趾金上，也焊有用小金珠组成的连珠纹带饰[49]。至东汉时，这种工艺已臻成熟之境，江苏邗江甘泉2号、河北定县北陵头43号等东汉墓所出金胜、金龙头、金辟邪等物，可视为代表作[50]。这些器物上还镶以水滴形红、绿石珠，上述两件金带扣上也有。此类红绿石珠即故宫博物院藏东汉建武二十一年鎏金铜尊的铭文中所称"青碧、闵瑰饰"。青碧指上面镶嵌的绿色石珠，多为绿松石。闵瑰即玫瑰。《急就篇》颜师古注说："玫瑰，美玉名也。"它可能指含钛的粉红色蔷薇水晶或其他红色宝石如红玛瑙之类，但有时也在白色或无色的石珠或玻璃珠的粘合料中调入朱砂，镶成后亦透出红色。在金器上镶嵌"青碧、闵瑰"，为汉代所习见；而西方当时在金器的水滴形框格中或填以珐琅釉，汉代尚无此种作法。焉耆带扣上的红、绿二色石珠均有存者；石岩里9号墓之带扣上只剩下七颗绿色的了，据统计，其上原共镶嵌石珠四十一颗。

汉代工艺品上的龙纹常穿游于山峦、云气间，尽管修长的身躯被景物遮去一段，但首尾的呼应指顾，四爪的屈伸低昂，不仅仍保持整体感，而且使构图更加紧凑饱满。上述金带扣虽以水波纹衬地，但上面的大龙也是这样安排的。其他银或玉制的汉代龙纹带扣亦然，平壤石岩里219号西汉王根墓出土的银带扣（图7-14：1）、洛阳东关夹马营路15号东汉墓出土的玉带扣均可为例[51]（图7-16：1）。过去只

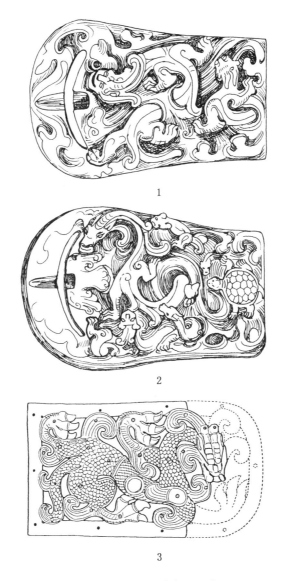

1

2

3

图 7-16 汉晋的玉带扣和玉带具

1. 洛阳夹马营路东汉墓出土　2. 台北故宫博物院藏
3. 上海博物馆藏

注意云南、新疆和乐浪出土的带扣，会使人产生此物仅通行于边地的错觉；当时价格更昂贵的玉带扣在洛阳出土，则可消除这一疑窦。台北故宫博物院所藏汉代玉带扣，扣面浮雕四灵，朱雀的头部延伸成扣舌，已脱失。其大龙和小龙也自涡纹中露出半身，但此涡纹究竟是代表水波还是云气，就难以确指了[52]（图 7 - 16：2）。

根据焉耆所出之例，此类金带扣之创制可上溯到西汉晚期，而降至西晋，其工艺技巧犹有新的进展；这是自湖南安乡黄山头西晋·刘弘墓出土的实例上看到的[53]（图 7 - 15：3）。一、安乡金带扣上的龙纹改进了穿游掩映的构图，在龙躯中部镶嵌了一枚较大的圆形宝石；和上海博物馆所藏"庚午"玉带具（图 7 - 16：3）的作法一致。这样就对汉代龙纹带扣之传统格式有所突破，使扣面图案上出现了明确的重心。二、所焊金珠的颗粒更小，安排得更密集，排列得更整齐，工艺更加繁难。三、镶嵌物增多。不算龙身上的大圆珠和水滴形小珠粒，仅边框里的菱形格与圆形格中所嵌者，补足时已应有四十四枚之多。所以其整体效果既辉煌夺目又稳重安详。不过这时装钩的革带还在广泛使用；西晋以降，才逐渐过渡到以装带扣和带銙的鞢䩞带为主的阶段。

鞢䩞是带鞓上垂下来的系物之带，垂鞢䩞的革带则称为鞢䩞带。但系鞢䩞时须先在鞓上装銙，銙附环，鞢䩞系在环上。宋·沈括《梦溪笔谈》卷一："带衣所垂蹀躞，盖欲佩带弓剑、帉帨、算囊、刀砺之类。自后虽去蹀躞，而犹存其环，环所以衔蹀躞，如马之鞦根，即今之带銙也。"装环之銙最早见于河北定县 43 号东汉墓，为银质长方形小牌，两侧各有两弧相连，有四个对称的镂孔。所悬之环为马蹄形，环孔呈弧底的凸字形[54]（图 7 - 17：1）。这种銙的造型虽然特殊，但从 2 世纪末直到 4 世纪，它却几乎没有多大变化。在洛阳 24 号西晋墓（图 7 - 17：2、3）、江苏宜兴元康七年（297 年）周处墓（图 7 - 17：

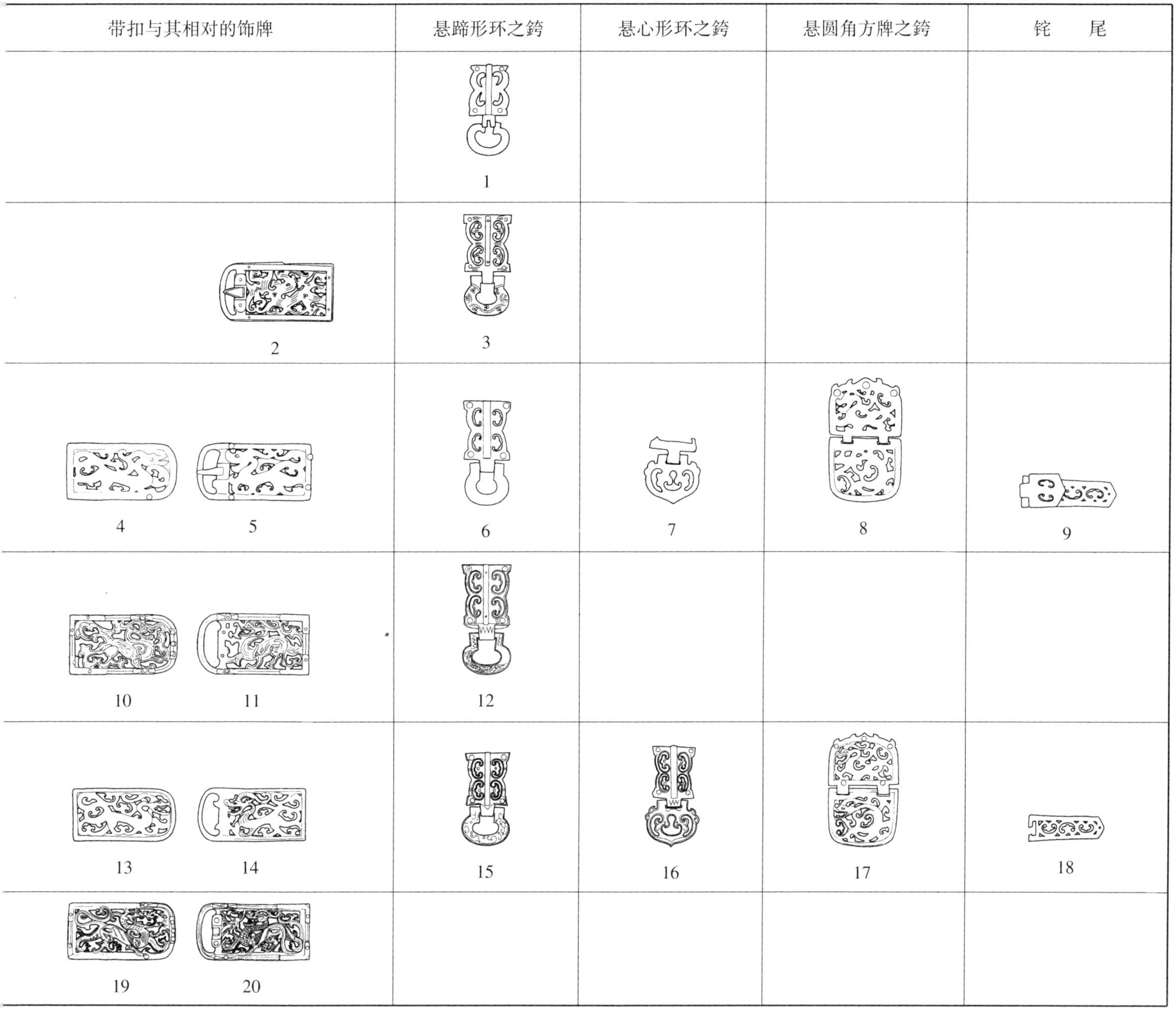

带扣与其相对的饰牌	悬蹄形环之銙	悬心形环之銙	悬圆角方牌之銙	铊尾
	1			
2	3			
4　　5	6	7	8	9
10　　11	12			
13　　14	15	16	17	18
19　　20				

图 7－17　晋式带具

1. 定县 43 号汉墓出土　2、3. 洛阳 24 号西晋墓出土　4~9. 宜兴西晋·周处墓出土
10~12. 日本新山古坟出土　13~18. 日本京都私家收藏　19、20. 日本山光美术馆藏

4~9）、吉林集安洞沟152号墓、日本奈良新山古坟等处均曾出土[55]。因为它主要流行于晋代，故可称之为"晋式带具"。此式带具中除上述悬马蹄形环的带銙以外，还有悬心形环和悬圆角方牌的带銙，这几种銙均见于周处墓。不过周处墓出土的带具已残缺，日本收藏的同类器物却有较完整者，可与出土物相印证（图7－17：10~20）。和这几种带銙同出的带扣比东汉时更加规范化，都是一端为圆头的长方牌，在弧形穿孔上装短扣舌，透雕龙纹或龙凤纹。如未经盗扰或散失，每枚带扣还要配一枚同样规格的透雕饰牌，其图案常为虎纹，也有少数作龙纹的，然而都不装扣舌（图7－17：4、10、13、19）。这种组合和Ⅱ型以下的各类匈奴·东胡带镴相似。过去常有人把后一种饰牌称为铊尾。但铊尾是革带末端的包头，系结时应自带扣中穿过去；可是这种饰牌的尺寸却和它对面的带扣一样大，难以通过扣孔，所以它不应是铊尾。在周处墓出土的带具中，一种尾端呈尖角的长条形镂孔银片才是其铊尾（图7－17：9）。很明显，此物就是由狮子山楚王陵出土的那类穿针演变而成的。当系结时，晋式带具大约仍与匈奴·东胡带镴相仿，饰牌与带扣两两相对；它们的花纹互相对称，正适合作这样的安排。上述上海博物馆所藏"庚午"透雕龙纹玉带具，其龙纹只有一角三足，且其匚形边框上下不对称，似是将残品加工修琢而成。试予复原，则此物当是晋式带具中带扣对面的饰牌。这块饰牌背面的铭文称自己是"白玉衮带鲜卑头"，与《大招》王注"鲜卑，衮带头也"的说法正合。从而证明此类带具确系承袭匈奴·东胡带镴之制。但一套完整的晋式带具，除带扣与上述饰牌外，其他几种带銙各应有多少件，迄今仍不太清楚。

同时晋式带具的系结方式问题过去亦未解决。斯基泰人之遍装饰牌的腰带，其长度大致与腰围相等，两端在腰前会合对齐，再用窄带系结[56]。我国装无穿孔的带头之腰带的系结法也只能如此。而装有穿

孔的带头时，腰带一端的窄带可以通过另一枚带扣之穿孔，绕回来再
系结。使用带镅时，起括结作用的是铸出固定扣舌的那一件；其对称
的另一件则只起装饰作用。本来一件已敷用，所以要在对面增加一
件，则是沿袭用带头时的格局。带镅的括结法是将其一端的窄带自下
而上通过对面的带扣之穿孔，再折返回来用扣舌勾住[57]。但剩余的窄
带如何处理，发掘中未观察到明确的现象，没有现成的答案，目前只
能用国外的材料作为旁证。伊拉克哈德尔（Hatra）古城址发现的安息
石雕像，年代为1~3世纪，其腰带的系结之状如图7-18：1[58]。此石
像上的窄带将腰带两端的"带头"括结起来以后，多余部分则在当中
垂下。韩国忠清南道扶余郡窥岩面废寺出土的5世纪画像砖上之神怪
所束腰带，多余部分也垂于腰腹中部[59]（图7-18：2）。因此，以老河
深105号鲜卑墓之带镅及同出之带环为例，其系结状况当如图7-19：
1。而以宜兴周处墓所出带扣及同出之带具为例，其系结状况则当如
图7-19：2。虽然这里的窄带贯穿的是装活动扣舌的带扣，却依然要
折返回来将多余的部分于腰腹中部打结下垂。这不仅由于此前腰带上
的窄带一直被这样处理，而且周处墓所出带具如何配置施用，长期不
明，采用图中的系结法，则使它们各得其所。又如日本京都谷冢古坟
出土的带具[60]，其铊尾顶端的饰片上镂有龙纹。若将铊尾横置，不仅
使带镅遮起，也使铊尾顶部之饰片上的龙成为侧置形，与其他部分不
相协调。如采用图7-19：3所示之系结法，就显得合理了。回过来再
看那些单独使用的大带扣，便可知其括结法应与图7-19：2基本一
致，只不过仅用一枚带扣而已。

此外，还应当对内蒙古乌兰察布盟和林格尔县另皮窑与呼和浩特
市土默特左旗讨合气出土的铁芯包金之猪纹与神兽纹带具略作讨论。
两地出土的带具中各有二件成对的马蹄形带扣，但既无穿孔也无明确
的扣舌，仍应看作带头。此外，两地各有二件接近椭圆形的带环，可

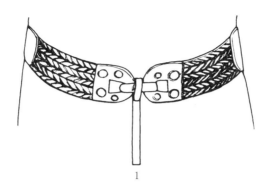

图 7－18　括结后余下的窄带垂于腹前

1. 据哈德尔出土安息石雕像　2. 据扶余窥岩面废寺出土画像砖

以确认其形制与老河深所出者相同。讨合气还出了四件长条形带
銙[61]。过去由于不熟悉带扣之成对使用的沿革，所以在报导和展出
时，均将一件带扣和一件侧置之带环组成一套。其实，它们的配置方
式当如图7－20，束腰时用两带扣之间的窄带相系结。再者，过去将
另皮窑与讨合气所出带具的年代定为北魏，亦嫌太晚。另皮窑的猪纹

图 7 - 19 几种带扣的使用方式示意图

1. 榆树老河深 105 号墓出土 2. 宜兴周处墓出土
3. 日本京都谷冢古坟出土

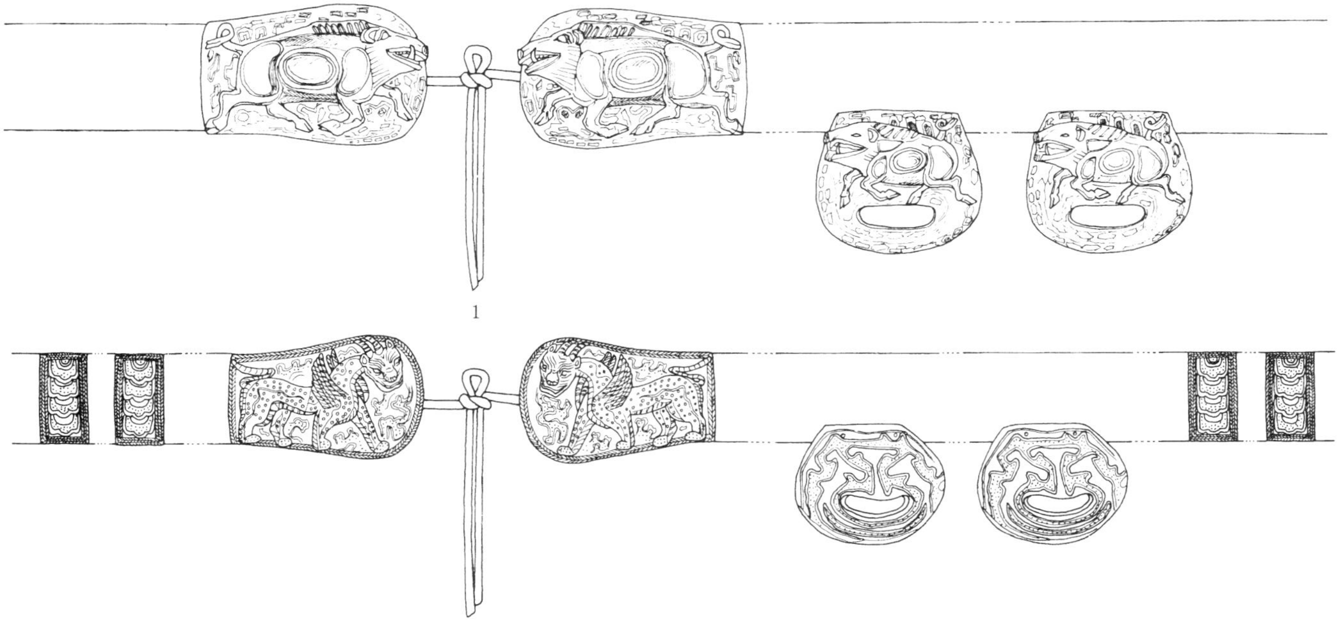

图7－20　另皮窑与讨合气出土带具的使用方式示意图

1. 另皮窑带具　2. 讨合气带具

带扣与西沟畔 4 号西汉墓所出包金卧羊纹带扣属于同一类型[62]；而与另皮窑带环形制相同的老河深带环，则是西汉末东汉初之物。故另皮窑带具也是汉代制品。讨合气带具上的神兽纹之风格要晚一些，但也不能迟于晋代。因为进入南北朝以后，我国带具的形制发生了重大变化。这时装活动扣舌的小带扣已在腰带上广泛采用，其扣身只以简单的横轴支撑扣舌。腰带也变成前后等宽的一整条，并迅速向鞢韝带过渡。延续了近千年之久的纹饰繁缛的大带扣、带扣与饰牌成双、在带端加窄带以系结的作法等，从此成为历史的陈迹。河北定县北魏太和五年（481 年）石函中所出银带扣、悬环的银方銙和长条形的银铊尾[63]（图 7 – 21：1），是已知之最早的南北朝式带具中各类部件较齐备的实例，以后它在长时期中成为带具之主要的形式。4 世纪以降，中国革带带具并为朝鲜和日本人民所熟悉，进而对当地的带具制作产生了很大影响（图 7 – 21：2、3）。

至唐代，如李肇《国史补》卷下所说："革皮为带……天下无贵贱通用之。"其所谓革带即鞢韝带，这时已成为男子常服中必备的组成部分。不过隋与初唐时革带上所系的鞢韝较多，盛唐以后渐少。少数民族和东、西邻国之革带上的鞢韝较多，汉族地区较少。中晚唐时，许多革带上已不系鞢韝，只剩下带銙了。在南北朝后期与隋代，最高级的鞢韝带装十三环。《周书·李贤传》："高祖……降玺书劳贤，赐衣一袭及被褥，并御所服十三环金带一要。"同书《李穆传》："穆遣使谒隋文帝，并上十三环金带，盖天子之服也。"唐初的开国功臣李靖曾受赐十三环玉带。《新唐书·李靖传》："靖破萧铣时所赐于阗玉带，十三胯，七方六圆，胯各附环，以金固之，所以佩物者。"唐·韦端符《卫公故物记》对这条带作了较详细的描述："玉带一，首末为玉十有三：方者七、挫者两，隔者六，每缀环焉为附，而固着以金。丞曰：'传云：环者利佩用也。'……佩笔一，奇木为

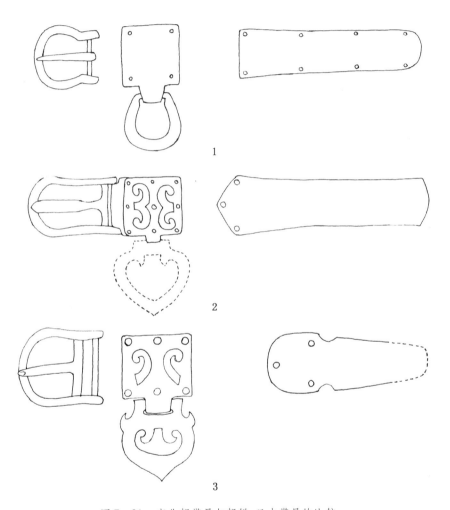

图 7－21　南北朝带具与朝鲜、日本带具的比较

1. 河北定县北魏石函中所出带具
2. 朝鲜庆州皇南里第 82 号坟东冢出土带具
3. 日本宫山古坟第 2 主体出土带具

管，韬刻，饰以金，别为金环以限其间韬者；火镜二；大觿一；小觿一；笄囊二；椰盂一。盖常佩于玉带环者十三物，亡其五，有存者八。"[64]但唐代制度规定，带环一般不超过九枚。后唐·马缟《中华古今注》卷上："唐革隋政，天子用九环带，百官士庶皆同。"目前在出土物中尚未发现过装十三环之带。陕西西安郭家滩隋·姬威墓所出与日本白鹤美术馆所藏的玉带具均非整副，各仅有七环（图7－22：3）。只在西安何家村出土的十副玉带中有一副完整的白玉九环带；在吉林和龙八家子渤海遗址出过一副九环金带[65]（图7－22：5～16）。可是在唐代绘画中未见过装环之腰带。北齐和隋代的石刻线画与壁画中之人物虽然腰带下或有环，但也只能看到寥寥几枚（图7－23）。唐代一般都将鞢䩔直接系在腰带之镂有扁穿孔的拱形銙上（图7－24）。何家村之九环带已附有三枚拱形銙。唐代五品以上武官有佩鈷䩔七事的制度，可是在图像中也很少见到[66]。初唐的《凌烟阁功臣像》和《步辇图》中的官员只佩香囊和鱼袋，韦洞墓石椁线雕人物还有在革带上佩刀子的（图7－25：1）。像韦端符所记李靖带上所佩的其他物品，图像中尚未发现过。

刀子是唐人在革带上经常佩戴之物。《隋唐嘉话》载："太宗……召（薛万彻）对握槊，赌所佩刀子。帝佯为不胜，解刀以佩之。"唐代的刀子即宋元所称"篦刀"（《武林旧事》卷七；《草木子》卷三下），日本正仓院尚藏有唐代刀子之精品多种（图7－25：2）。唐人佩香囊者更为常见，革带上系挂的蚕豆形小袋即是香囊。正仓院所藏香囊亦是此形（图7－26）。内蒙古哲里木盟奈曼旗青龙山辽·陈国公主墓中，公主的腰带上佩有镂花金香囊，虽非实用之品，却极其精致。此墓中驸马的腰带上除香囊外，还佩有玉柄银刀子和春季捺钵时用的玉柄刺鹅锥[67]。

至于带銙本身，它的质地有玉、金、犀、银、铜、铁诸种，但唐

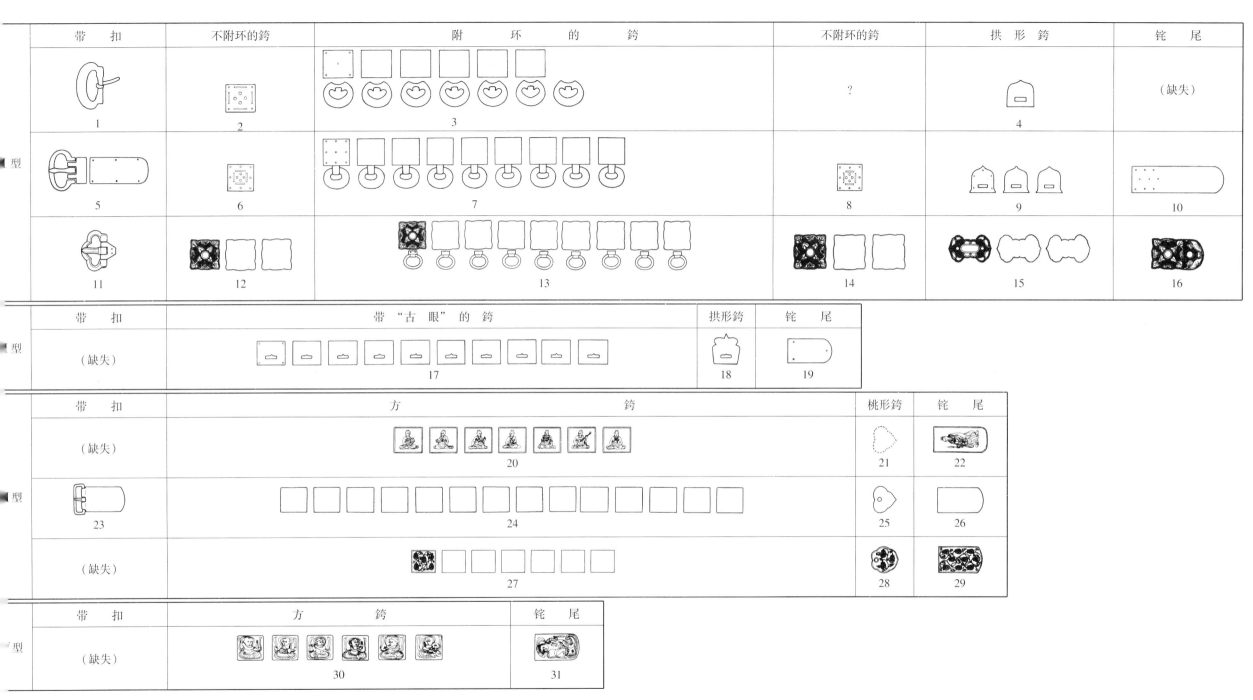

图 7－22　单带扣·单铊尾带具的几种类型

1～4. 西安隋·姬威墓出土　5～10. 西安何家村唐代窖藏出土　11～16. 吉林和龙八家子渤海墓出土。其"拱型銙"的外轮廓虽与以上两例有别，但当中有穿，作用相同

17～19. 内蒙古昭乌达盟翁牛特旗解放营子辽墓出土　20～22. 江西上饶宋·赵仲湮墓出土。其"桃形銙"简报中未刊出图像，故以虚线表示

23～26. 内蒙古哲里木盟奈曼旗青龙山辽陈国公主墓出土　27～29. 江苏吴县元·吕师孟墓出土　30、31. 日本大和文华馆藏唐代带具

图 7 - 23　系环带的人物

1. 莫高窟 281 室西壁隋代壁画　2. 山东益都北齐石刻线画

图 7 - 24　革带上的拱形铐

（唐懿德太子墓石椁线刻）

图 7 - 25　佩在革带上的刀子

1. 西安唐·韦泂墓石椁线刻画
中佩刀子的人物　2. 日本正仓院藏
唐沉香把鞘金银绘饰嵌珠玉刀子

图7－26　苏方罗香囊

（日本正仓院藏）

代最重视玉銙。玉銙以素面的居多，也有雕琢出各种图案的。其中有
走兽，如西安何家村出土的白玉銙雕狮子纹。也有飞禽，如李廓诗所
谓："玉雁排方带。"⑱浮雕人物的更为多见，辽宁辽阳曾出土雕有抱
瓶童子纹的带銙，日本奈良大和文华馆藏有雕出伎乐童子纹的带銙与
铊尾（图7－22：30、31）。腰带束结完毕，方銙皆位于背后，即张祜
诗所谓："红靸画衫缠腕出，碧排方骻背腰来。"⑲这样，带銙遂不会
被腰带穿过扣孔后的末端所覆盖。方銙如排列得稀疏，则称为"稀
方"；如排列得紧密，则称为"排方"⑳。也有将带銙琢成方、团二式
的，上述何家村出土物中有其实例。

　　腰带末端所装铊尾，又名挞尾、獭尾、插尾或鱼尾㉑。《新唐
书·车服志》说："腰带者，搢垂头于下，名曰铊尾，取顺下之义。"
似乎这一部分曾向上反插，即《谈苑》所说："古有革带，反插垂
头，……唐高祖诏令向下插垂头。"向上反插和向下顺插的例子在唐
画中都能见到（图7－27）；但初唐以后均向下插，所以铊尾的图案多
呈竖垂之形。铊尾由于受到注意，逐渐成为带具中的重要部件。宋·
王洙《王氏谈录》记一唐代金带，铭文就刻在铊尾上："龙朔某年，紫
宸殿宣赐郑畋。"前蜀·王建墓所出玉带具，也在铊尾上刻铭㉒。

　　自出土实物所见，隋唐时装单带扣·单铊尾的带具可以分成两大

图 7 – 27　倒插与顺插的铊尾

1. 莫高窟 194 窟唐代壁画中皇帝的侍从
2.《历代帝王图卷》中陈宣帝之侍从

类型。Ⅰ型带具在銙下附环，如上述姬威墓、何家村窖藏中所出者，主要流行于隋代和唐代前期。姬威墓玉銙所附之环，环孔略呈弧底凸字形，尚与晋式带具接近。日本白鹤美术馆所藏带具之銙环与永泰公主墓出土的一件相同，后者之制作年代的下限不能晚于神龙年间。何家村所出銙环的形制介于上述二者之间，应为唐代初年的制品。Ⅱ型带具不附环，却在方銙上穿孔。这种孔眼似即宋·王得臣《麈史》卷上所说："胯且留一眼，号曰古眼，古环象也。"此型带具不仅方銙上有古眼，拱形銙上也有。其流行时间约应自初唐至辽代前期。辽宁朝阳与山西平鲁出土的此型带銙，均应为唐代前期之物。解放营子辽墓出土物则为辽代前期者（图7-22：17、18）。

除单带扣·单铊尾带以外，唐代还有双带扣·双铊尾带。它最早出现在穿甲的武士身上。敦煌莫高窟154窟南壁中唐壁画毗沙门天王像，已在襟部用很短的双铊尾带连接。再晚一些，遂出现了系于腰部的双铊尾带。日本京都教王护国寺所藏唐代木雕毗沙门天像与敦煌石室所出绢本唐画毗沙门天及眷属像中的药叉均系此式带。穿常服者，如四川彭山后蜀广政十八年（955年）宋琳墓所出俑[73]，其带有双带扣，腹前那段革带的两端互相对称，但好像未装铊尾。在传顾闳中笔之《韩熙载夜宴图》中，就把双铊尾带画得很清楚了（图7-28）。在单带扣·单铊尾带上，因为带鞓有一部分要从带扣中穿过，所以不便在这段鞓上装銙，而只能将銙装在无须穿过带扣的腰后之鞓上。而双带扣·双铊尾带由于腹前与腰后的带鞓都是固定的，不存在穿扣孔的困难，也没有带銙被带子末端覆盖的问题，所以腹前也可以装銙。周鞓装銙的作法是伴随着双铊尾带出现的。起初双铊尾带为武职人员所使用。北宋以后，此式革带渐多。《金史·舆服志》谓革带"左右有双铊尾"，可见此式革带在金代已较通行了。

此外，还有一种双带扣·单铊尾带，如王建墓及江西遂川北宋·郭知章墓所出者[74]。此类带具只有一枚大铊尾，却有两枚带扣，复原后两侧不能对称。而且由于铊尾较宽，难以从其带扣中穿过，需用无铊尾的那一端先后穿过两个带扣以系结，并不方便。它出现在双带扣·双铊尾带之后，所以不能把它看作是自单带扣·单铊尾带向双带扣·双铊尾带过渡的中间环节，而只能被认为是一种不常见的变体罢了。

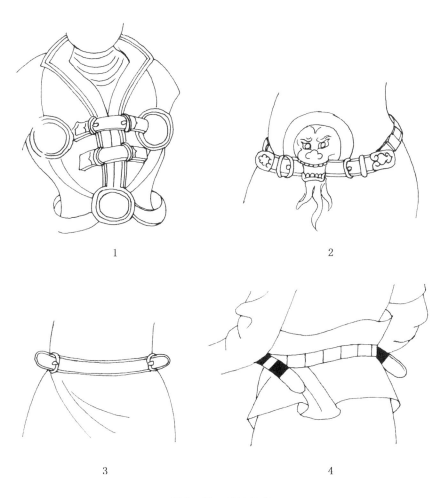

图 7 - 28　双铊尾带

1. 莫高窟154窟中唐壁画毗沙门天王　2. 日本教王护国寺藏唐木造毗沙门天王像
3. 四川彭山后蜀·宋琳墓出土陶俑　4.《韩熙载夜宴图》中之执扇者(1～3为身前,4为
背后)

宋、明的金、玉带

宋尚金带，这一点与唐有所不同。宋·王巩《甲申杂记·补阙》："太宗皇帝尝欲自宰臣至侍从官，等第赐带。且批旨曰：'犀近角，玉近石，惟金百炼不变，真宝也。'遂作笏头带以赐辅臣。"宋·欧阳修《归田录》卷二也说："初，太宗尝曰：'玉不离石，犀不离角，可贵者金也。'乃创为金銙之制，以赐群臣。"金銙上有各种花纹。宋·岳珂《愧郯录》卷一二说："金带有六种：毬路、御仙花、荔枝、师蛮、海捷、宝藏。"其中御仙花的图案大约与荔枝相近，所以欧阳修说："今俗谓……御仙花为荔枝。"[75]太平兴国七年（982年）李昉奏："荔枝带本是内出，以赐将相。在于庶僚，岂合僭服？望非恩赐者，官至三品乃得服之。"[76]束荔枝金带"世谓之'横金'"[77]，可见它在当时备受重视。这类带具在出土物和博物馆藏品中都有实例。江西遂川郭知章墓曾出整套的荔枝纹金带具，包括带扣二件、方銙九件、有穿孔的桃形銙一件、铊尾一件。江苏吴县元·吕师孟墓也出一套，包括方銙七件、有穿孔的桃形銙一件、铊尾一件[78]。此墓虽葬于元大德八年（1304年），但吕师孟仕宋至枢密副都承旨，所以他的带具纵非宋物，也仍应保存着宋制的规模。此外，宁夏银川西夏8号陵出土荔枝纹金铊尾一件[79]，美国波士顿美术馆藏有荔枝纹金銙一件（图7-29）。至于毬路纹，据《营造法式》所载图样，则相当于近代所称套钱纹[80]（图7-30）。

人物纹带銙这时仍然受到重视。宋代皇室珍藏的紫云楼带，其带銙饰以醉拂林纹："拂林人皆突起，长不及寸，眉目宛若生动，虽吴道子画所弗及。若其华纹，则有六、七级，层层为之。镂篆之精，其细微之象，殆入鬼神，而不可名。"[81]但唐代已有"紫拂林带"[82]，所

1

2

3

图 7 - 29 荔枝纹带具

1. 波士顿美术馆藏鎏金铜荔枝纹带銙
2. 江苏吴县元·吕师孟墓出土金荔枝纹带銙
3. 西夏 8 号陵出土金荔枝纹铊尾

图 7 - 30　宋代的毬路纹

（据《营造法式》）

图 7 - 31　狮蛮带

（铊尾部分,南京太平门外板仓村明墓出土）

以宋代带具上的某些人物纹或系沿袭唐制。其海捷纹不知所指。狮蛮纹则在孟元老《东京梦华录》卷八"重阳"条中提起过："又以粉作狮子、蛮王之状，置于糕上，谓之'狮蛮'。"饰有这种图案的带銙未见宋代之例，可是在元明时的戏曲和小说里，狮蛮带却成为武将披挂中的常见之物。如，《水浒传》第五四回说宋江"头顶茜红巾，腰系狮蛮带"；《三国演义》第五回说吕布"腰系勒甲玲珑狮蛮带"；《西游记》第六〇回说混世魔王"腰间束一条攒丝三股狮蛮带"。例子很多，不胜枚举。但实物直到1987年才在南京太平门外板仓村87BCCM1号明墓中出土，为二十块琥珀带具，皆呈紫红色。方形带板饰人物牵狮子，地子上散缀金锭、珊瑚、彩球、宝珠等。其人物或跣足魋髻，或戴虚顶尖帽，多袒露一肩，似表明他们来自远方。狮子与人物互相顾盼，构图饱满匀称[83]（图7-31）。这套带具虽为明代物，但应与宋之狮蛮相去不远。

至于铊尾，虽在唐代已受重视，但其长度反而比南北朝时缩短。至宋代，它又开始加长。《麈史》卷上说："挞尾始甚短，后稍长，浸有垂至膝者。今（政和时）则参用，出于人之所好而已。"不过应该说明的是，在宋代，单铊尾带还有相当数量，双铊尾带尚未居绝对优势。

宋代推重金带，所以玉带不常见，但等级却很高。这时皇帝用排方玉带，亲贵勋旧如受赐玉带，则将銙琢成方、团两形。宋·叶梦得《石林燕语》卷七："国朝亲王皆服金带。元丰中官制行，上欲宠嘉、岐二王，乃诏赐方团玉带，着为朝仪。先是，乘舆玉带皆排方，故以方团别之。"神宗赐二王玉带事，又见宋·王明清《挥麈录·前录》卷一、《宋史》卷一五三及河南巩县孝义镇宋·赵頵（即嘉王）墓志[84]，可见此项赏赉之非同寻常。但这时的歌舞伎乐人却也有在便服上系排方玉带的[85]；封建时代中，若干物质文化现象常常并不像制度规定的那么整齐划一。因此宋墓偶或也出玉带具。江西上饶南宋建炎四年（1130年）墓所出人物纹玉带具共九件，包括方銙七件、有孔的桃形銙一件、铊尾一件[86]（图7－22：20～22）；除未见带扣外，和吕师孟墓所出荔枝纹金带具中的种类相同。安徽安庆棋盘山元大德五年（1301年）墓所出玉带具，包括方銙八件和有孔的桃形銙一件[87]。在博物馆藏品中也见过多件方銙和一件有孔的桃形銙相组合的，应是当时的通例。这时的方銙上不穿孔（即古眼），可见这时已不在方銙下系物。《麈史》说："至和、皇祐间为方銙无古眼。"则其消失的时间在北宋前期。另外，当时还将有孔的桃形銙横装在带鞓上，和唐代将尖拱形銙作竖向装置的方式有别。辽开泰七年（1018年）陈国公主墓中的带具，正处在古眼消失的前夕，故式样繁多。而且因为是特制的随葬品，用银片作带鞓，所以给桃形銙的装置方式保留下了清楚的例证[88]。大致说来，当革带下垂多条鞢韄、杂佩诸物之制盛行的时候，銙的装法并不统一。如内蒙古赤峰大营子辽驸马赠卫国王墓出土的革带，带鞓还保存着一部分，其上之桃形、有古眼和无古眼的方形金銙错综相间，似无固定的序列[89]。而当古眼消失以后，则多枚方銙与一枚横装的桃形銙之组合逐渐固定。因此可将这种组合作为单带扣・单铊尾带具之第Ⅲ型（图7－22：23～29）。至于只装无孔方銙之带具则可列为其第Ⅳ型（图7－22：30、31）。但它的出现并不一定晚于Ⅱ型和Ⅲ型，因为早在唐代已有Ⅳ型带具的标本，它应是自唐代中期以来一直存在的一种简化的形式。

宋代在金、玉带之外，还特别重视通犀带。犀角本为棕褐或黑褐色，其中有一缕浅色斑纹贯通上下的名通犀，用它制作的带具在唐代已经很名贵[90]。但宋代的通犀带銙尤其注意这种浅斑所形成的自然花纹。宋・何薳《春渚纪闻》记一通犀銙中有形如"翔龙"；宋・袁褧《枫牕小牍》所记有"龙擎一盖"；宋・岳珂《桯史》所记有"寿星扶杖"；金・元好问《续夷坚志》所记则有"鹿衔花"。这样的带銙计价钜万，十分罕见，当时我国南北方的统治者均着意搜求。《挥麈前录》记韩似夫使金，"见金主所系犀带倒透，中正透如圆镜状，光彩绚目"。使得宋使也认为是稀有之珍物了。

革带一般只在腰间束一条，是为常制。但宋、元时有在身前束腰之带上再加一带者，上面之带名看带或义带，下面的仍称束带。宋·孟元老《东京梦华录》卷六记皇帝亲从官的装束有"看带、束带"；同书卷七记百戏演员也"系锦绣围肚看带"。宋·陈长方《步里客谈》卷下说："承平时，茶酒班殿侍系四五重颜色裹肚。……今不复系如许裹肚，但有义带数条耳。"成都宋·张确墓出土的陶俑就有在束带上再加看带者[91]（图7-32）。

又唐、宋品官公服所系单铊尾带，皆将方銙施于背后，胸前裸露带鞓。《宋史·王旦传》说："有货玉带者，弟以为佳，呈旦。旦命系之，曰：'还见佳否？'弟曰：'系之安得自见？'旦曰：'自负重而使观者称好，无乃劳乎！'"可证。但这时的双铊尾带却在腰前遍装带銙。北宗仁宗皇后像中的宫女、河北宣化辽墓壁画中的乐工所系之带均如此[92]。至金代，这种装銙方式已形成制度。《金史·舆服志》说："銙，周鞓，小者置于前，大者施于后。"金人重视玉带，记载中明确说他们的带"玉为上"。金代女真贵族继承辽代四时捺钵的习俗，春蒐秋狝，所以在其玉带具上曾有"春水、秋山之饰"[93]。春水的图案内容是春蒐时纵鹘攫天鹅，秋山的内容是秋狝时在山林中射熊及鹿。近年已经识别出传世文物中的鹘攫天鹅纹玉铊尾有金代之物，为鉴定金代的带具找到了一项标准。

明代也重视玉带，"蟒袍玉带"是这时显赫的装束。玉带具成为当时的宝货，在大官僚聚敛的财物中，玉带是重要的一宗，籍没朱宁时，清点出的玉带竟达二千五百条[94]。建国后，经科学发掘的明墓为数不少，墓主的身份从平民、高官、亲王直到皇帝，因而出土了一大

华夏衣冠

图 7-32　宋代的看带

（成都宋·张确墓出土陶俑）

批玉带具，式样繁多。南京洪武四年（1371年）汪兴祖墓出土的金镶玉高浮雕云龙纹带具，琢制精巧，与《水浒全传》第八〇回所描写的"衬金叶、玉玲珑、双獭尾"玉带颇接近。江西南城崇祯七年（1634年）朱由木墓出土的镂空透雕玉銙，应属于玲珑玉带一类。明·刘若愚《明宫史》水集说宫内所用玉带："冬则光素，夏则玲珑。"其所以如此，或即从玲珑带透空通气这一点上着眼。再者，玉带还有宽窄的区别。宋代的玉带以"稻"作为宽度的单位，如陆游《老学庵笔记》卷七说："王荆公所赐玉带，阔十四稻，号玉抱肚。"但其具体度量方法不详。辽宁鞍山倪家台明代崔氏墓地出土的带銙，宽6.3、5.3、3.1厘米不等，最宽的一种与江西南城明·朱翊钧墓所出宽6厘米的玉銙相近[65]。明代称玉带之阔者为"四指"带[66]，四指正合6厘米许。江苏泰州明·徐蕃夫妇墓出土的腰带，男带宽6厘米，女带宽5厘米[67]。一般说来，女带较窄。《天水冰山录》中并将"女带"特地标出，有"阔女带"、"中阔女带"、"窄女带"和"极窄女带"。不过在出土的带銙中，哪些属女带，还当结合花纹等情况作具体分析。这时双铊尾带已成为通用的服制，往往在铊尾的正背两面铸出同式花纹。上述鞍山崔氏墓出土的铜铊尾且有和带扣铸成一体的，表明这时的铊尾已与腰后那段革带相脱离，变成全无实用意义的附属品了。定陵出土的玉带也不在两铊尾处系结。其腰前之带鞓分成两截，于三台之居中的大带銙背面装插销座，而于此銙右侧之较窄的带銙背面、即另一截带鞓之前端装舌形簧；系带时将簧插入座内卡住便可[68]（图7-33）。

南北朝时革带带鞓的颜色似尚无定制，北齐·娄睿墓壁画中的人物杂用红、黑鞓。唐代冕服上的带鞓为白色，常服上的带鞓多为黑色。宋·庞元英《文昌杂录》卷五说："唐朝帝王带虽犀、玉，然皆黑鞓，五代始有红鞓。潞州明皇画像，黑鞓也，其大臣亦然。……不知红鞓起何时也。"莫高窟130窟盛唐壁画中晋昌郡太守乐廷瓖的带

中国古代的带具

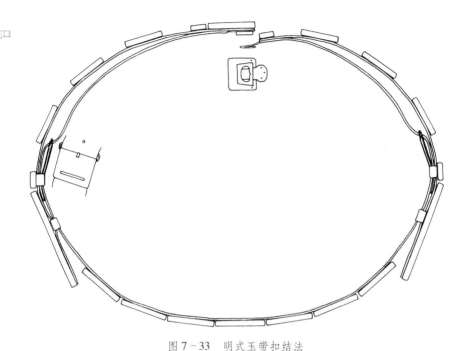

图 7 – 33　明式玉带扣结法

（明定陵出土玉带，在"三合"处用卡具括结，两铊尾前的带扣只用于调节腰带的长度）

为黑鞓，可证庞说。但李贺诗已有"玉刻麒麟腰带红"之句[99]，莫高窟20、156窟晚唐壁画中的供养人亦用红鞓，可见唐代中、晚期常服用红鞓的渐多。宋代则规定四品以上和四品以下但已赐紫、绯的官员可用红鞓[100]。至明代，臣僚之带又不许用红鞓。《明史·耿炳文传》："燕王称帝之明年，刑部尚书郑赐……劾炳文衣服器皿有龙凤饰，玉带用红鞓，僭妄不道。炳文惧，自杀。"是其例。所以明人画像中的带鞓多为黑色或深蓝色。不过，自宋代以降，带鞓也有全以布帛制作、未垫革胎的，但其规格和革带一脉相承，所以本文也就一并加以叙述了。

明代皇帝的玉带除双铊尾外，有装銙二十二枚的。臣僚的玉带装銙十八枚，连同铊尾共二十枚。明·方以智《通雅》卷三七"鞶带"

条说:"今时革带,前合口曰三台,左右各排三圆桃。排方左右曰鱼尾,有辅弼二小方。后七枚,前大小十三枚。"据朝鲜学者于元代撰写、明初增补的汉语会话读本《朴通事》所记,三台又称"三台板儿";左右三圆桃合称"南斗六星板儿";辅弼二小方称"左辅、右弼板儿";腰后的七枚排方称"北斗七星板儿"[㉚]。清初叶梦珠《阅世篇》也说,明代"腰带用革为质,外裹青绫,上缀犀玉花青金银不等。正面方片一,两傍有小辅二条,左右又各列三圆片,此带之前面也。向后各有插尾,见于袖后。后面连缀七方片以足之。带宽而圆,束不着腰;圆领两胁各有细钮贯带于巾而悬之,取其严正整饬而已"。出土的明代整套带具亦多为此制。但装上十八枚銙以后,带子已相当长,官员们的腰腹往往不称此带围,所以不仅不严整,反而松垮地拖在腰间(图7-34)。原本为束腰之用的革带,这时已然变成

图7-34 明·沈度像

累赘的装饰品。清代将革带紧系在补褂之内，虽然带上也有方圆四枚带板，但入朝时一般不外露，所以此物在人们心目中的重要性也就有所降低了。

元、明的绦带和绦环

在金、玉带日益制度化的过程中，它逐渐退出日常生活，成为官服的一部分。明人所绘《南都繁会图》里的店招上乃径称之为"官带"。从而在官员燕居时，或者在根本不穿官服的人们那里，遂系绦带。明代《脉望馆古今杂剧》的"穿关"中，官员多为"补子圆领，带"，平民则是"茶褐直身，绦儿"。这种情况在南宋时已不罕见，吴自牧《梦粱录》卷一三记叙杭州市肆名家，在沙皮巷就有陈家绦结铺，即绦带的专卖店。系绦带时固然可以将两端直接缚结，但也可以装上带钩勾括起来。绦带上的带钩称绦钩，其环称绦环。南宋的绦环已出现精美之品，《西湖老人繁胜录》"七宝社"条所记有"玉绦环"。《元史·伯颜传》说："伯颜之取宋而还也，诏百官郊迎以劳之。平章阿合马先百官半舍道谒，伯颜解所服玉钩绦遗之。且曰：'宋宝玉固多，吾实无所取，勿以此为薄也。'"伯颜从南宋获取之玉钩绦应即一套玉绦钩和绦环，惟南宋的实例未见，此物到元代才多起来。《元史·舆服志》中虽有皇帝戴衮冕、高官戴貂蝉笼冠等记载，仿佛这时宫廷中仍袭用前朝旧制，实际上并非如此。试看元代所绘皇帝御容，完全是一派蒙古风貌，如果让一位剃"婆焦"、垂"不狼儿"的皇帝戴上冕旒，则未免滑稽。故上述《舆服志》的记载，大概与现实尚有一定距离。对民间而言，元代虽不禁汉人、南人穿汉装，但包括中原地区在内的城市居民之衣着实受到蒙古服式的强烈影响。这时男子多"顶笠穿靴"，外衣一般由贴里、比甲、搭护等组成；于是绦带更大行其时。元曲《包待制陈州粜米》中妓女王粉莲不认得包拯，要请他看大门，对他说："好老儿，你跟我家去，我打扮你起来，与你做一领硬挣挣的上盖，再与你做一顶新帽儿，一条茶褐绦儿。"正是当时老年人的打扮。其中提到的茶褐绦儿，在朝鲜的另一种汉语读本《老乞大》中也曾出现，那里所列朝鲜商人买进的货物中就有"茶褐栾带一百条"，可见它是一宗日常用品。山西大同元·冯道真墓出土了一条丝绦带，其上装铜钩和玉环，铜钩长5厘米，而玉环长11.2厘米，环比钩要大，也比钩更眩眼[102]。绦带之钩有做得很讲究的。甘肃漳县元·汪世显家族墓中所出丝绦带上装玉绦钩[103]。江苏无锡元·钱裕墓也出玉绦钩，长7.4厘米，且在琵琶形的钩体上镂出高浮雕的荷叶莲花纹。其环呈椭圆形，长8.3厘米，比钩稍大，环上镂空透雕海东青攫天鹅纹[104]。出土时二者已经分离，经无锡市博物馆徐琳组合复原[105]（图7-35）。北京故宫博物院也藏有此式元代玉绦环，也在绦钩上饰以高浮雕的花纹[106]。后来，匠师遂打破常规，不再拘泥于一钩一环的格式，而将钩、环改成对称的部件，当中互相套接之处也设计成适合的图形，括结装置隐于背后，正面的造型浑然一体，使之从环和钩的模式中解脱出来，却统称为绦环。这是元代工艺美术的

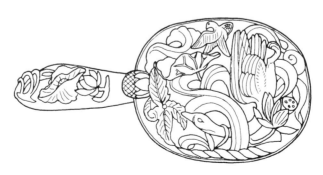

图7-35　元·钱裕墓出土玉绦环

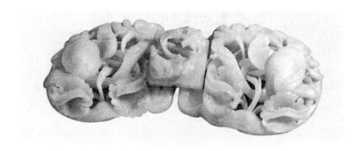

图 7 - 36　元代的玉绦环

新创造，北京故宫亦藏有其实例（图 7 - 36）。

　　元代绦环除以玉琢制者外，还有其他各类珍品，表明系服者已不尽是平民。《老乞大》中说一富家子弟注重穿着："系腰也按四季：春里系金绦环；夏里系玉钩子，最低的是菜玉，最高的是羊脂玉；秋里系减金钩子，寻常的不用，都是玲珑花样的；冬里系金厢宝石闹装，又系有棕眼的乌犀系腰。"玉制的且不说，金的和鎏金的绦环当时也不在少数；《元史·舆服志》说宫廷之仪卫等员都用鎏金绦环。而在这里面，特别值得注意的是"金厢宝石闹装"的绦环。《老乞大》的"集览"中说闹装是"用金石杂宝装成为带者"。元以前，我国所产宝石的品种不多。元代自域外输入多种宝石。元·陶宗仪《南村辍耕录》卷七"回回石头"条记载颇详，他举出的外来宝石，有红色的刺子（红宝石），绿色的助木刺（祖母绿），各色鸦鹘（电气石）及含活光的猫睛等。在我国使用宝石的历史上，可以毫不夸张地说，元代进入了一个空前繁荣的新阶段。这时在举行只孙宴的场合，如元·柯九思《宫词》中说："千官一色真珠袄，宝带攒装稳称腰。"元·周伯琦《近光集》卷一也说，与会者"服所赐只孙珠翠金宝衣冠腰带"。马可·波罗则说，参加只孙宴的官员，穿的"衣服皆出汗赐，上缀珍珠宝石甚多"。这些衣饰中很可能包括闹装绦环，可惜至今尚未发现元代的实物。

直到明代，在定陵出土的文物中才见到真正的闹装绦环。这里共出此类绦环十四件，其中编号 W76 的那一件还连接在绦带上。带为丝编，棕色，双层，一端有穗，另一端已残，它和《陈州粜米》中提到的"茶褐绦儿"或有近似之处。发掘报告将这里的绦环皆称为"镶珠宝金带饰"，其实与《天水冰山录》所载绦环之名称相较，有的几乎若合符契。比如定陵之 W182 号"云头形金带饰"，正面中心嵌白玉团龙，两端嵌红、蓝宝石和珍珠，背面累花丝（图 7－37）；审其形制，岂不正和《天水冰山录》所记之"金厢玉云龙累丝绦环"极近吗？再如 W181 号"三菱形金带饰"（图7－38）；其所称三菱形按传统的叫法应为"叠方胜"，则又和《天水冰山录》之"金厢玉叠方胜宝石绦环"极近。W185 号呈心字形，正面嵌猫睛石与红、蓝、绿、白色的宝石及珍珠（图 7－39）；又和所记"金厢猫睛心字祖母绿珠绦环"极近。就连造型并不奇特的 W37 号"长条形金带饰"，在《天水冰山录》中也能找到一个更适合它的"金厢摺丝珠宝长样绦环"的名字。有了《天水冰山录》的记载，它们的名称和用途遂均得以确认[⑩]。不过这些绦环已不再由几部分组成，它们都是一个整体，只在背面设两个钮或两个穿，用来和套在绦带的卡子相括结，以控制腰带的长短。它们的工艺水平诚如发掘报告所作评价："全为花丝镶嵌，做工极细，造型多样，构图新颖；同一类型之中，又富于变化。底托多做成双层，更显凝重；其上镶嵌珍珠宝石，五光十色，富丽多彩，璀璨闪光，实为瑰宝。"在明代宫廷绘画《宣宗行乐图》和《宪宗元宵行乐图》中，大批太监均系装绦环的绦带，其中有的还可能就是闹装绦环。在一幅《宪宗调禽图》中，成化皇帝和一名小太监的绦带上系闹装绦环，另一名太监腰间为白玉绦环（图 7－40）。

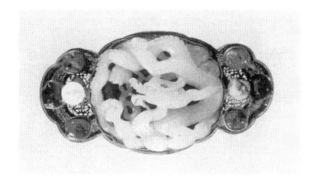

图 7 - 37 定陵出土龙纹闹装绦环

图 7 - 38 定陵出土叠方胜纹闹装绦环

图 7 - 39 定陵出土心字纹闹装绦环

绦环在清代依然行世，可是由于服制的变化，它的使用范围较前缩小，闹装绦环已不多见。故宫所藏《情殷鉴古图》中的道光皇帝，身穿蓝色便服，腰系黄色绦带，装白玉绦环，形制上未见创新之处，只不过更长、花纹更复杂而已（图7－41）。南宋时出现的绦环至此乃接近尾声，更晚的实例颇罕；既便有，也多为仿品，仅供玩赏，意义就又自不同了。

图7－40　明《宪宗调禽图》

图7－41　清《情殷鉴古图》

霞帔坠子

　　唐代妇女在裙衫之外着帔，帔也叫帔帛或帔子，它好像是一条很长的大围巾，但质地轻薄柔曼，从颈肩上搭下，萦绕披拂，颇富美感，故成为唐代女装重要的组成部分。及至宋代，妇女日常已不着帔。但正像若干前一时代的常服在后一时代变作礼服一样，帔帛在宋代妇女的礼服中却以霞帔的名称出现，成为一宗隆重的装饰品。这时它平展地垂于胸腹之前，与唐代帔帛之随意裹曳的着法大不相同。这和绶的演变过程有点类似。本来在汉代，绶是系印的组带，累累若若，系法并无定制，有时甚至将它塞在腰间盛绶的鞶囊里。然而到了宋代，绶却变得像一幅蔽膝，也平平展展地垂在腹前了。

　　霞帔一词初见于唐。白居易《长庆集·霓裳羽衣歌和微之》中有"虹裳霞帔步摇冠"之句，但这只是说舞女的帔子色艳若霞，和作为专门名称的宋代霞帔不同。服装史中有些名字世代因袭，容易混淆。比如帔帛或简称为"帔"，但这要和隋唐以前的"帔"区别开。《方言》卷四说："裙，陈魏之间谓之帔。"所以颜师古在《急就篇》的注中也说："裙即裳也，一名帔。"它与帔帛显然毫无关系。《释名·释衣服》则说："帔，披也；披之肩背，不及下也。"此处之"帔"却又不是裙裳，而指一种较短的上装了。《南史·任昉传》说其子任西华是一位不怕冷的怪人，"冬月着葛帔练裙"，传中将"帔"与"裙"对举，可见他的"帔"也是《释名》里说的那一种。本文所讨论的霞帔，上限不超过北宋，故与唐代之前的帔以及唐代的帔子等物均不相涉。

为了使霞帔平展地下垂，遂于其底部系以帔坠。宋墓中出土者为数不少。就已知的实例而言，以南京幕府山北宋墓所出金帔坠为最早。这件帔坠高8.5、宽5.7厘米，外轮廓呈心形，透雕凤凰牡丹纹（图8-1）。晚出的帔坠在外形和尺寸上与之大体相仿。如，上海宝山月浦南宋宝庆二年（1226年）谭氏墓出土的银鎏金鸳鸯纹帔坠；福

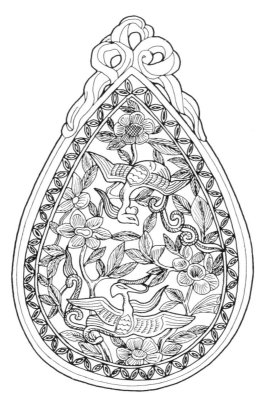

图8-1　北宋帔坠

（南京幕府山出土）

建福州浮仓山南宋淳祐三年（1243 年）黄昇墓出土的银卷草纹帔坠
（图 8-2：1）；浙江湖州龙溪三天门南宋墓出土的金卷草纹帔坠
（图 8-2：2）；江苏武进蒋塘 5 号南宋墓（此墓的年代不早于 1237
年，不晚于 1260 年）出土的三件鎏金银帔坠；江西德安桃源山南宋咸
淳十年（1274 年）周氏墓出土的两件鎏金银帔坠，一件透雕绣球朵带
纹，上方有"转官"二字，另一件透雕竹叶纹，上方有一"寿"字；
它们的轮廓均呈心形，高约 6～8 厘米。此外，1993 年在上海举办的
中国文物精华展中，展出了安徽宣城西郊窑场宋墓出土的一件双龙纹
金帔坠，高 7.8 厘米；其龙纹的造型甚为别致，每条龙各有三翼，尾
部上扬，变成图案化的卷草纹，为前所未见①（图 8-2：3）。审其形
制，亦应为南宋时物。南宋的金帔坠不多，除此例之外，只在福州黄
昇墓还出过一件圆形的凤纹金坠。

　　虽然北宋时已有帔坠的实例，但至南宋时此物才比较常见。《宋
史·舆服志》也是在写"中兴"以后的南宋"后妃之服"时才提到坠
子。不过，南宋后妃用的不是金帔坠而是玉帔坠。《宋史·舆服志》
说："后妃大袖，生色领，长裙，霞帔，玉坠子。"过去在玉器中从未
鉴定出此类帔坠来，今以上述金银坠子为据，通过比较，可以初步
判定故宫旧藏的一件双凤纹玉饰应即南宋后妃所用玉坠子（图 8-3：
1）。此器著录于《中国美术全集·玉器卷》，书中定为唐物，似有可
商。应当注意的是，在南宋时，霞帔坠子还没有形成严格的制度，其
纹饰式样纷繁，民间也广泛使用。吴自牧《梦粱录》卷二〇说，这时
杭州嫁娶时所送聘礼，"富贵之家当备三金送之，则金钏、金镯、金
帔坠者是也。若铺席宅舍或无金器，以银镀代之。否则贫富不同，亦
从其便"。

　　元代的帔坠在苏州虎丘吕师孟墓、安徽六安花石嘴元墓及长沙延
祐五年（1318 年）墓中均曾出土。前两例饰一对鸳鸯，后一例饰双龙

1

2

3

图 8 - 2　南宋帔坠

1. 福建福州黄昇墓出土
2. 浙江湖州三天门南宋墓出土
3. 安徽宣城西郊窑场南宋墓出土

霞
帔
坠
子

图8-3 宋代的玉帔坠

1. 北京故宫博物院藏 2. 浙江新昌南宋墓出土

戏珠图案，都是成对的禽兽图案，式样大体沿袭宋代之旧，而与明式帔坠的纹饰有别[②]（图8-4）。

明代的帔坠又称"坠头"，在南京板仓村明初墓、北京南苑苇子坑夏儒墓、江西南城嘉靖十八年（1539年）朱祐槟墓、上海浦东嘉靖二十三年（1544年）陆氏墓、甘肃兰州上西园正德五年（1510年）彭泽墓及安徽歙县黄山仪表厂明墓中均曾出土[③]。一般高9厘米左右。这时的帔坠有的附有挂钩，佩戴时更为方便。根据黄山仪表厂明墓出土帔坠上的刻文，当时将这种挂钩称作"钓圈"。《明史·舆服志》说，明代一品至五品命妇的霞帔上缀金帔坠，六品、七品缀镀金帔坠，八品、九品缀银帔坠。洪武二十四年规定：公侯及一品二品命妇的霞帔绣翟纹，三品四品绣孔雀纹，五品绣鸳鸯纹，六品七品绣练鹊纹。"坠子中钑花禽一，四面云霞文，禽如霞帔，随品级用"。则明

图8-4　元代帔坠

(苏州虎丘吕师孟墓出土)

代帔坠的纹饰中只有一只禽鸟；凡雕出对禽纹或非禽鸟纹的帔坠，倘非皇室所用，则时代均应早于明。而且还可以根据明代帔坠所饰禽鸟的品种，推测其主人的身份。如南京板仓村明墓出土的翟纹帔坠（图8-5：1），佩戴者应为公侯夫人或一、二品命妇；而黄山仪表厂明墓出土的练鹊纹帔坠（图8-5：2），则是作为六、七品官员母、妻之安人、孺人等所佩戴的了。

霞帔坠子

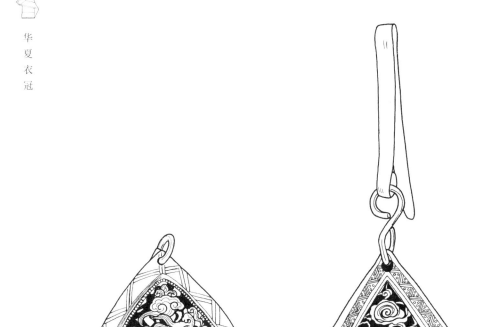

图 8-5 明代服制中规定的帔坠

1. 翟纹帔坠（江苏南京板仓村明墓出土）
2. 练鹊纹帔坠（安徽歙县黄山仪表厂明墓出土）

在若干考古报告中，常将帔坠称为香囊、银熏或佩饰，有时发表的图片或将心形帔坠的尖端向下倒置，可见对帔坠还存在着不少误解。此物为系在霞帔上的帔坠是有确切证据的，福州黄昇墓的金帔坠出土时尚缝在褐色绣花霞帔底端，德安周氏墓的银帔坠出土时也缝在素罗霞帔底端（图8-6）。再如《历代帝后像》中的宋宣祖后像、《岐阳王世家文物图集》中的明·朱佛女画像，也都在所佩霞帔底端系有坠子（图8-7）。但它们多是正面像，看来仿佛霞帔从颈后绕过双肩便下垂于身前。而根据明《中东宫冠服》所绘施凤纹霞帔之大衫

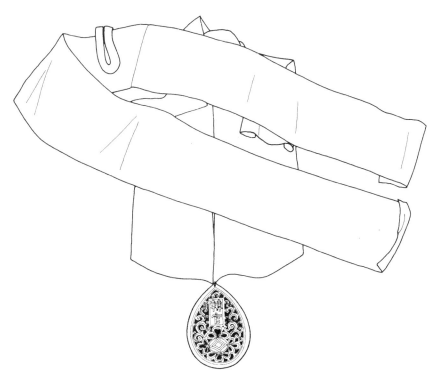

图8-6　出土时仍系在霞帔上的帔坠

（江西德安南宋·周氏墓出土）

霞
帔
坠
子

图8-7 明·朱佛女像

的正、背面图，可知霞帔乃是两截，分别从大衫背后下摆底部开始向上延伸（图8-8），与唐代帔子的形制已大不相同。

已发现之等级最高的霞帔坠子出土于定陵，在其第2号和第14号器物箱内，各出分成两截的霞帔一副、金帔坠一件。坠体的轮廓亦呈心形，高9.4厘米。其与各地出土的明代帔坠相近，惟两面膨起较高，且不饰禽鸟，而是二龙戏珠纹。此坠之顶部还有四片托叶，拢合成蒂形，其上装金钩。与朱祐槟墓及黄山仪表厂明墓之帔坠上的金钩不同的是，此钩的钩首特别长，有如一根扦子，当中还装凸榫；此扦穿过霞帔底部的扣环后，可以将榫卡在坠子背面的凹槽中，如此则不易脱下（图8-9）。该帔坠不仅设计周密，而且镶嵌宝石和珍珠，堪称精美的宫廷文物。但发掘报告称之为"镶珠宝桃形香薰"，还将挂钩视为"手柄"，说它："既可以拿在手中，又可以插在腰带上随身携带。"④ 与实际情况就大相径庭了。

以上列举之明代帔坠，大多数是合乎制度的。定陵所出者不必说；彭泽墓出土的坠子上刻有"银造局，正德五年八月，内造"字样，亦足为证。不过官僚富户也可以自造帔坠。这在南宋已有先例，《梦粱录》言之凿凿；德安周氏墓所出带"转官"字样的帔坠，肯定不是官方规定的式样。浙江新昌南宋墓出土的一件玉帔坠，镂出鸳鸯穿花和一个"心"字⑤（图8-3：2），不禁令人忆起《小山词》"记得小蘋初见，两重心字罗衣"之句，"心字"宁有深意耶？纱罗上饰心字纹而已。但穿起两袭饰心字纹之罗衣，用心亦良苦。虽然定陵出土的绦环和耳坠都有饰以"心"字的，可是这种情思缱绻的纹样，应不会被纳入正规舆服序列之中。再如上海打浦桥明代御医顾定芳夫妇墓女棺中所出帔坠，有心形的，还有正六边形与长六边形组合而成的，均在鎏金镂花嵌宝石的银边框中镶透雕玉饰⑥（图8-10）。松江富庶，手工业发达，其制作之精巧自不待言，然而却难以将它视为明代

1

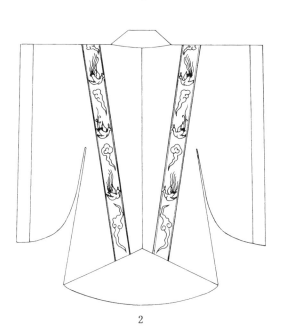

2

图8-8　明刊《中东宫冠服》中霞帔与帔坠的佩戴方式

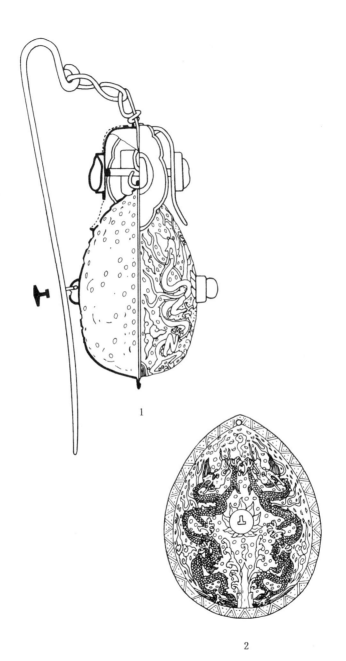

1

2

图 8-9　明代皇后用金帔坠

（北京昌平定陵出土）

霞帔坠子

221

图 8 – 10　明代民间自制的帔坠

（上海打浦桥明墓出土）

帔坠之常制。

　　清代因服制的变化，出土物中已不见帔坠。这时虽尚存霞帔之名，但所谓霞帔已变成一件带方补子、下沿缝满穗子的绣花坎肩（图 8 – 11）；它的底部自然无须再系挂帔坠了。

图 8-11　清代霞帔

霞帔坠子

明代的束发冠、鬏髻与头面

冠在先秦、西汉时本为"卷持发"之具，它是一件礼仪性的、固定在髻上的发罩，形体不大，侧面透空，与后世戴的帽子在尺寸和功能上均异其趣。及至东汉，由于衬在冠下的帻和冠结合成一整体，冠遂变大，将头顶完全遮住；尽管式样有别，但在许多方面已与帽渐次趋同。不过南北朝时，士人往往单独戴平上帻。这种帻亦名平巾，即隋唐时所谓平巾帻，它的形体也比较小，《宋书·五行志》遂称之为"小冠"（图3-10：5）。虽就渊源而言，平巾帻与冠分属不同的系统；但它也是固定在髻上的发罩，并不具有帽子的功能，笼统地叫作小冠未尝不可。然而由于唐代在常服中戴幞头，平巾帻只用于着法服的场合，一般情况下不戴。所以到了晚唐五代，日常生活中戴平巾帻的人已经很少了。但从另一个角度讲，上述过程又说明我国男子戴小冠历时悠久，长期沿袭成风。因此后世的束发冠，可以认为就是在这一传统的影响下产生的。

束发冠出现于五代，它也是束在髻上的发罩，曾被称为矮冠或小冠。宋·陶谷《清异录》卷三说："士人暑天不欲露髻，则顶矮冠。清泰间（后唐年号，934～936年），都下星货铺卖一冠子，银为之，五朵平云作三层安置，计止是梁朝物。匠者遂仿造小样求售。"后梁时出现的这类小冠，至宋代更为流行。宋·赵彦卫《云麓漫钞》卷四：

"高宗即位，隆裕送小冠，曰：'此祖宗闲居之服也。'盖国朝冠而不巾，燕居虽披袄亦帽，否则小冠。"陆游诗："室无长物惟空榻，头不加巾但小冠。"所咏正是此物。但陆游诗又曾说："久抛朝帻懒重弹，华发萧然二寸冠。"①其所谓"二寸冠"也指小冠，却用了汉代杜钦的典故。《汉书·杜钦传》："钦字子夏，少好经书，……为小冠，高广才二寸。由是京师更谓钦为小冠杜子夏。"杜钦之冠固应为西汉式样，不过有意做得特别小而已，应与宋代小冠的形制不同。为避免和杜钦之小冠以及作为平巾帻之别名的小冠相混淆，本文将宋以后的小冠统称"束发冠"。苏辙《椰冠》诗云："垂空旋取海棕子，束发装成老法师。"②可见此名称在宋代已呼之欲出。到了明代，"束发冠"在文献中就比较常见了。

　　宋代的束发冠可以单独戴，如宋画《折槛图》中的汉成帝、《听琴图》中的抚琴者，均只戴束发冠（图9-1）。它也可以戴在巾帽之内。一幅宋代人物画，于坐在榻上的文士巾下，清楚地透露出里面戴的莲花形束发冠（图9-2）；而形制基本相同的宋代白玉莲花冠曾在江苏吴县金山天平出土③（图9-3），说明图中人物的形象是写实的。可是到了明代，束发冠的地位变得很特殊。按照制度：明代入流的官员朝服戴梁冠，公服戴展角幞头，常服戴乌纱帽；士子、庶人戴四方平定巾；农夫戴斗笠、蒲笠④。虽然后来头巾的式样繁多，但束发冠仍是逸出礼数之外的。明·刘若愚《明宫史〔水集〕·束发冠条》说："其制如戏子所戴者。"径谓此冠如戏装；无论如何不能算是恭维的话。实际上除了道士、庙里塑的神像、戏台上的若干角色外，明代极少有人会在公众场合中把自己打扮成这般模样。上文所述吴县金山出土的那类冠，这时已成为神仙仪饰的特征。如明·赵琦美《脉望馆抄校本古今杂剧·马丹阳三度任风子》中之"东华仙"，戴的就是"如意莲花冠"。所以像《红楼梦》第三回，贾宝玉一出场就"戴

1

2

图 9-1　宋画中戴束发冠的人物

1.《折槛图》　2.《听琴图》

图 9-2　在头巾下戴莲花冠的宋代人物

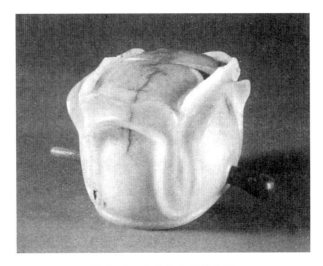

图 9 - 3　宋代的白玉莲花冠

着束发嵌宝紫金冠",一副吉祥画中"麒麟送子"的派头,正是作者"将真事隐去",把人物和清代的现实拉开距离的笔法。诚如邓云乡先生所说,这是"戏台上最漂亮的戏装,不很像《凤仪亭》中戏貂蝉的吕布吗"?其见解十分深刻,殆不可易⑤。因为莫说曹雪芹之时,就是明代的男子也只能把束发冠掩在巾帽之下,所沿袭的仍是宋代在巾下戴小冠的那种作风,不这样戴就显得很不随俗。在图像资料中,虽然巾下的束发冠不易表现,但如四川平武报恩寺万佛阁明代壁画、山西右玉宝宁寺明代水陆画,乃至万历刻本《御世仁风》的版画中,都能看到这样的例子,其中有些还画得十分具体⑥(图 9 - 4)。故当时戴束发冠要达到的效果是:半彰半隐,似隐犹彰。它是男子首服中虽不宜公开抛露又不愿完全遮起的一份雍雅与高傲。

既然如此,所以明代束发冠的数量不是很多,《天水冰山录》中清点出来的金厢束发冠、玉冠、水晶冠、玛瑙冠、象牙冠等一共十七件,而玉带、各色金厢带的总数却达三百二十六条,可见束发冠不像

图 9-4 罩在头巾下的束发冠

1. 山西右玉宝宁寺明代水陆画　2. 四川平武报恩寺明代壁画
3. 明刊本《御世仁风》中的版画

玉带之类，是一套隆重的官服中必备之物。不过严嵩府上的金、玉束发冠，当年虽是在炫耀富贵，但此物毕竟还有风雅的一面。明·文震亨《长物志》称："铁冠最古，犀、玉、琥珀次之，沉香、葫芦又次之，竹箨、瘿木者最下。"以上两方面的情况在出土物中都能得到印证。

已出土的明代束发冠，有金、银、玉、玛瑙、琥珀、木诸种。金束发冠之最早的一例见于南京中华门外郎家山明初宋朝用墓，阔 7.8、高 4 厘米，两侧有穿孔，可贯簪以使之固定⑦（图 9-5：1）。此冠顶部有五道梁状凸线，系作为装饰，并元朝服之梁冠上的梁所具有的代表等级的用意。因为如江西南城株良乡万历二十一年（1593 年）某代益王墓中出土的金束发冠，阔 7、高 6 厘米，却只压出四道梁，与郡王的身份无从比附⑧。又南京江宁殷巷天启五年（1625 年）沐昌祚墓出土的金束发冠，阔 10.9、高 4.5 厘米，冠顶压出六道梁。沐昌祚袭封黔国公，而"公冠八梁"⑨；可见其束发冠之形制亦与朝服中的梁冠无涉。此冠用两支碧玉簪固定，出土时尚插在冠上⑩（图 9-

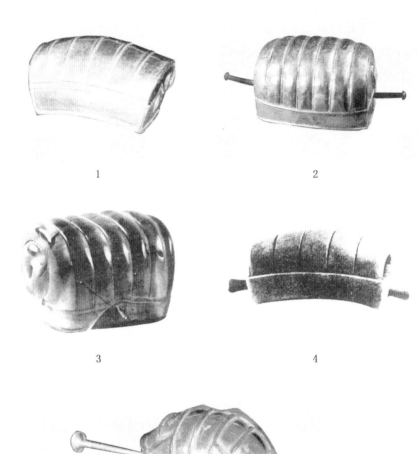

图 9-5　明代的男用束发冠(1、2. 金　3. 玛瑙　4. 木　5. 琥珀)

1. 南京郎家山明·宋朝用墓出土　2. 南京江宁殷巷明·沐昌祚墓出土
3. 江西南城明·朱翊钶墓出土　4. 上海宝山明·李氏墓出土
5. 南京板仓明·徐俌墓出土

5：2）。银束发冠已发表的只有一例： 南京太平门外岗子村明初安庆侯仇成墓出土，阔8.2、高3厘米，压出五道梁[11]。玉发冠在上海浦东明·陆氏墓中发现过，阔5、高3.1厘米[12]。玛瑙冠在江西南城岳口乡万历三十一年（1603年）益宣王朱翊钤墓与江苏苏州虎丘万历四十一年（1613年）王锡爵墓各出一件，均高3.5厘米[13]（图9-5：3）。琥珀束发冠出土于南京太平门外板仓村正德十二年（1517年）徐俌墓，阔6.7、高3.7厘米，冠上雕出长短不等的凸梁，安排得不甚规范，更只能作为工艺品上的图案花纹看待了[14]（图9-5：5）。《天水冰山录》中所记各种质地的束发冠，除水晶、象牙冠以外，在出土物中都已见到。木束发冠在上海宝山冶炼厂明·李氏墓中出过一例，木制品能完整地保存下来，洵属不易[15]（图9-5：4）。它大概就是文震亨提到的竹箨冠、瘿木冠之俦了。

上述诸例皆男子之冠，但戴冠者却不限于男子。江苏苏州盘溪吴·张士诚父母合葬墓中，其父母均戴冠，两顶冠形制略同，但只有女冠保存较好。此冠阔24、高13厘米，以细竹丝编成内壳，外蒙麻布及薄绢，边棱缘以金丝，再用金丝连结成七道梁。而在冠的前部还装有五块镶金边的小玉片，其上分别刻出虎、鼠、兔、牛、羊五种生肖[16]（图9-6）。山西大同元·冯道真墓中出土之冠，前后各装七块

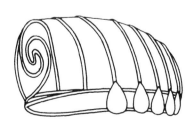

图9-6 明代女用金梁冠

（苏州吴·张士诚母曹氏墓出土）

金色小圆片,作法与此女冠相近[17]。冯道真之冠阔 19.9、高 8.8 厘米,正视呈元宝形,应属道冠。张士诚母之冠虽比一般束发冠大,却比真正的梁冠小,后部也没有高起的冠耳,整体造型与梁冠不侔(图 3-2:1);或为殓服中所用之道冠类型的冠。明代妇女在社会生活中戴的当然不是这种冠。从万历三十八年(1610 年)刻本《西厢记》插图中崔母所戴之冠看,女冠虽与男子的束发冠接近,但较高耸(图 9-7)。这种冠年长的贵妇人平日也可以戴,《醒世姻缘传》第七一回写童奶奶往陈太监处走门路时,就戴着"金线五梁冠子,青遍地锦箍儿"。有些妇女在结婚典礼中也戴冠,《金瓶梅》第九一回写孟玉楼改嫁李衙内,上轿时,"玉楼戴着金梁冠儿,插着满头珠翠"。《儒林外史》第五回写严监生将妾赵氏扶正,"赵氏穿着大红,戴了赤金冠子,两人拜了天地,又拜了祖宗"。忖其冠之形状,或均与《西厢记》插图相似。此式银冠曾在四川平武窖藏中出土两件,高 5.8~6 厘米,其顶部的弧线膨起(图 9-8:1);男式束发冠顶部的弧线则相对缓和一些[18]。在流出国外的银器中也发现过此式女冠,高 10.2 厘米[19](图 9-8:2)。自其冠后所立"山子"的形制看,亦是明代之物。

但四川平武银器窖藏的时代简报断为宋,疑不确。此窖藏共出四种器物: 五曲梅花盏、四瓣花形盘、冠与花束。以其银盏与江苏溧阳平桥所出宋代梅花银盏相较,差别很大[20]。平武银盏上的折枝形把手虽在溧阳出土的桃形盏上也见过,但这一意匠那时还不成熟,构图显得不自然。与平武盏上的折枝把手最相近之例见于湖南通道瓜地村出土的南明桃形银盏[21](图 9-9)。故平武窖藏实属明代。分析这里出土之银冠的形制,更有助于说明此问题。

妇女戴冠是北宋的风气,唐代尚不流行。仁宗时出现了白角冠及与其配套的白角梳[22]。继而白角冠又有"点角为假玳瑁之形者,然犹

232

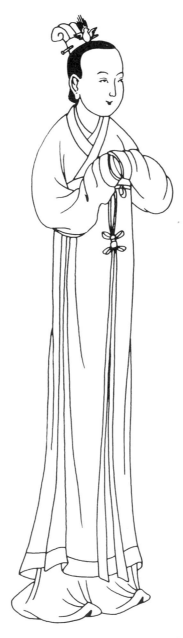

图 9-7　戴冠的崔夫人

（明万历刻本《西厢记》版画）

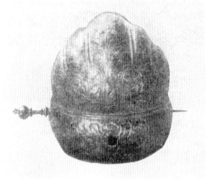

1   2

图 9-8   明代女用银冠

1. 四川平武出土   2. 传世品

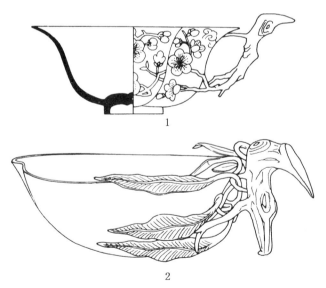

图 9-9   平武出土的梅花形银盏与通道出土的桃形银盏

1. 平武出土   2. 通道出土

出四角而长矣。后长至二三尺许，而登车檐皆侧首而入"[23]。河南禹县白沙北宋元符三年（1100 年）赵大翁墓壁画中妇女戴的大冠前后出尖角，惟不是四角而是二角，或为其稍简化的形式[24]（图 9－10）。不过这么大的冠戴起来相当不便，所以"俄又编竹而为团者，涂之以绿。浸变而以角为之，谓之团冠"。"又以团冠少裁其二边而高其前后，谓之'山口'"[25]。山西太原晋祠宋塑宫女像有戴团冠者，正涂成绿色，当中且有明显的山口（图 9－11：3）。团冠在宋代很常见，河南偃师出土砖刻中的厨娘、河南新密平陌大观二年（1108 年）墓壁画中对镜之女子，以及宋画《瑶台步月图》中的贵妇都戴团冠[26]（图 9－11：1、2）。元·周密《武林旧事》卷七说，在宋孝宗诞辰的"会庆节"寿筵上，三盏后，"皇后换团冠、背儿"。卷八还说皇后谒家庙时

图 9－10　宋代妇女所戴出尖角的大冠

（白沙宋墓壁画）

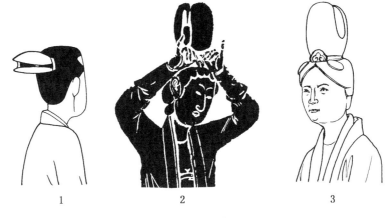

1   2   3

图 9 - 11   宋代的团冠

1. 宋·刘宗古《瑶台步月图》   2. 河南偃师出土宋代砖刻画   3. 山西太原晋祠塑像

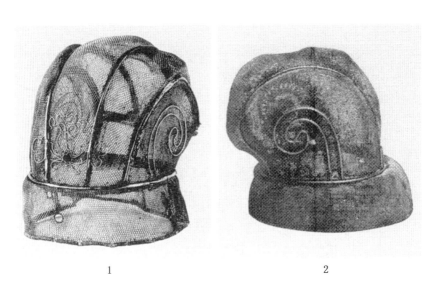

1   2

图 9 - 12   明代的扭心鬏髻

1. 南京栖霞山明墓出土   2. 无锡明墓出土

也戴团冠。足证当时此俗通乎上下。以宋代的团冠与平武银冠相较，形制上判若二物。而后者却与南京栖霞山、江苏无锡等地出土之明代女用发罩的轮廓基本相同㉗（图 9 - 12）。不过这两件发罩均以粗金丝为骨架，再络上细金丝绞结而成，和用金银薄片锤鲽出的冠不一样，其名称应为"鬏髻"。

　　鬏髻的出现有两方面的渊源。一方面如上文所述，是受了妇女戴冠之风气的影响；另一方面则与"包髻"的流行有关。宋·孟元老《东京梦华录》卷五说，有些媒人"戴冠子，黄包髻"。按戴冠子时无须包髻，所以这里的意思是：或戴冠子，或包髻；可见二者以类相从。金代进而重视包髻，"包髻团衫"是金代妇女的礼服㉘。包髻之状当如河北宣化辽墓壁画中所见者㉙（图 9 - 13：2）。"包髻团衫"作为妇女的盛装在元曲中仍被提到。如关汉卿《诈妮子调风月》中的唱词说："许下我包髻团衫绀手巾，专等你世袭千户小夫人。"又提到："刚待要蓝包髻。"则包髻有黄、有皂、有蓝，颜色不一；在明代版画中还有花布包髻（图 9 - 13：1）。而鬏髻一词则始见于元曲。贾仲名《荆楚臣重对玉梳记》中妓女顾玉香称自己："都是俺个败人家油鬏髻太岁，送人命粉脸脑凶神。"又《锦云堂暗定连环计》一剧，王允在唱词中说貂蝉是："油掠的鬏髻儿光，粉搽的脸道儿香。"则所谓鬏髻指的是挽成某种式样的发髻。视关汉卿《感天动地窦娥冤》中称老妇人蔡婆婆"梳着个霜雪般白鬏髻"，可知元代说的鬏髻，起初就是发髻本身。但在戴冠和包髻的影响下，鬏髻上又裹以织物。《明史·舆服志》说："洪武三年定制，凡宫中供奉女乐、奉銮等官妻，本色鬏髻。""本色"即本等服色，指鬏髻上所裹织物的颜色。此时明甫开国，所以这种作法大概元代就有。《西游记》第二三回说："时样鬏髻皂纱漫。"当是社会上一般通行的式样。再简便些则用头发编成鬏髻戴在发髻上，如《金瓶梅》第二回说："头上戴着黑油油头发鬏

图 9 – 13　包髻

1. 明刊《江蕖记》版画　2. 河北宣化辽墓壁画

髻。"守丧带孝，则戴"白绢纱鬏髻"，简称"孝鬏髻"或"孝
髻"㉚。于是鬏髻就由指发髻本身，变成指罩在发髻之外的包裹物而
言了。及至明中叶，随着经济的发展和习俗的侈靡，又兴起以金银丝
编结鬏髻之不寻常的风尚，而且当时认为只有这样的制品才算是够规
格的鬏髻。《金瓶梅》第二五回中宋惠莲说："你许我编鬏髻，怎的还
不替我编？……只教我成日戴这头发壳子儿。"西门庆道："不打紧，
到明日将八两银子往银匠家，替你拔丝去。"这里说的"头发壳子
儿"指头发编的鬏髻，乃是贬称；而找银匠拔丝，就是准备编银丝鬏
髻了。南京栖霞山与无锡出土的就是这类贵重的金丝鬏髻。栖霞山那
一顶高9.2厘米，有两道金梁，正面用金丝盘绕出一朵牡丹花，侧面
扭出旋卷的曲线。无锡出土的高8.5厘米，也是两道梁，侧面也有旋
纹。它们或即所谓"时样扭心鬏髻"㉛。已出之金银丝鬏髻，大部分
侧面无此旋卷。如江苏武进横山桥嘉靖十九年（1540 年）王洛妻盛氏
墓与上海浦东万历间陆氏墓出土的银丝鬏髻、江苏无锡陶店桥万历三
年（1575 年）华复诚妻曹氏墓出土的鎏金银丝鬏髻，外轮廓都像小尖

帽，且于中部偏下拦腰用粗银丝隔成上下两部分。上部接近圆锥形，自底至顶略有收分；下部外侈，像一圈帽檐。它们都是编成的，通体结出匀净的网孔[32]。盛氏那件高13.5厘米，在银丝网子之外尚覆以黑纱；不过也有将色纱衬在鬏髻里面的[33]。而陆氏墓与曹氏墓所出者都在中腰的粗银丝之上留出拱形腮眼，陆氏那件的拱眼内是空的，曹氏那件还在里面盘出图案化的"福"字；背面则均留出长条形腮眼，其中结出套钱纹（图9-14：1、2）。曹氏的鬏髻高9厘米，发掘简报对它的结构和所附饰件之配置描述较详。其上部的尖帽用于容发髻，下部的宽檐用于罩住脑顶的头发。这种鬏髻的式样仍接近包髻，所以与更接近平武银冠之栖霞山等地出土之鬏髻各代表不同的类型。还有一种上半部较圆钝，像小圆帽，如浙江义乌青口乡嘉靖三十七年（1558年）吴鹤山妻金氏墓出土的金丝鬏髻。它的高度为6.5厘米，檐部也向外侈，但正背两面都是长条形的腮眼[34]（图9-14：3）。上海李惠利中学明墓出土之银丝鬏髻顶部更圆些，高度为5.7厘米[35]（图9-14：4）。一般说来，鬏髻不像男子戴在巾下的束发冠那样，它不受头巾的制约，所以比束发冠高；束发冠的平均高度在4厘米左右，而鬏髻的平均高度约为8厘米。

　　鬏髻是明代已婚妇女的正装[36]，家居、外出或会见亲友时都可以戴，而像上灶丫头那种身份的女子，就没有戴鬏髻的资格。《金瓶梅》第九〇回写春梅仗势报复孙雪娥，她令家人："与我把这贱人扯去了鬏髻，剥了上盖衣服，打入厨下，与我烧火做饭！"[37]可见主妇被扯去鬏髻有如官员被褫去冠带，地位一下子就降到低等级里去了。明人说部中有时也将鬏髻通称为冠儿。如《水浒全传》第二八回中，蒋门神的妾要滋事，被武松"一手把冠儿捏作粉碎"。其所谓"冠儿"，在这里似指鬏髻。然而从图像材料中看，有些妇女戴的虽很像鬏髻，却是别一物。如明代绘本《朱夫人像》，头部正中耸起的似是

1

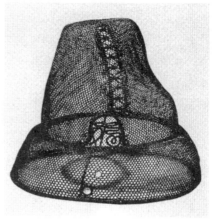

2

3

4

图 9 – 14　明代鬏髻(1、4. 银　2. 银鎏金　3. 金)

1. 上海浦东明·陆氏墓出土　2. 无锡明·华复诚妻曹氏墓出土
3. 浙江义乌明·吴鹤山妻金氏墓出土　4. 上海李惠利中学明墓出土

一项罩着黑纱的鬏髻（图9-15：1）。但周锡保先生认为：据《明史·舆服志》，三品命妇"特髻上金孔雀六，口衔珠结。正面珠翠孔雀一"，与此像符合；故朱夫人戴的是特髻[38]。其说可从。特髻之名早见于宋代。《东京梦华录》卷三"相国寺内万姓交易条"所举诸寺师姑出售的小商品中，就有"特髻冠子"一目。但宋代的特髻在存世文物中尚难辨识。至明代，由于品官命妇和内命妇均戴特髻，皇后着常服时冠制亦如特髻[39]，所以能认出来。如《明宪宗元宵行乐图》中，皇帝身边的嫔妃贵人戴的都是特髻（图9-16）。甚至定陵中孝端、孝靖二后遗骨上戴的"黑纱尖棕帽"，也是特髻[40]（图9-17）。惟豪家僭滥逾制，有些出土物分外富丽，如湖北蕲春蕲州镇刘娘井嘉靖三十九年（1560年）荆端王次妃刘氏墓所出镶嵌红蓝宝石的鎏金银特髻，就是很突出的一例[41]（图9-18）。不仅特髻踵事增华，束发冠如《明宫史》所说，有的也"用金累丝造之，上嵌睛绿珠石，每一座有值数百金或千余金、二千金者。……凡遇出外游幸，先帝（熹宗）圣驾尚此冠，则自王体乾起，至暖殿牌子上，皆戴之。各穿窄袖，束玉带，佩茄袋、刀、帨，如唱《咬脐郎打围》故事"。群阉挟天启冶游，其轻狂浮浪之状，在刘若愚笔下亦不无微词。但风气所扇，女冠中也出现了这类极品。如云南呈贡王家营嘉靖十五年（1536年）沐崧妻徐氏墓出土的金冠，高10.5厘米，以薄金叶锤制，四周焊接多层云朵形饰片，并镶嵌红、蓝、绿、白诸色宝石。冠两侧各有两个小孔，其中插有四支金簪[42]（图9-19：2）。再如江西南城长塘街万历十九年（1591年）益庄王妃万氏墓出土的小金冠，则是以细金丝编的，其上镶嵌宝石四十余块，精致而瑰丽[43]（图9-19：1）。万氏小金冠之冠体有如一件覆扣着的椭圆形钵盂，而覆盂形女冠在明代自成系列，实应代表一种类型。如南京江宁殷巷正统四年（1439年）沐晟墓出土金冠，阔14.3、高约5.6厘米，冠面锤鍱出如意纹[44]（图9-20：

华夏衣冠

图 9-15　明代戴特髻（1）和髢髻（2）的人像
1. 朱夫人像　2. 金安人像

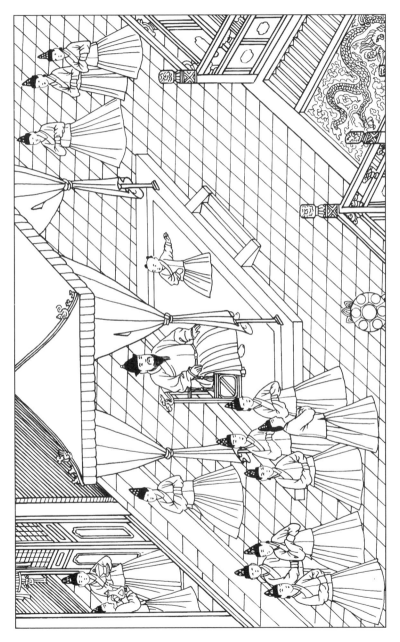

图 9-16 《明宪宗元宵行乐图》中所见戴特髻的嫔妃贵人

明代的束发冠、鬏髻与头面

243

華夏衣冠

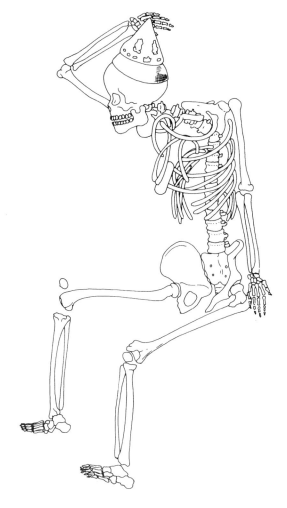

图 9 - 17 明孝靖后头戴特髻的遗骨

（定陵出土）

图9-18　镶宝石的鎏金银特髻

（湖北蕲春刘娘井明墓出土）

3）。南京邓府山明·佟卜年妻陈氏墓出土的金冠更低矮，阔9.4、高仅2.5厘米，冠身分作七栏，锤鍱杂宝、祥云图案[45]（图9-20：1）。陈氏殁于顺治四年（1647年），已入清季。而清初叶梦珠《阅世编》卷八说，冠髻"其后变势，髻扁而小，高不过寸，大仅如酒杯"。从年代上说，此式矮冠似与叶氏指出的趋势相合；实不尽然。因为明·范濂《云间据目钞》卷二说："妇人头髻，在隆庆初年，皆尚员褊。"而且上海李惠利中学明代中晚期墓葬中所出覆盂形玉冠，高度亦为2.5厘米[46]（图9-20：2），故其开始流行的时间不会太晚。山西平遥双林寺千佛殿中景泰年间塑造的女功德主冯妙喜像，戴的就正是此型女冠（图9-20：4）。它的轮廓趋向于矮椭，与追求耸立效果之高鬏

1

2

图 9-19　明代女用金冠

1. 江西南城明益庄王妃万氏棺内出土
2. 云南呈贡王家营明·沐崧妻徐氏墓出土

1

2

4

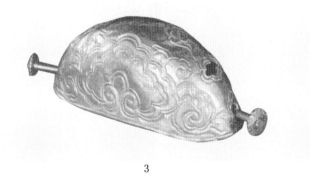

3

图 9-20　覆盂形女冠

1. 南京邓府山明·佟卜年妻陈氏墓出土　2. 上海李惠利中学明墓出土
3. 南京江宁殷巷明·沐晟墓出土　4. 山西平遥双林寺千佛殿塑像

髻相比，审美的眼光有所不同[47]。

明代妇女一般不单独戴鬏髻，围绕着它还要插上各种簪钗，形成以鬏髻为主体的整套头饰，即明杂剧正旦之"穿关"中所称"鬏髻、头面"[48]。头面的内涵略近"首饰"，但后者的定义不太严格。汉代曾将冠冕、镜杯、脂粉等都算作首饰[49]，现代则将发饰、耳饰、颈饰、腕饰、指饰甚至足饰概称首饰；均与明代所谓头面不尽相合。头面中不包括鬏髻。《金瓶梅》第九一回说："一副金丝冠儿，一副金头面。"又第九七回说："一顶鬏髻，全副金银头面，簪、环之类。"都把鬏髻和头面分别举出。记载明代珍宝饰物的文献，本来《天水冰山录》最具参考价值，因为它是查抄严嵩家产的清单，所列名目准确翔实。可惜当时将"首饰"造册时，乃以"副"为单位；一副多的达二十一件，少的也有七件，均未注明细目，今不知其详。从其中接着"首饰"登录的单项饰物清单看，有头箍、围髻、耳环、耳坠、坠领、坠胸、金簪、镯钏等，也很难说它们就代表整副头面的品种。所以本文只能根据出土物的组合、位置及插戴情况，并参照文献与图像，对明代头面的部件及用途试略作探讨。

仍以无锡华复诚妻曹氏墓中所见头饰的情况为例。墓主先用角质簪子绾起发髻，然后戴上银丝鬏髻，用两根长 8.2 厘米的银簪横插于鬏髻檐部加以固定。再在鬏髻正面的上方插一支大簪，名挑心。《云间据目钞》说：头髻"顶用宝花，谓之挑心"。因为此簪饰于髻心，而且其背面装有斜挑向上的簪脚，是由下而上插入的。曹氏的挑心为佛像簪，当中嵌有骨雕佛坐像，下设仰莲座，背光饰菩提树。这种作法在明代相当普遍，武进王洛家族墓出土的两项鬏髻，以及明代绘本《汪太孺人像》与清初倪仁吉所绘《金安人像》，都在鬏髻中心插佛像簪[50]（图 9－15：2）。定陵中，孝靖后头上的鎏金银簪嵌白玉立佛像，作触地印，其上又有小坐佛；背光与莲座皆累丝而成，底托嵌红、蓝宝石[51]（图9-21：1）。清代皇帝的夏朝冠在冠前中部缀金累丝佛像之制，似亦曾受到佛像簪的影响。此外，有些挑心上还镶嵌仙人，即《金瓶梅》第七五回所说"正面戴的仙子儿"。上海浦东陆氏墓出的挑心上嵌有穿道服的玉仙人，流出国外的金挑心并有作成南极老人星之像的（图9-21：2）。定陵出土的一件挑心，径以"心"字为饰，似隐含其名（图9-21：3）。

曹氏墓中的头饰虽较齐备，但缺了一个重要的部件：顶簪。当扣稳鬏髻、绾往下檐、簪上挑心之后，还应自髻顶向下直插一枚顶簪，也叫关顶簪[52]。因为鬏髻上的饰物掩映重叠，分量不轻。《天水冰山录》中最重的一副首饰计十一件，共33两7钱，约合1225克。要使鬏髻不致由于负重而畸斜，顶簪所起的支持和固定作用就是必要的了。有时顶簪未与鬏髻伴出，或缘那副头面较轻之故。同样在《天水冰山录》中，一副"金厢珠宝首饰"，计十件，才6两7钱，约合243克；如插戴这副首饰，似可免去顶簪。不过也有为美观而加顶簪的。仕女严妆，其争奇斗妍的心理追求，难以被限制在纯技术层面上。武进王洛家族墓出土的鬏髻，都带顶簪。《金安人像》中鬏髻顶端的花朵，亦应代表顶簪。有些顶簪制作考究。北京海淀八里庄明·武清侯李伟妻王氏墓出土的顶簪长23.8厘米，簪顶的大花以白玉作花瓣，红宝石作花心，旁有金蝶[53]（图9-22：3）。它的结构与定陵孝靖后随葬品中之J126号顶簪相近（图9-22：2）。王氏之女系万历帝生母慈圣李太后，王氏墓中曾出御用监所造带"慈宁宫"铭记的银洗和银盆；故上述顶簪可能也是内府制品。已知之明代最富丽的顶簪为定陵孝端后随葬品中的D112：1号簪。其顶部的金托上还叠加一片玉托，托下垂珠网；托上的装饰又分两层，下层密排嵌宝石心的白玉花朵，上层为白玉蹲龙和火珠。这件顶簪共镶宝石八十块、珍珠一百零七颗，璀璨华贵，堪与其高踞皇后首服之巅的位置相称（图9-22：

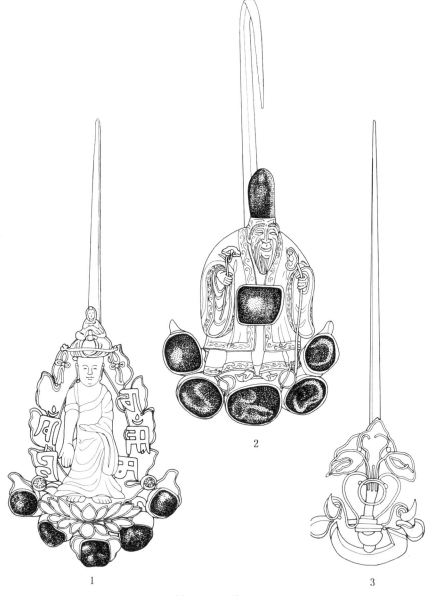

1   2   3

图 9 - 21 挑心

1. 佛像挑心（明定陵出土） 2. 南极老人星像挑心（英国猷氏旧藏）
3. "心"字挑心（明定陵出土）

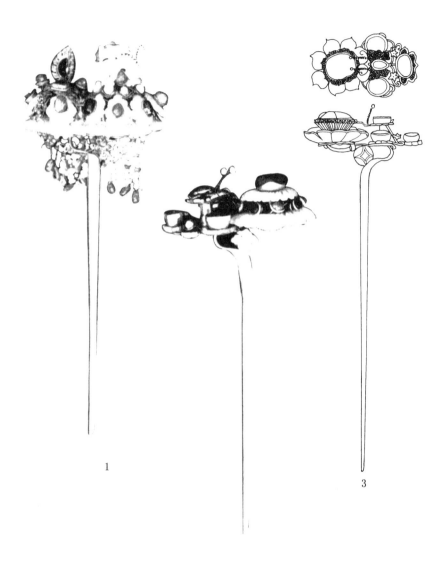

图 9 - 22　顶簪

1. 镶珠宝玉龙戏珠金顶簪(定陵出土,孝端后首饰)
2. 镶珠宝花蝶鎏金银顶簪(定陵出土,孝靖后首饰)
3. 镶珠宝花蝶金顶簪(北京八里庄明·李伟妻王氏墓出土)

图 9-23　头箍

（无锡明·华复诚妻曹氏墓出土）

1）。王氏墓与定陵内均未发现鬏髻，作为皇亲、皇后，她们应戴特髻，但其上之顶簪的用法当无大殊。从实物看，有些顶簪的托片平置，簪脚向下伸出，与簪身垂直连接。也有些顶簪的顶端呈侧立状，以使其花饰在正面展现，上海李惠利中学明墓所出及《金安人像》上所绘的顶簪均是如此。

　　无锡曹氏墓中的头饰在鬏髻正面之底部有头箍。这是一条弧形夹层银带，表面用线结扎上十一枚鎏金的云朵形饰片，两头穿有细带，将它拴在插入鬏髻两侧之银簪顶端的圆帽上（图9-23）。《朱夫人像》上的头箍也饰以云朵，与曹氏墓所出的近似。装在这里的此类饰片名"钿儿"[54]。《金瓶梅》第九五回提到一条"大翠重云子钿儿"，"果然做的好样范，约四指宽，通掩过鬏髻来"。"大翠"指钿儿上铺了翠羽，"重云子"指其形为重叠的云朵；而结合下一句看，更可知它正是掩在鬏髻底部的头箍。寖假"钿儿"就成了头箍的别名。同书第七五回说吴月娘梳妆时，先戴上冠儿，然后孟玉楼替她掠后鬓，"李姣儿替他勒钿儿"。"勒"指扎紧，正是缚头箍的动作；很显然，其所称"钿儿"为系在"冠儿"即鬏髻前方的头箍。头箍上虽以装云朵形饰片者居多，但它的花样固不限于这一种。江西南城七宝山明·

益宣王妃孙氏墓出土的头箍是在4.5厘米宽的金带上嵌以白玉雕琢的寿星和八仙，每件小玉像周边还镶有宝石。这条金头箍长21厘米，两端也有供系结用的带子[55]。用带子系结的作法反映出头箍的底衬本来是用织物制作的。《云间据目钞》说，妇人"年少者用头箍，缀以团花方块"。上海打浦桥明墓出土的布制头箍上正缀有形状不一的金镶玉饰十七件，适可与文献相印证[56]。所以尽管有些头箍形式变化，装饰繁缛，但仍用纺织品作衬。《天水冰山录》中登录之"金厢珠宝头箍七件"，注明"连绢共重二十七两九钱八分"，就反映出这种情况。大部分出土头箍的原状亦应沿袭此制。

曹氏头饰在鬏髻背面中部插分心。分心一词可能与挑心有连带关系，但命名的由来尚不清楚。这件饰物目前在发掘简报中的叫法很不统一，有"钿"、"冠饰"、"如意簪"、"月牙形饰件"、"花瓣形弯弧状饰件"诸种[57]。其造型若群峰并峙之山峦，当中一峰最高，两侧对称，正视之有如笔架。出土时尚保持原位置者多插在鬏髻背面；除曹氏墓之例以外，武进王洛家族墓与上海李惠利中学明墓之分心，出土时的情况也是如此[58]。《金瓶梅》第二回说，戴头发鬏髻者，"排草梳儿后押"。可见插后分心的作法当与妇女在髻后插梳的古老习俗有关。但《云间据目钞》列举头髻周围的饰件时称："后用满冠倒插。"则此物又名满冠。《三才图会》认为：满冠"不过以首饰副满冠上，故有是名耳"。因为背面插分心后，冠上的饰件遂已基本布满之故。又《金瓶梅》第九〇回说："满冠擎出广寒宫，掩鬓凿成桃源境。"此满冠恰与同书第一九回所写"金厢玉蟾宫折桂分心"之构图相当，皆以月宫景色作为装饰的主题，指的应是同一类器物。曹氏的分心上虽未饰此种图案，但它将镂空的玉饰片嵌在鎏金的银分心正中，则与"金厢玉"的作法相合（图9-24：1）。《金瓶梅》第六七回提到"金赤虎分心"，出土物中则有金双狮分心[59]（图9-24：

3）。《金瓶梅》第二〇回提到"观音满池娇分心"，出土物中则有文殊满池娇分心。后者在四川平武明龙州土司王氏家族墓地正德七年（1512 年）王文渊妻墓中出土[60]。这件分心中部饰一道栏杆，上部为乘狮之文殊，两旁立胁侍；下部为荷塘纹，当即所谓"满池娇"。元·柯九思《宫词》："观莲太液汛兰桡，翡翠鸳鸯戏碧苔。说与小娃牢记取，御衫绣作满池娇。"原注："天历间御衣多为池塘小景，名满池娇。"[61]实物与文献正相符合。此文殊满池娇分心阔 10.6、高 8.5 厘米，估计也是插在鬏髻背面的（图 9－24：2）。但同墓还出土一件阔 18.8、高 6.3 厘米的分心，可能原插于鬏髻正面；《金瓶梅》第二〇、七五、九〇回中都提到插在正面的前分心。前分心的位置往往邻近头箍，有时甚至是用它取代头箍，故二者均呈扁阔之形。江苏无锡青山湾嘉靖四十年（1561 年）黄钺妻顾氏墓出土的一件金质前分心，高 2.4、阔约 20 厘米，呈弧形，表面红、蓝相间，共镶嵌七颗宝石，看起来很像头箍。但它的背面有垂直向后的簪脚，和无簪脚、用带子系结的头箍不同，因知乃是前分心[62]。以顾氏的前分心与王文渊妻墓所出扁阔的分心相较，可初步认定后者也是前分心。其纹饰极精细，中部有两株葡萄，高柯拥接，抱成圆框，一人骑马穿行其间，马前有提灯开路者，马后有举扇侍奉者，且前部有乐队，后部有随从。行列下方为一道栏杆，栏杆下方为朵朵流云，背景为宫殿楼阁，似表示此处系仙境。鉴于马前须提灯，故应是寅夜出游。《天水冰山录》中记有"金厢楼阁群仙首饰"、"金累丝夜游人物掩耳"等名目；试循其例，此件似可称为"金仙宫夜游分心"（图 9－24：4）。其上有人物四十多个，皆是立雕或高浮雕，玲珑剔透，层次分明，给人以纵深的立体感。整个行列中的人物身姿舒展，繁而不乱；焊上去的栏杆和枝梗也安排得当，无疑是明代黄金细工中的上乘之作。江苏武进芳茂山明·王昶妻徐氏墓中出土的鬏髻上，分心与头箍、挑心、顶簪等首饰

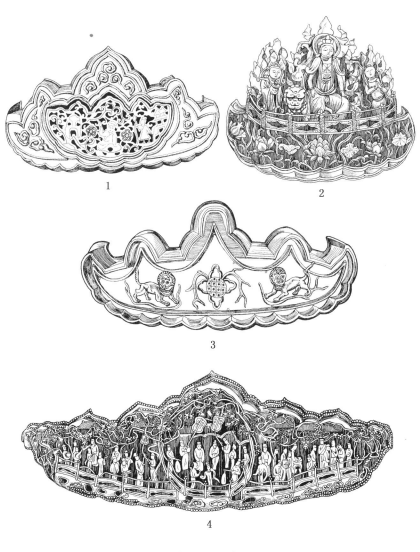

図 9 - 24　分心

1. 鎏金厢玉银分心（无锡明·华复诚妻曹氏墓出土）
2. 文殊满池娇金分心（四川平武明·王文渊妻墓出土）
3. 双狮金分心（上海浦东明·陆氏墓出土）
4. 仙宫夜游金分心（四川平武明·王文渊妻墓出土）

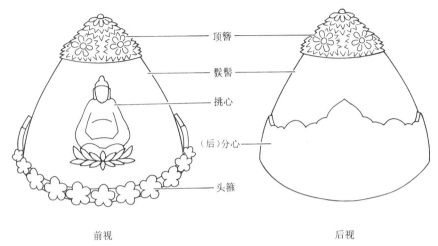

图 9－25　髻上之首饰的配置

（示意图,据江苏武进芳茂山明·王昶妻徐氏墓出土实例绘制）

的位置未变，清楚地反映出当时插戴的情况[63]（图9－25）。

曹氏头饰在鬏髻下部的侧面插"鎏金桃形银簪"一件，此物应名掩鬓。明·顾起元《客座赘语》："掩鬓或作云形，或作团花形，插于两鬓。"《云间据目钞》中则称作"捧髻"。江西南城明·益端王妃彭氏、益宣王妃孙氏墓中出的掩鬓皆为两件一组，云头的曳脚向外，自下而上相对插戴，故又名倒插鬓[64]。曹氏墓所出不足两件，应是佚失了一件。在皇后的凤冠上，此物稍稍改型而称为博鬓，左右各三件，比掩鬓就隆重得多了。但明代的掩鬓亦有制作极精者。如重庆明·简芳墓出土之金掩鬓，图纹的背景为云气中的宫殿，其下三人策马徐行；虽不如王文渊妻之前分心上的场面阔大，但刻画得细致入微，更觉生动。其背面镌七律《三学士诗》，中有"阆苑朝回春满袖，宫壶醉后笔如神"之句，故此件可名"金阆苑朝回掩鬓"[65]（图9－26∶1）。又江西南城明·益庄王妃墓出土的掩鬓，金累丝编

256

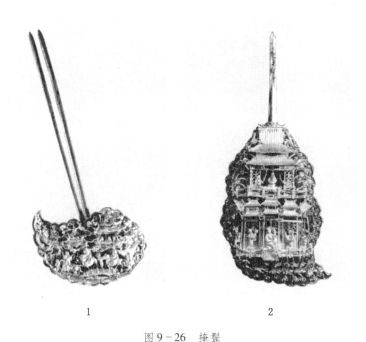

图9-26　掩鬓

1. 阆苑朝回金掩鬓(重庆明·简芳墓出土)
2. 楼阁人物金掩鬓(江西南城明·益庄王妃墓出土)

的底托优美严谨，一丝不苟；而当中的楼阁人物处处交代清楚，仿佛他们正在一座建筑模型里进行活动（图9-26：2）。妙手神工，令人叹为观止[66]。

曹氏头饰在充作挑心的佛像簪左右各插一件玉叶金蝉簪，其簪头在银托上嵌玉叶，叶上栖金蝉（图9-27：3）。江苏吴县五峰山出土的玉叶金蝉饰片，即是脱失了金银底托和簪脚的此型簪首[67]（图9-27：4）。明代的头面喜用虫介等小生物作装饰题材，如北京李伟妻王氏墓出土胡蝶簪、艾蝎簪（图9-27：2），上海李惠利中学明墓出土虾簪、螽斯簪，南京邓府山佟卜年妻陈氏墓出土蜘蛛簪（图9-27：1）。

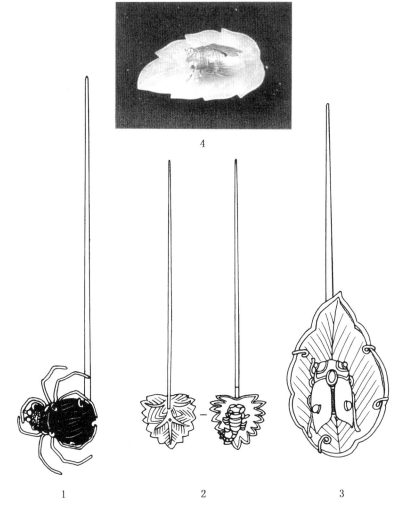

图 9-27　草虫簪

1. 镶玉石蜘蛛簪(南京邓府山明·佟卜年妻陈氏墓出土)
2. 艾蝎簪(北京八里庄明·李伟妻王氏墓出土)
3. 玉叶金蝉簪(无锡明·华复诚妻曹氏墓出土)
4. 玉叶金蝉簪首(江苏吴县五峰山出土)

《天水冰山录》中一再提到的"草虫首饰"，《金瓶梅》第二〇回中说的"金玲珑草虫儿头面"，应是此类饰件的通称。曹氏头饰在玉叶金蝉簪外侧还各插嵌宝石的梅花簪二件（图9-28：2）。造型极肖似的梅花簪各地屡屡出土。上海浦东陆氏墓与北京李伟妻王氏墓出土的，皆为玉花瓣、金花蕊、宝石花心（图9-28：1、3）。簪戴起来，则和《云间据目钞》中，髻"旁插金玉梅花一二对"的说法正合。又曹氏的头饰之最外侧，还插戴顶端饰小花骨朵的鎏金银簪各二件（图9-29）。《金瓶梅》第一二回说的"啄针儿"，同书第五八回说的"撇杖儿"，《明宫史》中说的"桃杖"（桃疑应作挑），大约指的都是此类小簪子。出土物中亦不乏其例。

还有一种虽在《天水冰山录》造册时清点出一件，但明代遗物中罕觌，曹氏墓内亦未发现的头饰：围髻。此物初见于宋代。湖南临湘陆城1号南宋墓中的金围髻，阔10.2厘米，上部为镂花的弧形梁，悬系四五排花朵，互相牵络，成为网状，底部的花朵下且各系一坠[⑱]（图9-30：2）。其使用情况见于江西德安桃源山南宋·周氏墓。此墓墓主头部的发饰保存完好，用细金丝编成的网状围髻，自髻前一直覆到额际[⑲]（图9-30：1）。此类围髻尚有较完整之品传世（图9-30：3）。其中还发现过形制更简化的，弧形金梁下的垂饰仅三排（图9-30：4），与江西南城明益宣王妃孙氏随葬者近似。这件围髻阔16.2、高8厘米，在上缘的弧形金梁下悬挂十串小珠子。故图9-30：4所举之例，或为元至明初的作品。明代的围髻在定陵孝端后的随葬品中还有一件，阔20.5、高6厘米，网形，上部结缀石珠，中部为薏米珠，底端系宝石坠（图9-30：5）。形制比临湘出土的宋代围髻简易得多[⑳]。

头面中还应包括耳环。《金瓶梅》第九七回将"金银头面"解释为"簪、环之类"，就说明了这一点。《天水冰山录》中立"耳环、

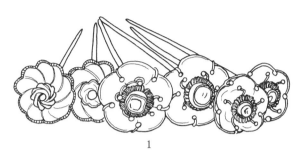

1

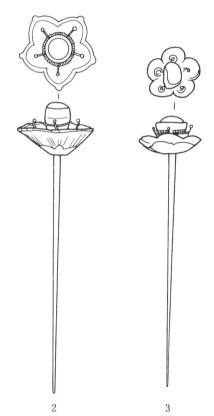

2　　　　　　　3

图 9-28　梅花簪

1. 上海浦东明·陆氏墓出土
2. 无锡明·华复诚妻曹氏墓出土
3. 北京明·李伟妻王氏墓出土

图 9-29　啄针

（无锡明·华复诚
妻曹氏墓出土）

260

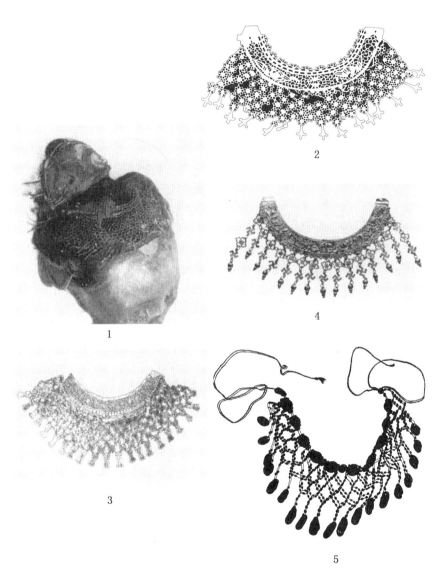

图 9 - 30 围髻

1. 江西德安南宋·周氏墓中围髻出土时的位置　2. 湖南临湘陆城 1 号南宋墓出土围髻
3. 私家收藏的宋代围髻　4. 私家收藏的元或明初围髻　5. 定陵出土的明孝端后的围髻

耳坠"一目，共登录二百六十七副，其中耳环约占 70%，耳坠约占 30%，则二者肯定有所区别。但从所载名称看，既有"金珠茄子耳环"，又有"金厢玉茄耳坠"；既有"金珠串灯笼耳环"，又有"金灯笼珠耳坠"；所以明代当时究竟是根据哪些标准来划分耳环和耳坠的，目前尚难明确地回答。只能依照现代的习惯，将圆环形者，或在圆环形的主体上稍增花饰者称为耳环；将其下部有稍长之垂饰者概称耳坠。不过相对说来，耳环在工艺上的精美程度一般略逊于耳坠。曹氏墓出土的是玉人形耳坠，与之相近者有无锡黄钺妻顾氏墓出土的童子骑鹿耳坠，南京板仓徐达家族墓出土的采药女仙耳坠等[71]（图 9 - 31）；皆为人物型耳坠中的精品。更多见的是葫芦形耳坠，它大约受到用两颗珠子串成的"二珠耳坠"（《天水冰山录》）或"二珠金环"（《金瓶梅》第七回）的影响。因为如果二珠一小一大，上下相连，正呈葫芦形。明墓中发现的此型耳坠最多：江苏南京徐俌墓、四川剑阁赵炳然墓、四川平武王玺墓、云南昆明潘得墓、甘肃兰州彭泽

图 9-31　采药女仙耳坠

（南京板仓明·徐氏墓出土）

墓、辽宁鞍山崔鉴墓、广州东山戴缙墓之出土物中皆有其例[72]。而且不仅是素面的，还有饰棱线、饰花丝、饰各式镂空花纹的，不一而足。其他如楼阁形、玉兔形、甜瓜形及嵌宝石构成新异之形的，更难缕述。

总之，挑心、顶簪、头箍、分心、掩鬓、围髻、钗簪、耳坠，大约都应算作头面的内容。至于饰于头部以下的坠领、坠胸、镯钏以及近年出土之总数相当可观的金银领扣等，尽管也和前者相接近，但与头面之"头"、首饰之"首"的距离远了些，故暂不放在一起讨论。

从束发冠到头面，绝大部分都是用贵重材料制作的，是明代出土文物中的珍宝。但过去对其定名和用途均不无隔膜，虽然它们的艺术水平备受推崇。像若干分心，花纹的层次丰富，叠曲萦迴，引人入胜；有的还构成故事情节，更耐寻味。可是陈列和介绍时，却往往只当作单件艺术品看待，使之游离于原有的组合关系之外。这样不仅看不到明代头面之整体的风貌，而且在理解和借鉴上也常难准确把握。在各地收藏明代文物的博物馆里，几乎很少能见到一套恢复成原状的明代头面。有些品种的遗物不多，写实的图像不足，固然也是重要原因。然而却使当代艺术家描绘明代妇女的形象时，感到缺乏充足的依据了。

中国古代服饰文化考释三则

洛阳金村出土银着衣人像族属考辨

20 世纪 20 年代末，著名的洛阳金村古墓群被盗掘。从地望上看，这群墓葬不应属于列国，而应属于周。李学勤先生说："金村墓葬群不是秦墓、韩墓，也不是东周君墓，而是周朝的墓葬，可能包括周王及其附葬臣属。"① 此说是正确的。由于墓群中可能埋葬着当时虽渐趋式微，但仍拥有天子名号的周王，所以出土物异常精美，在考古学以至文化史上具有非常重要的意义。不过由于不是科学发掘，没有留下准确的记录，加上出土物大都已流散国外，从而给研究工作带来了不少困难。经过半个多世纪的研讨，情况不断廓清，认识逐渐深入；可是也还存在着不少疑窦。比如，出土的一件银着衣人像的族属，仍然是一个值得讨论的问题。

据说，金村出土的银人像共有两件。一件是裸体男像，已流入美国，兹不涉及。另一件着衣男像，已流入日本，且被定为"重要美术品"。这件银像高约 9 厘米，两臂下垂，两手半握，从握姿观察，其

编者按：因《洛阳金村出土银着衣人像族属考辨》、《汉代军服上的徽识》、《说"金紫"》三篇文章篇幅较短，遂编排为一篇《中国古代服饰文化考释三则》。

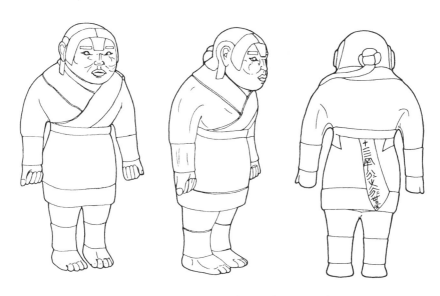

图 10-1　洛阳金村出土银着衣人像(前、侧、背面)

中原未持物。银像科头露髻，身着仅抵膝部的半长衣，窄裤，跣足
(图 10-1)。梅原末治在《洛阳金村古墓聚英》一书中，认为此像表
现的是一个"胡人"。容庚先生在《海外吉金图录》一书中，也认为
它"令人想象为胡人之小像"。由于这两位著名的学者影响很大，所
以这种虽未经充分论证的见解，被不少著作视为成说援引。但循名责
实，这一说法却难以成立。

东汉以前，所谓胡，主要指匈奴。《考工记》："胡无弓车。"郑
注："今匈奴。"匈奴人亦自称为胡，狐鹿姑单于遗汉书云："南有大
汉，北有强胡。胡者，天之骄子也。"[2]战国时，它已是华夏各国的近
邻。《史记·匈奴列传》说："冠带战国七，而三国边于匈奴。"[3]如
果在东周王室的墓葬中出现了匈奴人的银像，当然是具有特殊意义的
史料。但根据此像的发式、面型、服装，以及从其跣足所反映出的礼

俗等方面考察，它代表的不是胡人，而是华夏人。

先看发式。银像在脑后绾髻。髻的位置和形状，与甘肃宁县西周墓出土的铜人头、始皇陵侧马厩坑中出土的围人俑及满城1号西汉墓出土的石俑基本相同④（图10-2），证明银像的发式属于华夏族类型。匈奴族的发式不是这样的。《汉书·李陵传》说："卫律持牛酒劳汉使，博饮，两人皆胡服椎结。……（陵）熟视而自循其发曰：'吾已

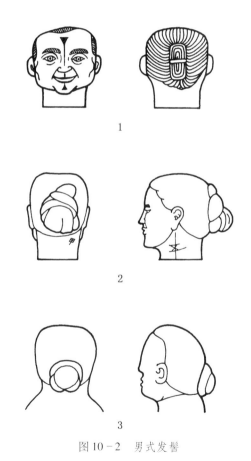

1

2

3

图10-2　男式发髻

1. 甘肃宁县西周墓出土铜人头　2. 秦始皇陵马厩坑出土陶围人俑
3. 满城1号西汉墓出土石俑

胡服矣。'"可见匈奴族的发式是椎髻。椎髻一词曾被长期使用，在不同的时代所指各异⑤。汉代的椎髻应如《汉书·西南夷传》颜注所说："为髻如椎之形也。"同书《陆贾传》颜注："椎髻者，一撮之髻，其形如椎。"又《后汉书·度尚传》李注："椎，独髻也。"椎、锤字通。汉代纬书《尚书帝命验》注："椎，读曰锤。"可见这是一种单个的、像一把锤子一样拖在脑后的小髻。汉代妇女也绾这种髻。《后汉书·梁鸿传》："梁鸿妻为椎髻，着布衣，操作而前。"汉墓所出女俑绾这种髻的例子极多（图10-3：1），而匈奴发式如西安沣西客省庄104号墓所出角抵纹铜带镝上的人物所绾者⑥（图10-3：2），亦与之相近，和文献记载也正相符合。但《淮南子·齐俗》说："胡貉匈奴之国，纵体拖发，箕踞反言。"似乎与椎髻的记载相矛盾。其实，这是由于观察的角度不同之故。就髻形而言，是为椎髻；就在脑后拖垂而言，是为拖发，说的本是一回事。

银像除脑后之髻外，额前、两鬓及耳后皆有成绺的头发下垂。额前那一绺恰与眉齐，应即所谓髳。《说文·髟部》："髳，发至眉也。"鬓旁的两绺，该是两髦。《诗·鄘风·柏舟》："髧彼两髦。"玄应《一切经音义》卷五引《说文》："髦，发也，发中豪者也。"

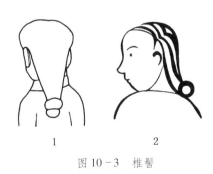

图 10-3　椎髻

1. 山东菏泽豆堌堆出土西汉陶女俑
2. 陕西西安客省庄 104 号墓出土铜带镝上的匈奴人像

《释名·释形体》："髦，冒也，覆冒头颈也。"左右有两绺豪发披拂，古人以为可以使相貌显得英俊，所以《尔雅·释言》、《诗·小雅·甫田》及《大雅·棫朴》毛传、《仪礼·士冠礼》郑注皆谓："髦，俊也。"这种发式在东周时已经流行。河南光山春秋早期黄君孟墓2号椁中所出玉雕人头⑦（图10-4:1），在脑后相当秦俑人俑绾髻的位置上亦有一髻，表明他属华夏族。他的额顶又有突起物，左右两角下垂，但不像金村银像垂得那样低。同墓1号椁中所出人首玉饰（图10-4:2）额上亦有突起物，此突起物也代表两绺豪发，所以也是两髦。至西汉，如咸阳安陵11号陪葬墓之从葬坑中出土的彩绘陶俑⑧，将额上的头发左右分开，梳掠向后，掩于弁下，还可以看出从

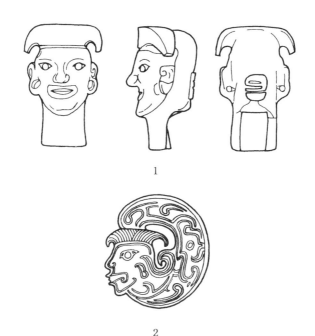

图10-4　两髦与发髻

1. 河南光山春秋墓出土玉人首　2. 河南光山春秋墓出土人首蛇身玉饰

两髦演变过来的痕迹。至东汉，这种发式乃全然过时了。所以郑玄注《礼记·内则》时，只说髦"象幼时鬋，其制未闻也"。在注《仪礼·既夕礼》时，他也说："儿生三月，鬋以为髦。……长大犹为饰存之，谓之髦。……髦之形象未闻。"根据金村此像，可以约略窥知它的形状。但这与匈奴的发式，并没有共同点。

再看面型。银像的面型属于黄种人，更具体地说，它和秦陵兵马俑中一些人物的相貌颇为相似。因此，至少根据面型得不出此像并不属于华夏族的结论来。相反，匈奴族的人种归属却是一个有争议的问题，主突厥族说与主蒙古族说的两派意见聚讼纷纭，莫衷一是。在我国古文献中，匈奴族的面貌有时被描写得很像是白种人。如，羯胡是南匈奴的后裔，《魏书·羯胡传》说："匈奴别部分散居于上党武乡羯室，因号羯胡。"而据《晋书·石季龙载记》："冉闵躬率赵人诛诸胡羯，……高鼻多须至有滥死者。"可见他们鼻高须多，具有白种人的特征。久居塞内已与本地各族部分混血的南匈奴之后尚且如此，秦汉以前游牧于塞外的匈奴人自不应例外。可是仅据散见于古文献之只鳞片羽的记载，问题仍不易论定。因为如冉闵时之事，早在20世纪初已为夏曾佑、王国维等人作为例证举出[9]，然而却不能持之说服主张匈奴为蒙古族的学者。这主要是由于缺乏实物资料相印证，致使这些记载的准确性受到怀疑之故[10]。

当然，解决这个问题的最理想的途径，是根据出土的匈奴遗骨进行体质人类学的分析，从中得出应有的结论。但在国内对先秦时的匈奴遗骨进行鉴定，且已公布结果的，迄今只有内蒙古伊克昭盟杭锦旗桃红巴拉1号墓出土的一具男性头骨。鉴定结果认为该遗骨接近北亚蒙古人种类型[11]。但桃红巴拉墓群的年代早到春秋晚期，所以可能属于白狄[12]。在部族众多、流动频繁的蒙古草原上，如果一处墓葬的族属尚未明确，则对其骨殖的鉴定将完全无助于解决上述问题。何况匈牙利人类学家托思研究了蒙古呼尼河沿岸乃门托勒盖匈奴时期的墓葬的人骨后认为，"有蒙古人种和欧洲人种两个大人种共存的现象"[13]。亦邻真也说："目前，对匈奴人的人类学特征还不能作出最后的定论，尤其不好说同蒙古族一定有什么必然的联系。"[14] 所以尽管对匈奴遗骨的人类学研究尚不充分，还有很大的开拓余地，但就已有的成果而论，这方面的工作仍未能打破过去主要以比较语言学的资料为基础而形成的两派意见之相持不下的胶着状态。

退而求其次，雕塑绘画等形象材料遂为研究者所注意。但这要有两个前提：一、所表现的对象必须能证明是匈奴人。这一点本无须指出，可是事实上被当作匈奴人像的材料，有的只在疑似之间，并不肯定。比如有人曾据本文所讨论的这件银像来研究匈奴人的族属[15]，则南辕北辙，其难中鹄，自不待言。二、人种的特点必须表现得很鲜明。因为古代的雕塑绘画囿于技巧，对人物面部的刻画常失之简略。比如陕西兴平霍去病墓所立"马踏匈奴"像，虽然马腹下的人物可能与匈奴有关，但由于面目过于粗犷，也就难以为判定其族属提供明确的根据了。

山东地区出土的汉画像石，情况却有所不同。这里屡次出现"胡汉交战"的题材。画面上常在一侧刻出宫室，另一侧刻出山峦。自宫室一侧出击的战士多戴武弁大冠，应代表汉族；自山峦一侧出击的战士多戴尖顶帽，应代表胡族。因为这些画像石出自汉族大墓，所以总是汉族战士得胜，且出现过上功首虏、献俘纳降的场景。但是，又怎么知道戴尖顶帽的战士是胡人呢？这是可以从榜题中得到解答的。山东肥城孝堂山画像石在他们这一侧的首领身边刻出"胡王"二字，山东微山两城山画像石则刻出"胡将军"三字[16]。因而其族属可以被确认。值得注意的是，这些匈奴战士的鼻子有时被刻画得极其高耸，和同他们对阵的汉人的面型绝不相同（图10-5）。不但正在作战的胡族战士的鼻子如此，被斫下的首级的鼻子也是如此（图10-6：3）。

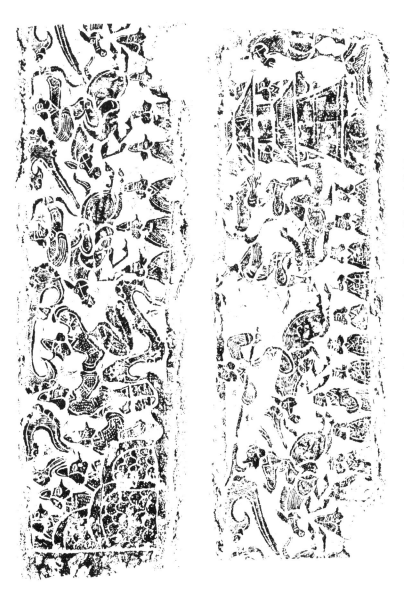

图 10-5　山东滕县西户口东汉画像石上的胡汉交战图
上.胡人一侧　下.中与右.汉人一侧

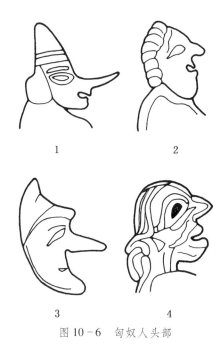

1   2

3   4

图 10 - 6　匈奴人头部

1. 山东滕县西户口画像石　2. 山东滕县万庄画像石
3. 山东济宁南张画像石(此例为斫下的首级)
4. 西伯利亚出土匈奴金饰(圣彼得堡爱米塔契博物馆藏)

联系到上引《晋书》的记载，他们很可能就是那些高鼻多须的羯胡的先人，即东汉时的匈奴人。如果这一判断能够成立，那么，再上溯到战国，匈奴人与外族当更少混血，白种人的特点会更为充分。圣彼得堡爱米塔契博物馆所藏彼得一世自西伯利亚搜集的古物中，有一件黄金饰牌，其年代相当于战国时期。牌上两个人物的发式、服装与马身上的杏仁状串饰，均与我国东北、内蒙古及西安客省庄等地出土的匈奴遗物的作风相同。因知这件饰牌上的人物是匈奴人，他们的面型也具有白种人的某些特征（图10-6：4）。再考虑到托思的鉴定结果，遂有理由相信，战国时的匈奴人的面型与金村银像差得很远。纵使退一步说，这一点目前不作定论，那么，至少也不能以银像的面型作为断定他属于匈奴族的根据。

再看服装。银像穿的是深衣，即将上衣下裳连属在一起的长衣。如《礼记·深衣篇》所说，深衣在裁制上的特点是"续衽钩边"，即将下衽接以曲裾而掩于腰后。关于深衣的基本形制，本书《深衣与楚服》一文已试加说明，此处不再赘述。不过应当指出的是，深衣是一种通乎上下的服制。《礼记·玉藻》谓诸侯"朝玄端，夕深衣"。但《内则》郑注又说："玄端，士服也，庶人深衣。"庶人须要劳作，衣服不能太长、太肥大。并且深衣"可以为文，可以为武"，武士也穿。同样，他们的深衣也应与庶人所穿的相近。《深衣篇》说这种衣服"短毋见肤，长毋被土"，可见它本来就有长、短两种。贵族穿的深衣，不仅长，而且接出的曲裾也很宽阔；有些女装，甚至可用曲裾在腰下缠绕好几层。短的深衣则不然，长度止于膝部。宁戚《饭牛歌》"短布单衣适至骭"[17]，说的就是这种情况。它的曲裾也比较窄小，掩到背后，遂所剩无几。金村银像与始皇陵兵马俑穿的都是这种短深衣。匈奴族的上衣虽然也较短，但不带曲裾，是直襟的，无论诺颜乌拉匈奴墓出土的衣服（图 10-7:1），或满城 1 号墓所出"当户灯"座上的匈奴当户像都是如此[18]（图 10-7:2）。赵武灵王所用胡服，其形制大约与此式服装类似，而与深衣有明显的区别。关于这一点，《盐铁论·论功篇》已指出：匈奴"无文采裙袆曲襟之制"。可见匈奴人根本不穿深衣。银像上衣的袖子较窄，且下臂有臂褠，则与金村所出错金银狩猎纹镜上的武士相同（图 10-8）。镜上的武士头戴插两根羽毛的鹖冠，是华夏族武士的典型装束。所以银像的袖子狭窄，并不与华夏族服制相悖。虽然深衣比起上衣下裳式的玄端来，与胡服有一定程度的接近，但它却具有自己的民族特点，是华夏族通用的服装。

最后，再讨论一下银像跣足的问题。我国先秦时代，在室内不穿

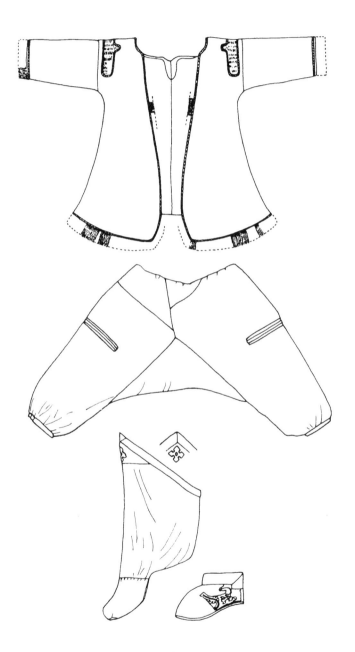

1

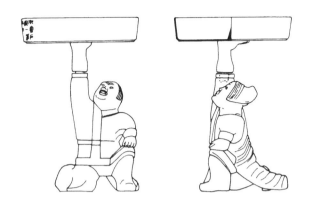

2

图 10－7　匈奴服式

1. 匈奴的衣、裤、袜、靴(蒙古诺颜乌拉出土)
2. "当户灯"(满城1号汉墓出土)

图 10－8　错金银狩猎纹镜上的武士

(洛阳金村出土)

鞋子。《左传·宣公十四年》说楚庄王听到宋国杀了他的使臣，于室中"投袂而起，屦及于室皇（路寝之前庭），剑及于寝门之外，车及于蒲胥之市"。又《庄子·列御寇篇》说伯昏瞀人到列御寇的寓所，见"户外之屦满矣"，他不言而出，"宾者以告列子，列子提屦，跣而走，暨乎门"。可见当时在室内皆不履而坐。如果不解履就升堂践席，会被认为是极不礼貌的举动。《吕氏春秋·至忠篇》说齐王有病，请来医士文挚。"文挚至，不解履登床，履王衣"。齐王最后大怒，"将生烹文挚"。特别是对于臣下事奉君主来说，这一礼节更须认真遵守。《左传·哀公二十五年》："卫侯为灵台于藉圃，与诸大夫饮酒焉。褚师声子袜而登席。公怒。辞曰：'臣有疾，异于人，若见之，君将殻（呕吐）之，是以不敢。'公愈怒，大夫辞之，不可。褚师出，公戟其手曰：'必断而足！'"杜注："古者见君解袜。"则这时不惟不穿鞋，而且不穿袜，只能跣足，也就是《隋书·礼仪志》所说："极敬之所，莫不皆跣。"直到汉代，虽然平时臣僚可以穿袜登殿，但在待罪谢罪之时，仍要免冠跣足。《汉书》有不少这方面的记载，如："免冠徒跣待罪"（《萧何传》、《匡衡传》），"诣阙免冠徒跣谢"（《董贤传》）等。而对于身份低微的小史、宫女等人说来，大约平日在宫廷的建筑物内活动时，都要跣足。满城2号汉墓出土的长信宫灯，执灯的宫女就是跣足的。《淮南子·泰族》说："子妇跣而上堂，跪而斟羹。"事亲犹如此，事君则更不待言。这种礼俗行使的范围，战国时会比汉代更广泛些。如，山西长治战国韩墓所出及瑞典斯德哥尔摩远东古物馆、美国纳尔逊美术馆所藏之充当器座的铜人，也是跣足的[19]（图10-9），其性质当与长信宫灯相近。从而可知金村银像所以跣足，可能也是因为陈设于君前，故徒跣以示敬之意。匈奴人的情况则不同。北方游牧民族，逐水草迁徙，习惯骑行，日常多着靴。麦高文《中亚古国史》认为斯基泰人和萨尔马泰人首先着靴[20]。

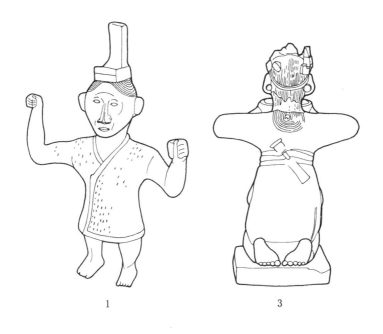

1   3

2

图 10－9　战国跣足铜人

1. 山西长治韩墓出土　2. 美国纳尔逊美术馆藏　3. 瑞典斯德哥尔摩远东古物馆藏

虽然，靴的起源从世界范围说可能是多元的，但古代乌拉尔—阿尔泰诸族和匈奴人皆着靴，这有图像材料和诺颜乌拉匈奴墓出土的遗物为证（图10-7：1；10-10；6-5：1）。靴不便穿脱，亦不闻匈奴人有入室脱靴的礼俗[21]。所以，金村银像如果代表匈奴人，就不应作成跣足的样子了。

综上所述，金村着衣银像所代表的不应是胡人即匈奴人，而当是华夏族人。从它的制作看，亦不应是明器。金村出土的器物中有不少刻有"甘游宰"铭文，"甘游"即"甘"地之离宫。故银像可能是此离宫中原有的陈设品；银像后裾上刻记衡量之铭文"十四两二分□二分卅二朱"[22]，制明器时一般不如此精审。它是在秦兵马俑之前，我国

图10-10 着靴的骑马者

（帕泽雷克巨冢出土挂毯）

278

雕塑中最富于写实风格的人像之一。在先秦时，具有这种水平的作品不多见。它以真实细致的表现手法，向我们展示出当时宫廷小臣的装束与风貌。特别是银器在当时很珍罕，作为银人像，它是我国已发现的最早的两例之一，所以就更可宝贵了。

汉代军服上的徽识

在军服上标出徽识，本是先秦时代沿用已久的制度，不过因为没有见到当时的具体形象，情况尚说不清楚。汉代留下的实物资料虽仍不完备，若干细节仍无从查考，但毕竟出现了一些实例，从而有可能与文献记载相印证，对汉代军服的徽识问题进行研究。这篇小文就此作一点初步的探索。

《说文·衣部》："褚，卒也。卒，衣有题识者。"则卒是由于衣上带有徽识而得名。《诗·小雅·六月》："织文鸟章。"郑笺："织，徽织也。……将帅以下衣皆着焉。"徽的正字当作微。《说文·巾部》："微，微识也，以绛微帛着于背。……《春秋传》曰'扬微者公徒'；若今救火衣然也。"《战国策·齐策》记齐、秦交战，齐将章子命齐军"变其徽章以杂秦军"，可见这种作法通行于列国。但是这时的军服上为什么要缀以徽识呢？其中大约包含两重意义：首先是标明该人的身份、姓名；如若在战场上阵亡，便于辨认其遗体。《尉缭子·兵教篇》说："将异其旗，卒异其章。""书其章曰某甲某士。"《周礼·春官·司常》郑注："徽识之书则云：某某之事，某某之名，某某之号。……兵，凶事，若有死事者，亦当以相别也。"同书《夏官·大司马》贾疏更明确地说，徽识"皆缀之于膊上，以别死者也"。其次，则可通过徽识之不同的颜色、形状及佩戴的位置，以区别部伍；在分兵布阵时，便于将领指挥调遣。因为在古代战争中，号令主要由金鼓的疾徐轻重、旗旆的麾动舒卷来传达。而士卒在进退周旋、奇正变化的战阵之中，要保持队形整齐、行动一致，也大有赖于对徽识的注意跟踪。所以金鼓—旗旆—徽识，构成了指挥作战的一套信号系统，具有重要的作用。在一支部队中，旗旆与徽识的颜色大抵相同。青海大通上孙家寨汉简说："左骑都尉翼青"，"［左］部司马旍胡青"，"左什肩章青"，可证。而什伍的肩章还有进一步的区分，亦即上孙家寨汉简所说："什以肩章别，伍以肩左右别，士以肩章□色别。"[23]这和《尉缭子·兵教篇》中的"左军章左肩，右军章右肩，中军章胸前"等规定显然有相通之处。由于士卒的徽识关系到指挥意图能否顺利贯彻，所以《尉缭子·经卒令》中又强调："亡章者有诛。"可见当时对于不佩戴徽章的士卒的处理是很森严的。

从广义上说，徽识不仅士卒的军服上要有，"将帅以下衣皆着"；而且据《逸周书·世俘篇》说："谒戎殷于牧野，王佩赤白旂。"则于作战之时，最高统帅也要佩戴代表自己的身份的徽识。所以它的种类较繁。就目前的认识来说，大致可分为章、幡和负羽三种。

章是士卒以及其他参战的平民皆应佩戴的徽识。《墨子·旗帜篇》说："吏卒民男女，皆辨异衣章微职（徽识）。"又说："城上吏卒置之背，卒于头上。城下吏卒置之肩，左军于左肩，中军置之胸。"其说与上引《尉缭子·兵教篇》及上孙家寨汉简的记述大致相类，指的都是佩章的方式。陕西咸阳杨家湾西汉大墓陪葬坑出土的陶士卒俑背后佩戴的长方形徽识或即章[24]（图10-11∶1）。此物的体积不大。孙诒让《墨子间诂》卷一五说章是"小微识"，与实际情况正合。章上本应书写名号，这里仅以交叉线代之。

幡的等级或许比章高一些，在汉代，大约是军官佩戴的。它有时也被径称为徽。《文选·东京赋》"戎士介而扬挥"，薛综注："挥为

图 10-11　汉代军服上的三种徽识

1、2. 咸阳杨家湾西汉墓出土陶俑　3. 徐州狮子山西汉墓出土陶俑
[1. 佩章　2. 被幡　3. 负羽(此俑只余插羽之扁盒)]

肩上绛帜，如燕尾者也。"挥是徽的借字，唐写本《文选》挥字作徽，可证。杨家湾陶俑中有的在肩部披有带许多尖角的长巾，与所谓"肩上绛帜"极相近㉕（图10－11：2）。这上面的尖角就是文献中所说的燕尾。《释名·释兵》"杂帛为物，以杂色缀其边为燕尾"，指的也是一种在边缘上饰以尖角的旗帜。不过杨家湾陶俑所披之长巾的正式名称应为幡。在《说文·巾部》中，"幦"字与"徽"字相次，表示它们是相近之物，而许释幦为"幡帜也"。这和《续汉书·舆服志》所称"宫殿门吏、仆射……负赤幡，青翅燕尾；诸仆射幡皆如之"的提法恰相一致。郑注《周礼·司常》时也认为"今城门仆射所被"之物，是"旌旗之细者也"，是先秦时"有属（徽识）"之旗的"旧象"。诸说相互补充发明，则军官所负之幡的形状可以被确认。其下部尖角参差，也正与鸟翅燕尾相仿佛。虽然它的颜色不一定都是赤色的。

至于负羽，大约军官和士卒均可用。《国语·晋语》"被羽先登"，韦注："羽，鸟羽，系于背，若今军将负毦矣。"毦为"毛饰"（《玄应音义》卷二引《通俗文》），亦即羽饰。《尉缭子·经卒令》："左军苍旗，卒戴苍羽；右军白旗，卒戴白羽；中军黄旗，卒戴黄羽。"《韩诗外传》卷九之一五："孔子喟然叹曰：'二三子各言尔志，予将览焉。由，尔何如？'对曰：'得白羽如月，赤羽如日，……使将而攻之，惟由为能。'"子路说的白羽、赤羽，即指负此二色羽毛的部伍。负羽之制亦行于汉代。扬雄《羽猎赋》："贲育之伦，蒙盾负羽……者以万计。"《汉书·王莽传》："五威将乘乾文车，驾坤六马，背负鹜鸟之毛，服饰甚伟。"《后汉书·贾复传》："于是被羽先登，所向皆靡。"延及三国、六朝，此风犹存。《三国志·吴志·甘宁传》说他"负毦带铃"，则与上引《国语》韦注正合。《文选·江文通杂体诗》："羽卫蔼流景。"李注："羽卫，负羽侍卫也。"又张

图 10 - 12　负羽者

1. 河南汲县战国墓出土水陆攻战图鉴　2. 山西潞城战国墓出土铜匜

协《七命》："屯羽队于外林。"李善注："羽队，士负羽而为队
也。"说的都是这种情况。军人负羽的作法在我国古代曾长期流行，
河南汲县山彪镇出土的水陆攻战图鉴与山西潞城战国墓出土的铜匜的
刻纹中均有负羽者（图10 - 12），惟其所负之羽的装置方法图中未表
现清楚[26]。始皇陵兵马俑坑中的陶俑有的在背后装两个环，出土时其
上空无一物，不知道当时供系何物之用，似乎不排除它用于负羽的可
能性。又江苏徐州狮子山兵马俑坑与北洞山西汉墓所出陶俑，均有背
负长方形盒状物者（图10 - 11：3），发掘简报称之为箭箙[27]。虽外观
约略近似，但也令人产生若干疑问。比如在盒状物中未曾发现箭镞
（即便是它的模型）。而且在这两批陶俑中亦无持弓或佩弓韣者。箭
不与弓配套，则将失掉其存在的意义。如果认为当时将弓和箭一并装
在此盒中，它就是《释名·释兵》所说"弓矢并建，立于其中"的
鞬，也仍然难以成立。因为在孝堂山画像石中看到的鞬呈长筒形，式

中国古代服饰文化考释三则

1　　　　　　　　　　　　　　　2

图 10 - 13　佩鞭与负箭箙的武士

1. 孝堂山画像石中的佩鞭者
2. 河北磁县东陈村东魏墓出土背箭箙俑

样和它大不相同（图 10 -13：1）。何况此盒位于俑体上部，将弓箭背得这么高，取用时似亦有所不便。无论在淮阴高庄战国铜器刻纹中或在北朝陶俑中看到的背箭箙者，其箭箙的位置都要低得多㉒（图 10 - 13：2）。另外在北洞山陶俑上，还发现其佩盒状物所用的带子通过俑的双腋与肩之一侧，这种方式与杨家湾陶俑佩章的方式正同。而且后者所佩之章，有的虽仅仅是一薄片，但也有呈盒状的。不过比徐州这两批俑所负之盒更扁些，其顶部有的开一狭缝，有的则是封闭的，只留下四个小圆孔。这种扁盒显然不宜盛箭，看来它似乎是插羽用的底座。只不过由于所插之物无存，故此说尚有待用日后新出的材料加以验证。

说 "金 紫"

《后汉书·冯衍传》记冯衍感慨生平时曾说自己："经历显位，怀金垂紫。"而唐·白居易《早春雪后诗》中也有"有何功德纡金紫，若比同年是幸人"之句[29]。两处都用"金紫"代表高官显宦的服章。但汉之"金紫"与唐之"金紫"，却是毫不相干的两回事。

高官之用金紫，本不始于汉，战国时的蔡泽曾说："怀黄金之印，结紫绶于腰……足矣。"[30]其所谓金紫是指金印紫绶。汉代仍然如此。在汉代的官服上，用以区别官阶高低的标志，一是文官进贤冠的梁数，二是绶的稀密、长度和色彩。但进贤冠装梁的展筒较窄，公侯不过装三梁，中二千石以下至博士两梁，自博士以下至小史都是一梁。每一阶的跨度太大，等级分得不细，因而"以采之粗缛异尊卑"的绶就成为权贵们最重要的标识了。秦末农民大起义时，项氏叔侄入会稽郡治，"籍遂拔剑斩守头，项梁持守头，佩其印绶。门下大惊，扰乱，籍所击杀数十百人。一府中皆慑伏，莫敢起"[31]。可见他们是把印绶当作权力的象征看待的。新莽末年，商人杜吴攻上渐台杀死王莽后，首先解去王莽的绶，而未割去王莽的头。随后赶到的校尉、军人等，才"斩莽首"、"分裂莽身"，"争相杀者数十人"[32]。而从杜吴看来，似乎王莽的绶比他的头还重要，这也正反映出当日市井居民的社会心理之一般。东汉末年，曹操要拉拢吕布，与布书云："国家无好金，孤自取家好金更相为作印。国家无紫绶，自取所带紫绶以藉心。"[33]则直到这时，金印紫绶还有它的吸引力，有些军阀也还吃这一套。

绶原自佩玉的系组转化而来。《尔雅·释器》："璲，绶也。"郭注："即佩玉之组，所以连系瑞者，因通谓之璲。"《续汉书·舆服志》："五伯迭兴，战兵不息。于是解去绂佩，留其系璲，以为章表。……绂佩既废，秦乃以采组连结于璲，光明章表，转相结受，故谓之绶。"绶的形制据《汉官仪》说："长一丈二尺，法十二月；阔三尺，法天、地、人。旧用赤韦，示不忘古也，秦汉易之为丝，今绶如此。"所谓长一丈二尺是指百石官员的绶。实际上地位愈尊贵绶也愈长：皇帝之绶长二丈九尺九寸，诸侯王绶长二丈一尺，公、侯、将军绶长一丈七尺，以下各有等差。汉代用绶系印，平时把印纳入腰侧的鞶囊，而将绶垂于腹前；有时也连绶一并放进囊中。《隋书·礼仪志》："古佩印皆贮悬之，故有囊称，或带于旁。"《晋书·舆服志》："汉世着鞶囊者，侧在腰间，或谓之旁囊，或谓之绶囊。然则以紫囊盛绶也。或盛或散，各有其时。"在班固的书信中曾提到若干种高级鞶囊，如"虎头金鞶囊"、"虎头绣鞶囊"等[34]。东汉末年的沂南画像石中刻出了它们的形象（图10-14）。但如果把印和绶都塞在囊里，那就难以识别佩带者的身份了。《汉书·朱买臣传》说他拜为会稽太守后，"衣故衣，怀其印绶，步归郡邸。直上计时，会稽吏方相与群饮，不视买臣。买臣入室中，守邸与共食，食且饱，少见其绶，守邸怪之，前引其绶，视其印，'会稽太守章'也"。群吏于是大惊，挤在中庭拜谒。将印绶显露出来之后，原先被认为免职赋闲、等于一介平民的朱买臣，一下子就变成了威风凛凛的大官。

汉代一官必有一印，一印则随一绶。《汉书·酷吏传》记汉武帝敕责杨仆说："将军请乘传行塞，因用归家，怀银、黄，垂三组，夸乡里。"颜注："银，银印也；黄，金印也。仆为主爵都尉，又为楼船将军，并将梁侯；三印故三组也。组，印绶也。"《后汉书·张奂传》说："吾前后仕进，十要银艾。"银指银印，艾指绿绶，十腰谓其历十官。张奂只有银印艾绶，那是因为他的官还不够大。汉代的丞相、列侯、太尉、大司马、御史大夫、太傅、太师、太保、前后左右将军均

图 10-14　沂南画像石中
佩戴虎头鞶囊的武士
（囊旁露出一段绶）

佩金印紫绶，那就更加煊赫了。汉代的官印并不太大，即《汉书·严助传》所谓"方寸之印，丈二之组"。自实物观察，一般不超过 2.5 厘米见方。

汉绶的织法，依《续汉书·舆服志》说："凡先合单纺为一系，四系为一扶，五扶为一首，五首成一文，文采淳为一圭。首多者系细，少者系粗。皆广尺六寸。"首指经缕而言。《说文》绲字下引《汉律》："绮丝数谓之绲，布谓之总（即缌、升），绶谓之首。"一首合 20 系；皇帝的绶为 500 首，得 10 000 系。绶的幅宽为 1.6 汉尺，合 36.8 厘米，则每厘米有经系 271.7 根。这个数字很大，因为现代普通棉布每厘米仅有经纱25.2根，所以绶的织法应为多重组织，即是包含若干层里经的提花织物。

汉代佩绶的情况在山东济宁武氏祠画像石中表现得很清楚。这里的历史故事部分中出现的帝王或官僚，腰下各有一段垂下复摺起的大带子。黄帝、颛顼、帝喾、尧、舜、桀、齐桓公、管仲、吴王、秦王、韩王、蔺相如、范且等都有，禹因为戴笠执臿作农民打扮，所以没有这种带子。公孙杵臼、何馈等无官职者，虽着衣冠，却也无此带。因知这种带子就是绶。尤其是齐王与锺离春那一节，故事的结局是齐王册锺为后。画面上的齐王正将王后的印绶授给锺，她则端立恭受（图10－15）。方寸之印固然不容易表现，但绶却刻画得极清楚，其织纹和王身上佩带的绶完全一致。过去曾有人认为这幅画上的齐王"右袖披物如帨巾"，那是因为当时没有把绶认出来的缘故⑤。《隋书·礼

图10－15　齐王向锺离春授绶

（武氏祠画像石）

图 10－16　施玉环的绶

（江苏睢宁汉画像石）

仪志》说还有一种小双绶，"间施三玉环"。施环之绶在江苏睢宁双沟汉画像石和晋·顾恺之《列女传图》中都能见到（图10－16），则此类绶的出现亦不晚于东汉。

　　但是这一套怀金纡紫的堂堂"汉官威仪"，却受到了初看起来与之风马牛不相及的另一种事物的冲击而退下了历史舞台，这就是纸的应用。自东汉以来，纸在书写领域中的地位日益重要。东汉末年，东莱一带已能生产质地优良的左伯纸。东晋·范宁说："土纸不可作文书，皆令用藤、角（即穀）纸。"㊱可见纸在这时已取简牍的地位而代之。而汉代的官印原本是用于简牍缄封时押印封泥的。纸流行开来以后，印藉朱色盖在纸上。这样就摆脱了填泥之检槽的面积的限制，于是印愈来愈大。南齐"永兴郡印"，5厘米见方；隋"广纳府印"，5.6厘米见方。这么大的印已不便佩带，所以《隋书·礼仪志》说：

"玺，今文曰印。又并归官府，身不自佩。"既然不佩印，绶也就无所附丽，失掉了存在的意义。

与此同时，我国服装史上又有一种新制度兴起，这就是品官服色的制定。原先在汉代，文官都穿黑色的衣服，它的传统已很久远。《荀子·富国篇》说战国时"诸侯玄裷衣冕"。秦自以为得水德，衣服尚黑。汉因秦制，仍尚"袀玄之色"。《汉书·文帝纪》说文帝"身衣弋绨"，可见皇帝平常穿黑色衣服；而《汉书·张安世传》说"安世身衣弋绨"，则大臣也穿黑色衣服，其他文官亦不例外。如《汉书·萧望之传》说："敞备皂衣二十余年。"颜注引如淳曰："虽有五时服，至朝皆着皂衣。"《论衡·衡材篇》："吏衣黑衣。"《独断》："公卿、尚书衣皂而朝者曰朝臣。"河北望都1号汉墓壁画中官员的服色正是如此。黑衣既然通乎上下，所以从颜色上无法分辨大官小官。北周时，才有所谓"品色衣"出现。《隋书·礼仪志》说："大象二年下诏，天台近侍及宿卫之官，皆着五色衣，以锦、绮、缋、绣为缘，名曰'品色衣'。"但北周品色衣的使用范围小，其制度亦莫能详征。隋大业六年，"诏从驾涉远者，文武官皆戎衣，贵贱异等，杂用五色。五品以上通着紫袍，六品以下兼用绯、绿"[35]。从这时起，历唐、宋、元、明各代，原则上就都采用这一制度了。

唐代品官的服色，据《隋唐嘉话》说："旧官人所服，唯黄、紫二色而已。贞观中，始令三品以上服紫。"其后虽然三品以下官员的服色屡有变动，但唐代三品以上之官始终服紫。其所谓紫，指青紫色。龙朔三年，司礼少常伯孙茂道奏称："深青乱紫，非卑品所服。"[38]就是因为深青与青紫容易相混的缘故。敦煌莫高窟130窟壁画中，榜题"朝议大夫、使持节都督晋昌郡诸军事、守晋昌郡太守、兼墨离军使、赐紫、金鱼袋、上柱国乐庭瓌供养"一像，所着自当是紫袍。但壁画年久，袍泛青色，所以潘洁兹先生乃说他"穿蓝袍"[39]；也正是由于"深青乱紫"之故。紫袍上并应织出花纹。《唐会要》卷三二载，节度使袍上的花纹为鹊衔绶带，观察使的为雁衔仪委（即瑞草）。不过当时的袍料皆为生织（先织后染）的本色花绫，所以在壁画上就难以表现这些细节了。

唐代的高官还要佩鱼符。原来隋开皇十五年时，京官五品以上已有佩铜鱼符之制，唐代沿袭了这一制度而又与瑞应说相附会。唐·张鷟《耳目记》说，唐"以鲤为符瑞，为铜鱼符以佩之"。视玄宗时两度禁捕鲤鱼[40]，则此说不为无因。随身鱼符之用，本为出入宫廷时防止发生诈伪等事故而设。《新唐书·车服志》："高宗给五品以上随身鱼、银袋，以防召命之诈，出内必合之。三品以上金饰袋。"盛鱼符之袋名鱼袋，饰以金者名金鱼袋，本有其实际用途。高宗颁发的鱼符只给五品以上官员，本人去职或亡殁，鱼符便须收缴。但永徽五年（654 年）时又规定："恩荣所加，本缘品命，带鱼之法，事彰要重。岂可生平在官，用为褒饰，才正亡殁，便即追收？寻其终始，情不可忍。自今以后，五品以上有薨亡者，其随身鱼不须追收。"[41]于是鱼符遂失其本义。武则天垂拱二年（686 年）以后，地方上的都督、刺史亦准京官带鱼。外官远离禁阙，本无须佩带出入宫廷的随身鱼，让他们也佩鱼袋，反映出此物已成为高官的一种褒饰了。天授二年以后，品卑不足以服紫者还可以借紫，同时一并借鱼袋。开元时，"百官赏绯、紫，必兼鱼袋，谓之章服。当时服朱紫佩鱼者众矣"[42]。这时鱼袋还成为褒赏军功之物。《册府元龟》卷六〇：灵武、和戎各军"各封赏金鱼袋五十枚，并委军将临时行赏"。日本藤井有邻馆藏新疆出土的北庭都护府第 32 号文书："〔首缺〕斩贼首一，获马一匹……右使注殊功第壹等，赏绯、鱼袋。"这是一份叙勋文书，此人即因战功获绯袍、银鱼袋。滥赏之余，鱼袋已成徒具形式之物。宋以后，鱼袋之制渐湮。宋·程大昌《演繁露》卷六说："本朝……所给鱼

1   2

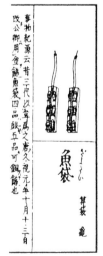

3

图 10－17　鱼袋

1. 乾县唐·李贤墓壁画中的佩鱼袋者　2. 莫高窟156窟晚唐壁画中的佩鱼袋者
3. 鱼袋(据《倭汉三才图会》)

袋，特存遗制，以为品服之别耳。其饰鱼者，因以为文；而革韦之中，不复有契，但以木楦满充其中，人亦不复能明其何用何象也。"又说："黑韦方直附身者，始是唐世所用以贮鱼符者。"其所状与日本奈良正仓院所藏实物及日本正德二年（1712 年）成书的《倭汉三才图会》卷二六中所绘鱼袋图像均相符合（图 10－17：3）。从而可知乾县唐章怀太子李贤墓、莫高窟 108、156 窟等处壁画中男像腰间佩带的长方形、顶面有连续拱形突起物的小囊匣就是鱼袋（图 10－17：1、2）。同时也发现传世的《凌烟阁功臣像》拓片及《文苑图》等绘画中，也有佩鱼袋者。在宋代，虽然文献仍提及此物，但图像中未见其例。出入宫禁时，北宋是验门符、铜契；南渡以后，改用绢号。降至明、清，则已经很少有人认识鱼袋了。

由于在我国历史上，唐代以前与以后的"金紫"的区别如此之大，所以读史者不可不察。如《魏书·袁翻传》载翻上表请"以安南（安南将军）、尚书（度支尚书）换一金紫"。而《新唐书·李泌传》说泌"入议国事，出陪舆辇。众指曰：'著黄者圣人，著白者山人。'帝闻，因赐金紫"。前一事发生在品官服色之制尚未成立之前，所指当是金印紫绶；后一事发生在此制久行之后，所指自然是紫袍和金鱼袋了。

注　释

周代的组玉佩

*　原载《文物》1998 年第 4 期。

①　《艺文类聚》卷八三引《尹文子》："魏田父有耕于野者，得玉径尺。……王问其价，玉工曰：'此无价以当之，五城之都，仅可一观。'"《史记·廉颇蔺相如列传》："赵惠文王时，得楚和氏璧。秦昭王闻之，使人遗赵王书，愿以十五城请易璧。"

②　夏鼐：《商代玉器的分类、定名和用途》，《考古》1983 年第 5 期。

③　俞樾：《春在堂全书·俞楼杂纂之十·玉佩考》。

④　邓淑苹：《新石器时代玉器图录·试论中国新石器时代的玉器文化》页 24，台北，1992 年。

⑤⑦　中国玉器全集编委会编：《中国玉器全集》卷 1，图 57；卷 2，图 273，河北教育出版社，1993 年。

⑥⑮　北京大学考古学系编：《燕园聚珍》图 85 ~ 87，文物出版社，1992 年。

⑧　卢连成、胡智生：《宝鸡𢎩国墓地》上册，页 363，文物出版社，1988 年。

⑨⑫　北京大学考古学系等：《天马—曲村遗址北赵晋侯墓地第五次发掘》，《文物》1995 年第 7 期。至于北赵村 63 号墓出土的四十五璜玉佩，总长度已超过人的体高，难以佩带。参加发掘的先生有的认为，这本来不是一组佩玉，初步整理时误连为一。玉佩中系玉圭之记载，见下文所引《毛公鼎铭》。

⑩　山西省考古研究所等：《天马—曲村遗址北赵晋侯墓地第三次发掘》，《文物》1994 年第 8 期。

⑪　河南省考古研究所等：《三门峡虢国墓》第一卷上册，页 154、275 ~ 277、531，文物出版社，1999 年。

⑬㉕　卢兆荫：《玉德·玉符·汉玉风格》，《文物》1996 年第 4 期。

⑭　陕西周原考古队：《陕西岐山凤雏村西周建筑基址发掘简报》，《文物》1979 年第 10 期。

⑯　平顶山应国墓地出土者，见《中国文物精华》（1990 年）图 56。北赵村 31 号墓出土者，

见《文物》1994 年第 8 期。北赵村 92 号墓出土者，见《文物》1995 年第 7 期。

⑰ 洛阳中州路西工区出土玉人，见 *Mysteries of Ancient China*. fig. 73. 信阳楚墓出土木俑，见沈从文《中国古代服饰研究》页 18、19。广州南越王墓出土玉舞人，见《西汉南越王墓》下册，图版 148。

⑱ 陕西省考古研究所等：《陕西出土商周青铜器》卷 2，文物出版社，1980 年。

⑲⑳㉓ 《唐兰先生金文论集·毛公鼎"朱黻、葱衡、玉环、玉瑹"新解——驳汉人"葱珩佩玉"说》，紫禁城出版社，1995 年。

㉑ 陈梦家：《西周铜器断代》，《燕京学报》新 1 期，1995 年。

㉒㉔ 林巳奈夫：《西周时代玉人像之衣服及头饰》，《史林》55 卷 2 号，叶思芬译文载《故宫季刊》第 10 卷第 3 期。

㉖ 王逸：《正部论》，玉函山房辑本。曹丕：《与钟大理书》，载《文选》卷四二。

㉗ 《唐兰先生金文论集·用青铜器铭文来研究西周史》。

㉘ 《番生簋》说："易朱市、恖黄、鞞鞪、玉圜、玉琮。"所叙锡物名目与《毛公鼎》类似。鞪为瑑字之假，亦是玉器。至于《番生簋》和《毛公鼎》铭所称玉琮，虽属圭类，但并非分封土地、颁赐策命时所授之"命圭"。《考工记·玉人》郑注："命圭者，王所命之圭也，朝觐执焉，居则守之。"命圭又称介圭，《诗·大雅·崧高》："王遣申伯，路车乘马。我图尔居，莫如南土。锡尔介圭，以作尔室。往近王舅，南土是保。"鼎铭中之玉琮如果是这么重要的、可视为诸侯镇国之宝的命圭，则在锡物的名单中不会排列到玉环之后，所以它只能被认为是组玉佩中的部件。

㉙ 据山西省考古研究所等：《太原晋国赵卿墓》页 175 ~ 179 所载出土遗物登记表统计，文物出版社，1996 年。

㉚ 湖北省博物馆：《曾侯乙墓》页 409，文物出版社，1989 年。

㉛㊴㊵ 河北省文物研究所：《𰋖墓——战国中山国国王之墓》页 440，文物出版社，1995 年。

㉜ 唐兰先生在注⑲所揭文中说："'璜'是古字，'珩'是春秋以后的新字。"

㉝ 湖北省文物考古研究所：《江陵望山沙冢楚墓·望山 1、2 号墓竹简释文与考释》，文物出版社，1996 年。武昌义地楚墓出土木俑见《中国玉器全集》卷 2，页 40，河北美术出版社，1993 年。

㉞ 山西省考古研究所：《山西长子县东周墓》，《考古学报》1984 年第 4 期。

㉟ 见注㉙所揭书，页 148。

㊱ 见注㉚所揭书，页 416。

㊲ 杨建芳：《战国玉龙佩分期研究》，《江汉考古》1985 年第 2 期。

㊳ 安徽省文物工作队：《安徽长丰杨公发掘九座战国墓》，《考古学集刊》第 2 集，1982 年。

㊶ 第一种复原方案见梅原末治《洛阳金村古墓聚英》（东京，1937 年）。第二种复原方案见 T. Lawton, *Chinese Art of the Warring States Period.*（华盛顿，1982 年）。

㊷ 邓淑苹：《蓝田山房藏玉百选》图 62，台北，1995 年。

㊸ 广州市文物管理委员会等：《西汉南越王墓》下册，彩版 4、10，文物出版社，1991 年。

㊹ 郭宝钧：《古玉新诠》，《历史语言研究所集刊》第 20 本下册，1949 年。

注
释

深衣与楚服

* 原载《考古与文物》1982 年第 1 期。

① 周玉佩，见梅原末治《洛阳金村古墓聚英》（东京，1973 年）。赵国陶器残片为山西侯马出土，标本藏山西省考古所侯马工作站。中山国银首人形灯，见《中国美术全集·青铜器下》。秦国壁画，见咸阳市文管会等：《秦都咸阳第三号宫殿建筑遗址发掘简报》，《考古与文物》1980 年第 2 期。齐国漆盘，见山东省博物馆：《临淄郎家庄 1 号东周殉人墓》，《考古学报》1977 年第 1 期。

② 直到汉代，两条裤管尚多不缝合。有裆的被特称为"穷裤"，见《汉书·上官皇后传》颜注。又《礼记·曲礼》"暑毋褰裳"，"不涉不撅"等礼法要求，也是由于袴不完备，不得不有所防范而提出的。《墨子·公孟篇》甚至说："是犹裸者谓撅者为不恭也。"则简直把揭开外衣和裸体等量齐观了。

③ 《左传·襄公十四年》记戎子驹支云："我诸戎饮食衣服不与华同，贽币不通，言语不达。"羌人亦属西戎，其衣服亦当不与华同。

④ 长沙陈家大山楚墓出土的人物龙凤帛画，经科学处理后显示，画中妇女的深衣之下摆的两衽角在身后相交叉，底下的衽角上还画有楚俑衣上常见的曲折菱纹。或将底下的衽角视为"大地"（《江汉论坛》1981 年第 1 期，页 93）、"魂舟"（《湖南考古辑刊》2，页167）、"龙舟之尾"（《楚史与楚文化研究》页 314）等，恐均有可商。

⑤ 长沙 406 号楚墓出土俑，见《长沙发掘报告》图版 28。长沙仰天湖 25 号出土俑，见《考古学报》1957 年第 2 期，页 91。云梦大坟头出土俑，见《文物》1973 年第 9 期，页 31。徐州北洞山出土俑，见《文物》1988 年第 2 期，页 10。

⑥ 清·王夫之：《楚辞通释》。

⑦⑬⑰㉑　沈从文：《中国古代服饰研究》页 20、59、15、226，商务印书馆香港分馆，1981 年。

⑧ 湖北省荆州地区博物馆：《江陵马山一号楚墓》页 24，彩版 7，文物出版社，1985 年。

⑨⑩　《中国美术全集·青铜器下》图版 80、89、90，文物出版社，1986 年。

⑪ 李学勤：《东周与秦代文明》页 146，文物出版社，1984 年。

⑫ "敝衣"见《左传·宣公十二年》，杜预注。"破衣"见杨伯峻：《春秋左传注》页 731，中华书局，1981 年。

⑭ 原作"因象其形以制衣冠"，衣字衍，兹删去。

⑮⑲　敦煌文物研究所：《中国石窟·敦煌莫高窟·一》图版 101，文物出版社／平凡社，1982 年。

⑯ 江苏省文物管理委员会：《江苏徐州汉画像石》图 56，科学出版社，1959 年。

⑱ 对妇女袿衣上的襳、髾，注家的解释有互相抵牾之处。《史记·司马相如传·大人赋》集解引《汉书音义》"髾，燕尾也"，则仍以训髾为尖角形的燕尾为是。

⑳ 敦煌文物研究所：《中国石窟·敦煌莫高窟》卷 3，图 78、132，文物出版社／平凡社，1987 年。

㉒ "襜褕"在《小尔雅》中作"童容"。《诗·氓》郑笺："帷裳，童容也。"襜褕也被称为

檐褕，意味着其宽松之状犹如帷裳。

㉓　《北堂书钞》卷一二七引。

进贤冠与武弁大冠

*　原载《中国历史博物馆馆刊》总 13/14 期，1989 年。

①　《淮南子·人间》。

②　李文信：《辽阳北园壁画古墓记略》，《国立沈阳博物院筹备委员会彙刊》第 1 期，1947 年。

③　"前高七寸"之"七"字，李文均误记为"八"，兹据《续汉书·舆服志》校正。

④　沂南画像石墓历史故事部分的人物造型逼肖安徽亳县董园村 2 号墓所出画像石，而后者为东汉桓帝前后之墓葬，故沂南墓的时代亦应相去不远。

⑤　颜、题本来均指额部。《广雅·释亲》："颜、题，额也。"又《战国策·宋策》："宋康王……欲霸之速成，故射天笞地，斩社稷而焚之，曰威服天下鬼神。骂国老谏臣。为无颜之冠以示勇。"宋·鲍彪注："冠不覆额。"则冠颜应位于额上。至于题，如《山海经·北山经》所说："石者之山有兽焉，其状如豹而文题。"郭璞注："题，额也。"可知二者本无分别。故《隋书·礼仪志七》转述《续汉志》的话时，只说："至孝文时，乃加以高颜。"《后汉书集解》卷三〇，黄山注："本单言颜，或连言颜题，后始掍之。《器物总论》：'华盖有颜题。'则凡事物亦连言颜题矣。"因知所谓"高颜题"，即加高覆额环脑的一圈介壁。

⑥　《后汉书集解》卷三〇，黄山注引。

⑦　因为展筩的宽度有限，容不下许多枚冠梁，故《续汉志》所记进贤冠最多仅有三梁。但《后汉书·法雄传》说"海贼"张伯路起兵，自"冠五梁冠"。李注："《汉官仪》曰：'诸侯冠进贤三梁，卿大夫、尚书、二千石冠两梁，千石以下至小吏冠一梁。'无五梁制者也。"但《晋书·舆服志》说："人主元服，始加缁布，则冠五梁进贤。"则此时之皇帝已效法"海贼"，也戴起五梁进贤冠来了。

⑧　洛阳博物馆：《洛阳关林 59 号唐墓》，《考古》1972 年第 3 期。

⑨　李勣墓所出进贤冠，见《人文杂志》1980 年第 4 期。

⑩　昭陵文物管理所：《唐越王李贞墓发掘简报》，《文物》1977 年第 10 期。

⑪　陕西省文物管理委员会：《陕西省出土唐俑选集》图 54、55，文物出版社，1958 年。

⑫　吴守忠墓出土俑，见注⑪所揭书，图 102。《五星二十八宿神形图》，见阿部孝次郎续辑：《爽籁馆欣赏》第二辑。

⑬　嘉祥焦城村画像石，见傅惜华编：《汉代画像全集》初编，图 162。汶上孙家村画像石，见同书二编，图 87。

⑭　《晋书·舆服志》引。

⑮　宋·宋敏求：《春明退朝录》卷中。

⑯　原田淑人：《东亚古文化论考·冠位の形态から见だ飞鸟文化の性格》，东京，1962 年。

⑰ 杨泓：《中国古兵器论丛·水军和战船》，文物出版社，1980年。

⑱ 汉代文官常朝皆着黑衣。详《中国古舆服论丛》一书《两唐书舆（车）服志校释稿》卷三【旧81】注①。

⑲ 甘肃省博物馆：《武威磨嘴子三座汉墓发掘简报》，《文物》1972年第12期。

⑳ 甘肃省博物馆：《武威雷台汉墓》，《考古学报》1974年第2期。

㉑ 黎金：《广州的两汉墓葬》插图10，《文物》1961年第2期。

㉒ 《服装大百科事典》卷上，页656，文化出版局，1976年。

㉓ 《世界考古学大系》卷17，页72，平凡社，1963年。

㉔ 河北省文化局文化工作队：《望都二号汉墓》图24、25，文物出版社，1959年。

㉕ 湖南省博物馆：《长沙两晋南朝隋墓发掘报告》，《考古学报》1959年第3期。

㉖ 湖北省文物管理委员会：《武汉市郊周家大湾241号隋墓清理简报》，《考古通讯》1957年第6期。本文所举之俑在简报中列为武士俑之第二种。

㉗ 陕西省博物馆、礼泉县文教局唐墓发掘组：《唐郑仁泰墓发掘简报》，《文物》1972年第7期。

㉘ 考古研究所安阳发掘队：《安阳隋张盛墓发掘记》，《考古》1959年第10期。

㉙ 《宋书·礼志》。

㉚ 《中华人民共和国シルクロード文物展》，第一部，图1，1979年。

㉛ 曾昭燏等：《沂南古画像石墓发掘报告》图版24，文化部文物管理局，1956年。

㉜ 关野贞：《支那山东省に於ける汉代坟墓の表饰》附图93。簪貂尾本是战国时山东诸国的习俗，《晋书·舆服志·序》："及秦皇并国，揽其余轨，丰貂东至，獬豸南来。""二桃杀三士"正是东方齐国的故事，所以三士簪貂尾的可能性很大。

㉝ 赵万里：《汉魏南北朝墓志集释》图版262：10，科学出版社，1956年。

㉞ 《太平御览》卷六八八引应劭《汉官仪》。

㉟ 《古今注》卷上。

㊱ 黎瑶渤：《辽宁北票县西官营子北燕冯素弗墓》，《文物》1973年第3期。

㊲ 马世长等：《敦煌晋墓》，《考古》1974年第3期。

㊳ 《六朝家族墓地考古有重大收获》，《中国文物报》1999年1月17日。

㊴ 山西省考古研究所等：《太原市北齐娄睿墓发掘简报》，《文物》1983年第10期。

㊵ 中国社会科学院考古研究所：《北魏洛阳永宁寺》彩版15，中国大百科全书出版社，1996年。

㊶ 陕西省考古研究所：《陕西新出土文物选粹》图版121，重庆出版社，1998年。

㊷ 《新唐书·百官志》："显庆二年，分散骑常侍为左右，金蝉珥貂。"关于唐代以貂蝉称散骑常侍事，参看岑仲勉《唐史余瀋》"貂蝉字用法"条，中华书局，1960年。

㊸ 王逊：《永乐宫三清殿壁画题材试探》，《文物》1963年第8期。

㊹ 明·周祈：《名义考》卷一一，"冠帻"条。

㊺ 邓县出土鹖冠画像砖，见周到等编：《河南汉代画像砖》图244，上海人民美术出版社，1985年。

㊻ 据注㉜之一所揭书附图92。

㊼ 曹操：《鹖鸡赋·序》，《大观本草》卷一九引。

㊽ 见《文物》1985 年第 4 期，页 94。

㊾ 金维诺：《〈步辇图〉与〈凌烟阁功臣图〉》，《文物》1962 年第 10 期。

㊿ 夏鼐：《中国最近发现的波斯萨珊朝银币》，《考古学报》1957 年第 2 期。

51 平凡社战后版《世界美术全集》第 8 卷，彩版 15。

52 这类文、武俑在发掘中常与一对镇墓兽和一对甲士俑同出，如在西安唐·独孤思贞墓甬道中所见者（《唐长安城郊隋唐墓》页 32）。依王去非、徐苹芳的考证，前两者即祖明、地轴，后两者即当圹、当野。而依《大汉原陵秘葬经》所记，在"亲王坟堂"的明器神煞中尚应有"大夫"和"太尉"；"公侯卿相墓堂"中尚应有"大夫"和"太保"。这类文、武俑或即"大夫"、"太保"之类。它们虽然可以和其他镇墓俑相组合，但亦可自成一组。如西安洪庆村 305 号唐·李仁墓（景云元年，710 年）石墓门的门扉上便刻有一对这样的人物（《西安郊区隋唐墓》页 12、13）。其冠服应为现实生活中文、武官员之礼服的写照。

53 上海博物馆：《陈列品图片》第 3 辑。

54 据注⑪所揭书，图 57。

南北朝时期我国服制的变化

① 玄奘译、辩机撰：《大唐西域记》卷二《印度总述·衣饰》。

② 《晋书·武帝纪》：咸宁元年(275 年)"鲜卑力微遣子来献"。此力微之子或即沙漠汗。

③ 太和八年铜佛像为内蒙古自治区博物馆藏品。固原出土漆棺，见宁夏固原博物馆：《固原北魏墓漆棺画》，宁夏人民出版社，1988 年。莫高窟出土的刺绣，见敦煌文物研究所：《新发现的北魏刺绣》，《文物》1972 年第 2 期。

④ 《北史·贺讷传》。

⑤⑥⑧ 《魏书·太祖纪》。

⑦ 《魏书·韩麒麟传》。

⑨ 《魏书·世宗纪》。

⑩ 《晋书·刘元海载记》。

⑪ 《晋书·石勒载记》。

⑫ 《晋书·佛图澄传》。

⑬ 《资治通鉴·晋纪》"安帝隆安二年"条。

⑭ 见注③之二。

⑮ 《魏书·礼志》。

⑯ 《魏书·刘昶传》。

⑰ 《北史·蒋少游传》。

⑱ 史石：《三国时代漆涂の下駄》，《人民中国》1986 年第 12 期。

⑲ 南京博物院等：《南京西善桥南朝墓及其砖刻壁画》，《文物》1960 年第 8、9 期合刊。
南京博物院：《江苏丹阳县胡桥、建山两座南朝墓葬》，《文物》1980 年第 2 期。

⑳ 黄明兰：《北魏孝子石棺线刻画》，人民美术出版社，1985 年。河南省文物局文物工作

注
释

队：《邓县彩色画像砖墓》，文物出版社，1958年。崔新社：《襄阳贾家冲画像砖墓》，《江汉考古》1986年第1期。

㉑ 周一良：《魏晋南北朝史札记·〈南齐书〉札记》"缓服、急装、具装、寄生、装束、结束"条，中华书局，1985年。

㉒ 《魏书·崔玄伯传》。

㉓㉕ 《北史·广阳王深传》。

㉔ 《北齐书·魏兰根传》。

㉖㊱ 《北齐书·杜弼传》。

㉗ 《北齐书·高德政传》。

㉘ 《北齐书·韩凤传》。

㉙ 《北齐书·高昂传》。

㉚ 《北齐书·孙搴传》。

㉛ 王克林：《北齐库狄迴洛墓》，《考古学报》1979年第3期。山西省考古研究所等：《太原市北齐娄睿墓发掘简报》，《文物》1983年第10期。磁县文化馆：《河北磁县北齐高润墓》，《考古》1979年第3期。

㉜ 济南市博物馆：《济南市马家庄北齐墓》，《文物》1985年第10期。

㉝ 温廷宽：《我国北部的几处石窟艺术》，《文物参考资料》1955年第1期。邯郸市文物保管所：《邯郸鼓山水浴寺石窟调查报告》，《文物》1987年第4期。河南省古代建筑保护研究所：《河南安阳灵泉寺石窟及小南海石窟》，《文物》1988年第4期。

㉞ 《汉书·匈奴传》。

㉟ 《南齐书·王融传》。

㊲ 《隋书·礼仪志》。

从幞头到头巾

① 《晏子春秋·内篇·谏下》："夫冠足以修敬，不务其饰。"

② 汉·蔡邕《独断》卷下："帻，古者卑贱执事不冠者之所服。"

③ 长冢店所出者，见南阳汉画像石编委会：《邓县长冢店汉画像石墓》图版6，《中原文物》1982年第1期。天迴山所出者，见《中国历史博物馆》图版91。

④ 《宋书·陶潜传》。

⑤ 《后汉书·韦著传》："著字休明，少以经行知名，不应州郡之命。……灵帝即位，中常侍曹节以陈蕃、窦氏既诛，海内多怨，欲借宠时贤以为名，白帝就家拜著东海相。诏书逼切，不得已，解巾之郡。"李注："巾，幅巾也。既服冠冕，故解幅巾。"解巾或释巾的记载又见《魏书·刁柔传》、《裴侠传》及《邢峦传附族孙劭传》等处。

⑥ 《隋书·礼仪志》云："巾……制有二等，今高人道士所着是林宗折角，庶人农夫常服是袁绍幅巾。"已误将幞头与幅巾联系起来。今人或谓"帕头后代音转为幞头"（《古代的衣食住行》，中央电大语文类专业教材）。按帕（明陌开二）、幞（奉烛合三）之字音不能通转，此说不确。

⑦　《晋书·五行志》。

⑧　北魏为拓跋鲜卑所建之国。北齐高氏虽托名系出渤海望族，实为鲜卑。北周宇文氏为南匈奴之鲜卑化者。故北朝的统治者多为鲜卑贵族。

⑨　呼和浩特所出者，见郭素新：《内蒙古呼和浩特北魏墓》，《文物》1977 年第 5 期。司马金龙墓所出者，见山西省大同市博物馆、山西省文物工作委员会：《山西大同石家寨北魏司马金龙墓》，《文物》1972 年第 3 期。莫高窟所出绣像，见敦煌文物研究所：《新发现的北魏刺绣》，《文物》1972 年第 2 期。太和十三年鎏金佛像，见《中国の美术》（淡交社），卷 1，图 15。

⑩　《通典》卷一四二引。

⑪　参看缪钺：《读史存稿·东魏北齐政治上汉人与鲜卑之冲突》，三联书店，1963 年。

⑫　山西省考古研究所、太原市文物管理委员会：《太原市北齐娄睿墓发掘简报》，《文物》1983 年第 10 期。

⑬　《南史·西戎·武兴国传》云："其国……著乌皂突骑帽，长身小袖袍，小口袴，皮靴。"又同书《西戎·邓至国传》云："其俗呼帽曰突何。"突骑帽与突何帽或为一物。

⑭　固原县文物工作站：《宁夏固原北魏墓清理简报》，《文物》1984 年第 6 期。

⑮　河北省沧州地区文化馆：《河北省吴桥四座北朝墓葬》，《文物》1984 年第 9 期。

⑯　张庆捷：《隋代虞弘墓石椁浮雕的初步考察》，"汉唐之间文化艺术的互动与交融国际学术讨论会"论文，北京，2000 年。

⑰　湖北省文管会：《武汉市郊周家大湾 241 号隋墓清理简报》，《考古通讯》1957 年第 6 期。陕西省文物管理委员会：《陕西省三原县双盛村隋李和墓清理简报》，《文物》1966 年第 1 期。熊传新：《湖南湘阴县隋大业六年墓》，《文物》1981 年第 4 期。中国社会科学院考古研究所安阳工作队：《安阳隋墓发掘报告》，《考古学报》1981 年第 3 期。《中国石窟·敦煌莫高窟》二，文物出版社 / 平凡社，1984 年。

⑱　亳县博物馆：《安徽亳县隋墓》，《考古》1977 年第 1 期。武汉市文物管理处：《武汉市东湖岳家嘴隋墓发掘简报》，《考古》1983 年第 9 期。

⑲　王去非：《四神·巾子·高髻》，《考古通讯》1956 年第 5 期。

⑳　宋·王得臣：《麈史》卷上。

㉑　唐·刘餗：《隋唐嘉话》卷下。

㉒　《通典》卷五七。唐·刘肃：《大唐新语》卷一〇。《旧唐书·舆服志》。

㉓　此处之"头巾"与下文"赐供奉官及诸司长官"之"罗头巾"，皆指幞头。

㉔　李寿墓壁画，见陕西省博物馆等：《唐李寿墓发掘简报》，《文物》1974 年第 9 期。独孤开远墓出土俑，见《陕西省出土唐俑选集》图版 3，文物出版社，1958 年。

㉕　陕西省博物馆、礼泉县文教局唐墓发掘组：《唐郑仁泰墓发掘简报》，《文物》1972 年第 7 期。陕西省文管会：《西安羊头镇唐李爽墓的发掘》，《文物》1959 年第 3 期。

㉖　陕西省博物馆、陕西省文物管理委员会：《唐李贤墓壁画》，文物出版社，1974 年。

㉗　转引自傅熹年：《关于"展子虔〈游春图〉"年代的探讨》，《文物》1978 年第 11 期。

㉘　《唐会要》卷三一。

㉙　皮诗，见《全唐诗》九函九册；陆诗，见同书九函十册。

㉚　赵澄墓壁画，见《山西文物介绍》第 2 部分，第 15 节，图版 3：5。《虢国夫人游春图》，

见《辽宁省博物馆》图版93、94。

㉛ 《唐语林》卷二。

㉜ 沈从文：《中国古代服饰研究》页189，商务印书馆香港分馆，1981年。

㉝ 河南省博物馆、焦作市博物馆：《河南焦作金墓发掘简报》，《文物》1979年第8期。《简报》将老万庄之墓定为金墓，后证实为元墓。项春松：《内蒙古赤峰市元宝山元代壁画墓》，《文物》1983年第4期。

㉞ 宋·俞琰：《席上腐谈》卷上："以幅巾裹首，故曰幞头。幞字音伏，与幞被之幞同，今讹为仆。"幞字本义即今日所称包袱之袱。宋·曾慥《类说》："后周武帝裁为四脚，名服头。"亦标服音。清·俞正燮：《癸巳存稿》卷一〇："幞头即帊首，即今包头。"

㉟ 赵评春等：《金代服饰》页26，文物出版社，1998年。

㊱ 南北朝时士大夫多戴乌纱帽，皇帝燕私之时戴白纱帽。乌纱帽又名乌纱高屋帽，唐代称黑纱方帽，其形制与宋代的桶顶纱帽相近。

㊲ 《明史·舆服志》："洪武三年令士人戴四方平定巾。"

㊳ 天津市文化局考古发掘队：《河北阜城明代廖纪墓清理简报》，《考古》1965年第2期。辽宁省博物馆文物队等：《鞍山倪家台明崔源族墓的发掘》，《文物》1978年第11期。南京市文物保管委员会等：《明徐达五世孙徐俌夫妇墓》，《文物》1982年第2期。

㊴ 见《中国古舆服论丛》一书《两唐书舆（车）服志校释稿》【旧81】注⑪。

㊵ 清·胡介祉：《咏史新乐府〔一九〕·复社行·小序》："时复社主盟首推二张（张溥、张采），皆锐意矫俗，结纳声气。间有依附窃名者，未免舆论稍滋同。或为之语曰：'头上一顶书厨，手中一串数珠，口内一声天如；足称名士。'天如，溥字；书厨，以状巾之直方高大。而时尚可知矣。"

㊶ 上海市文物保管委员会：《上海古代历史文物图录》页96，上海教育出版社，1981年。

㊷ 《明史·舆服志》。

唐代妇女的服装与化妆

＊ 原载《文物》1984年第4期。

①② 《太平广记》卷三一。《玄怪录》的作者从汪辟疆《唐人小说》之说。

③ 万诗见《全唐诗》二函一〇册；元诗见同书六函一〇册；白诗见同书七函四册；杜诗见同书四函三册；王诗见同书二函一〇册；孙诗见同书一一函三册。

④ 《李群玉诗集·后集》卷三。

⑤ 郭沫若：《武则天》附录二："破殆谓襞，七破间裙殆即七襞罗裙。"但《格致镜原》卷三六六引《辨音集》："李龟年至岐王宅，二妓女赠三破红绡。"可见破不宜解作襞。《新唐书·车服志》记唐代妇女服制时，"破"、"幅"二字互见。

⑥ 《全唐诗》一〇函二册。

⑦ 《方言》卷四："裙，陈、魏之间谓之帔。"《释名·释衣服》："帔，披也；披之肩背，不及下也。"

⑧ 耳朵向上耸，是汉魏六朝时仙人面型的特征之一。《抱朴子·论仙篇》说："邛疏之双

耳，出乎头巅。"洛阳出土北魏画像石棺上仙人之耳亦作此状，见《考古》1980 年第 3 期。

⑨ 大同铜杯，见《文化大革命期间出土文物》第 1 辑，页 149。爱米塔契博物馆之八曲银杯见奈良国立博物馆"シルクロード大文明展"的图录，《シルクロード・オアシスと草原の道》图 202。在塔吉克斯坦片肯特粟特古城址发现的《商人饮宴图》壁画中，一商人所持金杯上亦有类似的施帔帛之女像。

⑩ 《旧唐书・韦坚传》："（崔）成甫……自衣缺胯绿衫，锦半臂。"《新唐书・来子珣传》："珣衣锦半臂自异。"《安禄山事迹》："玄宗赐……锦袄子并半臂。"《摭言》卷一二："（郑）愚着锦袄子、半臂。"

⑪ 李德裕：《李文饶集・别集》卷五《奏缭绫状》。

⑫ 《李长吉歌诗》卷一。

⑬ 祖莹语，《文献通考》卷一二九引。

⑭ 《元氏长庆集》卷三〇。《白香山诗集・长庆集》卷一二。

⑮ 《旧唐书・文宗纪》。

⑯ 开成四年二月，淮南节度使李德裕奏："比以妇人长裙大袖，朝廷制度尚未颁行，微臣之分合副天心。比闾阎之间，（袖）阔四尺，今令阔一尺五寸；裙曳四尺，今令曳五寸。"（《册府元龟》卷六八九）据此可知其肥大的程度。

⑰ 《全唐诗》八函五册，张祜《观杨瑗柘枝》。

⑱ 《全唐诗》七函九册。

⑲ 《旧唐书・丘和传》："汉王谅之反也，以和为蒲州刺史。谅使兵士服妇人服，戴幂䍠，奄至城中。和脱身而免，由是除名。"同书《李密传》："密入唐后，复起事。简骁勇数十人，着妇人衣，戴幂䍠，藏刀裙下，诈为妻妾，自率之入桃林县舍。须臾，变服突出，因据县城。"至帷帽兴起后。这种伪装法遂不再见到。

⑳ 此图著录于《梦得避暑录》、《画史清裁》与《石渠宝笈》三编。《故宫名画三百种》标作《明皇幸蜀图》。

㉑ 《旧唐书・舆服志》。

㉒ 《唐会要》卷三一。

㉓ 金代犹存这种风习。《金史・后妃传》："凡诸妃位皆以侍女服男子衣冠，号假厮儿。"

㉔ 任半塘：《教坊记笺订・制度与人事篇》，中华书局，1962 年。

㉕ 金维诺等：《张雄夫妇墓俑与初唐傀儡戏》，《文物》1976 年第 12 期。

㉖ 内聚珍本《唐语林》未收此条，周勋初《唐语林校证・辑佚》说此条原出蔡京《王贵妃传》。

㉗ 《唐会要》卷三一载唐文宗时关于妇女服制的规定，谓"高头履及平头小花草履即任依旧"。

㉘ 王诗见《全唐诗》六函一册。元诗见《才调集》卷五。和词见《花间集》卷六。

㉙ 《文物》1972 年第 3 期，页 17～19，图版 11。

㉚ 潘洁兹：《敦煌壁画服饰资料》图 33 所收莫高窟 330 窟初唐女供养人像之履，前端不高起，应是平头履。

㉛ 施诗见《全唐诗》八函二册。李诗见《李群玉诗集・后集》卷三。方诗见《全唐诗》一〇

函三册。

㉜ 《沈下贤文集》卷一。

㉝ 万诗出处同注③。卢诗见《全唐诗》五函二册。

㉞ 徐诗见《全唐诗》七函一〇册。

㉟ 《元遗山集》卷九。又《中州集》所收《刘从益觅墨诗》注："宫中取张遇墨，烧去胶，以之画眉，谓之画眉墨。"

㊱ 劳费尔：《中国伊朗编》（林筠因译本）页195～197。志田不動磨：《支那に於ける化妆の源流》，《史学杂志》40卷9期，1929年。

㊲ 吉田光邦：《Tyrian purpleと中国》，《科学史研究》43期，1957年。他根据唐・冯贽《南部烟花记》中之"螺子黛"一语立论，以为螺指紫贝，误。盖螺子黛即螺黛，指作成圆锥状的黛块。凡接近圆锥状的硬块均可以螺为单位，如晋・陆云《与兄机书》"送石墨二螺"，即是其例。所以螺子黛与紫贝全无关系。

㊳ 陕西省博物馆、礼泉县文教局唐墓发掘组：《唐郑仁泰墓发掘简报》，《文物》1972年第7期。

㊴ 《全唐诗》二函五册。

㊵ 《才调集》卷五。

㊶ 江诗见《玉台新咏》卷五。庾诗见《庾子山集》卷五。

㊷ 吴诗见《全唐诗》一〇函七册；袁诗见同书九函七册。温诗见《温庭筠诗集》卷一。

㊸ 牛词见《花间集》卷四。周词见《清真词》。

㊹ 王国维：《黑鞑事略笺证》。

㊺ 清・吴长元：《宸垣识略》卷一六。

㊻ 《酉阳杂俎》卷八。《朝野佥载》卷三。《刘宾客文集》卷二五。

㊼ 田边勝美：《正仓院鸟毛立女图考(1)・花钿・靥钿と白毫相の起源に关する试论》，《冈山市立オリエント美术馆研究纪要》4，1985年。

㊽ 注㊱所揭志田不動磨文以为唐代形状较复杂的花钿系模仿印度数 *Vaishnavas* 派教徒画在额前象征 *Vishnu* 与其妻 *Lakshmī* 的符号，但唐土并不流行婆罗门教，故其说不确。

㊾ 张正见诗："裁金作小靥。"陶谷《清异录》："江南晚季，建阳进茶油花子，大小形制各别，极可爱。宫嫔镂金于面背以淡妆，以此花饼施于额上，时号'北苑妆'。"袁达《禽虫述》："鲋罥网不动，护其鳞也。鳞用石灰水浸之，暴干，可作女人花钿。"北宋淳化时，"京师妇女竞翦黑光纸团靥，又装镂鱼腮骨号'鱼媚子'以饰面，皆花子之类也"（见《妆台记》）。以上记事虽有晚于唐者，但亦可参稽。

㊿ 孔平仲《孔氏谈苑》："契丹鸭渌水牛鱼鳔，制为鱼形，妇人以缀面花。"《词林海错》："呵胶出虏中，可以羽箭，又宜妇人贴花钿。口嘘随液，故谓之'呵胶'。"毛熙震词"晓花微微轻呵展"，说的就是以呵胶贴花钿的情况。

(51) 杜诗见《全唐诗》八函七册。温词见《花间集》卷一。李词见《花间集》卷一〇。张词见《全唐诗》十二函一〇册。成词见《尊前集》。

(52) 元诗见《元氏长庆集》卷一三。吴诗见《全唐诗》一〇函七册。

(53) 《御览》卷七四六引《吕氏春秋》："射拘者，欲其中小也。"拘亦作招。同书《本生篇》："万人操弓，共射一招。"高注："招，埻的也。"《韩非子・外储说右上》："人主者，利害之韶穀（招彀）也。”同书《问辩篇》则曰：“听言观行，不以功用为之的彀。”亦可证招、的二字相通假。《说文·日部》旳字段注：“俗字作的。”

(54) 《唐宋诸贤绝妙词选》卷一。

(55) 《全唐诗》二函六册。

(56) 赵力光、王九刚：《长安县南里王村唐壁画墓》，《文博》1989年第4期。

(57) 杨树云：《从敦煌绢画〈引路菩萨〉看唐代的时世妆》，《敦煌学辑刊》总4期，1983年。

(58) 河北省文物研究所等：《五代王处直墓》，文物出版社，1998年。

(59) 石谷风、马人权：《合肥西郊南唐墓清理简报》，《文物参考资料》1958年第3期。又《簪花》图中妇女戴在臂上缠绕多圈的套钏，也叫金缠臂，五代时才见于记载。《新五代史·慕容彦超传》：“弘鲁乳母于泥中得金缠臂献彦超。”其实例在唐代遗物中未获，但宋代却不罕见。上海宝山、湖南临湘陆城、安徽望江九成坂等地的宋墓中均出。也说明《簪花》图中的饰物接近较晚的形制。

(60) 谢稚柳：《鉴余杂稿·唐周昉〈簪花仕女图〉的时代特性》，上海人民美术出版社，1979年。

(61) 《全唐诗》一二函七册。

(62) 按此为后人附记之语，非白行简《三梦记》原文。明·胡应麟《少室山房笔丛》卷二一谓闹装系“合众宝杂缀而成”；因此闹扫妆髻亦应是一种形状繁杂的髻。

(63) 王诗见《全唐诗》五函五册。元诗见《才调集》卷五。

(64) 《全唐诗》七函四册。

(65) 陆九皋、韩伟：《唐代金银器》图126、127，文物出版社，1985年。

(66) 孝感地区博物馆、安陆县博物馆：《安陆王子山唐吴王妃杨氏墓》，《文物》1985年第2期。

(67) 均见《全唐诗》一〇函七册。

(68) 段诗见《全唐诗》九函五册。韩诗出处同注(67)。

(69) 张正龄：《西安韩森寨唐墓清理记》，《考古通讯》1957年第5期。

(70) B. Gyllensvärd, *T'ang Gold and Silver*, pl. 7. BMFEA, 29, 1957.

(71) 明堂山考古队：《临安县唐水邱氏墓发掘报告》，《浙江省文物考古研究所学刊》，1981年。

(72) 《全唐诗》一二函一〇册。

(73) 陕西省博物馆：《陕西省耀县柳林背阴村出土的一批唐代银器》，《文物》1966年第1期。林士民：《浙江宁波天封塔地宫发掘报告》，《文物》1991年第6期。戴项圈的陶、瓷俑，见丁晓愉《中国古俑白描》页136，北京工艺美术出版社，1991年；《中国古俑》图258，湖北美术出版社，2001年；秦大树等：《邯郸市峰峰矿区出土的两批红绿彩瓷器》，《文物》1997年第10期。

(74) 陶正刚：《山西平鲁出土一批唐代金铤》，《文物》1981年第4期。

(75) 如《册府元龟》卷六五所载后唐同光二年制书中说：“近年以来，妇女服饰异常宽博，倍费缣绫。”可证此风于五代时仍在继续。

中国古代的带具

* 原载《文物与考古论集》，1986 年。

① 《旧唐书·舆服志》："东京帝王，尔雅好古，明帝始命儒者考曲台之说，依《周官》五辂六冕之文，山龙藻火之数，创为法服。"《后汉书·明帝纪》："二年春正月辛未，宗祠光武皇帝于明堂，帝及公卿列侯始服冠冕、衣裳、玉佩、绚屦以行事。"则法服即上衣下裳之礼服。

② 《礼记·玉藻》："韠，君朱，大夫素，士爵韦。"郑玄注："朝服用韠，祭服用韨。"《释名·释衣服》对韠韨则不加区分，谓："韨，韠也；韠，蔽膝也，所以蔽膝前也。"

③ 《左传·闵公二年》："大子（晋太子申生）帅师，公衣之偏衣，佩之金玦。"杨伯峻注："偏衣，《晋语》一亦作'偏裻之衣'。裻，背缝也，在背之中，当脊梁所在。自此中分，左右异色，故云偏裻之衣，省云偏衣。"武昌义地出土俑正着左右异色之偏衣。

④ 《后汉书·舆服志》刘注引《东观书》："永平二年正月，公卿议春南北郊。东平王苍议曰：'……光武受命中兴，建明堂，立辟雍。陛下以圣明奉遵，以礼服龙衮祭五帝，礼缺乐崩，久无祭天地冕服之制。按尊事神祇，絜斋盛服，敬之至也。日月星辰，山龙华藻，天王衮冕十有二旒，以则天数。……天地之礼，冕冠裳衣，宜如明堂之制。'"

⑤ 《礼记·杂记》："公襚卷衣一，……朱绿带，申加大带于上。"郑注："朱绿带者，袭衣之带，饰之杂以朱绿，异于生也。此带亦以素为之。申，重也，重于革带也。革带以佩韨。必言重加大带者，明有变必备此二带也。"

⑥ 引自朱德熙、裘锡圭：《信阳楚简考释》，《考古学报》1973 年第 1 期。

⑦ 山东烟台地区文管组：《山东蓬莱县西周墓发掘简报》，《文物资料丛刊》3，1980 年。

⑧ 洛阳出土者，见《洛阳中州路（西工段）》页 103，科学出版社，1959 年。淅川出土者，见河南省丹江库区文物发掘队：《河南省淅川县下寺春秋楚墓》，《文物》1980 年第 10 期。湘乡出土者，见湖南省博物馆：《湖南韶山灌区湘乡东周墓清理简报》，《文物》1977 年第 3 期。宝鸡出土者，见宝鸡市博物馆、宝鸡市渭滨区文化馆：《陕西宝鸡市茹家庄东周墓葬》，《考古》1979 年第 5 期。怀柔出土者，见北京市文物工作队：《北京怀柔城北东周两汉墓葬》，《考古》1962 年第 5 期。

⑨ 临淄出土者，见山东省博物馆：《临淄郎家庄一号殉人墓》，《考古学报》1977 年第 1 期。凤翔出土者，见吴镇烽、尚志儒：《陕西凤翔高庄秦墓地发掘简报》，《考古与文物》1981 年第 1 期。

⑩ 湖北江陵望山 2 号墓出土的遣策上也提到革带、玉璜、玉钩和环（《文物》1966 年第 5 期，图版 24），其钩、环亦应附属于革带，而不是系佩饰用的。

⑪ 马得志、周永珍、张云鹏：《一九五三年安阳大司空村发掘报告》，《考古学报》第 9 册，1955 年。

⑫ 郭宝钧：《山彪镇与琉璃阁》页 49，科学出版社，1956 年。

⑬ 原田淑人：《汉六朝の服饰》页 135，插图 35，东京，1937 年。

⑭ 北方草原民族地区已发现之最早的带钩，见于辽宁喀左南洞沟石椁墓（《考古》1977 年第 6 期）。参看王仁湘：《古代带钩用途考实》，《文物》1982 年第 10 期。

⑮　包尔汉、冯家昇：《“西伯利亚”名称的由来》，《历史研究》1956 年第 10 期。

⑯　江上波夫：《师比並びに郭落带に就きて》，《东方学报》2，东京，1932 年。

⑰　湖北省文化局文物工作队：《湖北江陵三座楚墓出土大批重要文物》，《文物》1966 年第 5 期。

⑱　中国科学院考古研究所：《上村岭虢国墓地》页 22、23，图版 23、52、57，科学出版社，1959 年。此类带具还有黄金制品。上村岭 2001 号虢国墓出土一套共十二件，其中一件三角形饰、一件方环、三件兽面、七件圆环（《华夏考古》1992 年第 3 期）。山西曲沃曲村 I11M8 号晋侯墓出土一套共十五件，其中也有一件三角形饰，但方环为二件，兽面为一件，式样不同的圆环则有十一件（《文物》1994 年第 1 期）。由于三角形饰的存在，可知以上两处的带具与上村岭 1706 号墓所出者属同类，然而其安装方式与功能尚不明。

⑲　内蒙古文物工作队：《毛庆沟墓地》，载《鄂尔多斯式青铜器》，文物出版社，1986 年。

⑳　К. Акишев, А. Акишев, *Древнее золото Казахстана.* с. 39－41, 64－126. Алма-Ата, 1983.

㉑㉗　中国社会科学院考古所内蒙古工作队：《内蒙古敖汉旗周家地墓地发掘简报》，《考古》1984 年第 5 期。田广金、郭素新：《内蒙古阿鲁柴登发现的匈奴遗物》，《考古》1980 年第 4 期。

㉒　《スキタイ黄金美术展》图 37，日本放送协会，1992 年。

㉓㊵　С. И. Руденко, *Сибирская коллекция Петра.* I табл. 8, 9. Москва-Ленинград, 1962.

㉔㉘　宁夏文物考古研究所等：《宁夏同心倒墩子匈奴墓地》，《考古学报》1988 年第 3 期。

㉕　广州市文物管理委员会、广州市博物馆：《广州汉墓》下册，图版 35，文物出版社，1981 年。广州市文物管理委员会、中国社会科学院考古研究所、广东省博物馆：《西汉南越王墓》上册，页 165、166，文物出版社，1991 年。

㉖　朱捷元、李域铮：《西安东郊三店村西汉墓》，《考古与文物》1983 年第 2 期。扬州市博物馆：《扬州西汉“妾莫书”木椁墓》，《文物》1980 年第 12 期。

㉙　程长新、张先得：《历尽沧桑重放光华》，《文物》1982 年第 9 期。

㉚　伊克昭盟文物工作站、内蒙古文物工作队：《西沟畔匈奴墓》，《文物》1980 年第 7 期。

㉛　见注㉑所揭文。又李学勤：《东周与秦代文明》页 274～276，文物出版社，1984 年。

㉜　广州所出者，见《考古》1984 年第 3 期，页 228（未发图像）。满城所出者，见《满城汉墓发掘报告》上册，页 142。阜阳所出者，见《文物》1978 年第 8 期。长沙所出者，见《文物》1979 年第 3 期。扬州所出者，见《文物》1980 年第 12 期。徐州所出者，见《文物》1984 年第 11 期。西安所出者，见《考古与文物》1983 年第 2 期。成都所出者，见《考古与文物》1983 年第 2 期。平乐所出者，见《考古学报》1978 年第 4 期。

㉝　狮子山楚王陵考古发掘队：《徐州狮子山西汉楚王陵发掘简报》；邹厚本、韦正：《徐州狮子山西汉墓的金扣腰带》，均见《文物》1998 年第 8 期。

㉞　《太平御览》卷六九六。

㉟　安徽省文物工作队：《安徽舒城九里墩春秋墓》，《考古学报》1982 年第 2 期。湖南省博物馆：《长沙浏城桥一号墓》，《考古学报》1972 年第 1 期。

㊱　山彪镇出土者，见《山彪镇与琉璃阁》页 35，该书称之为卡环。中州路出土者，见洛阳博物馆：《洛阳中州路战国车马坑》，《考古》1974 年第 3 期，此方策出土时还在束靽带的

华
夏
衣
冠

原位置上。

㊲ 无扣舌和穿孔的虎纹带头见 E. C. Bunker, C. B. Chatwin, A. R. Farkas, *"Animal Style" Art From East to West*. pl.49. New York, 1970. 接上半个圆形带镳者，见韩孔乐等：《宁夏固原近年发现的北方系青铜器》，《考古》1990 年第 5 期；刘得祯、许俊臣：《甘肃庆阳春秋战国墓葬的清理》，《考古》1988 年第 5 期。

㊳㊻ 内蒙古文物工作队：《内蒙古陈巴尔虎旗完工古墓群清理简报》，《考古》1965 年第 6 期。

㊴ 《考古》1984 年第 5 期，页 424。

㊶ 钟侃、韩孔乐：《宁夏南部春秋战国时期的青铜文化》，载《中国考古学会第四次年会论文集》，文物出版社，1983 年。

㊷ 郑隆：《内蒙古札赉诺尔古墓群调查记》，《文物》1961 年第 9 期。吉林省文物考古研究所：《榆树老河深》页 64～66，文物出版社，1987 年。

㊸ 秦俑考古队：《秦始皇陵二号铜车马清理简报》，《文物》1983 年第 7 期。始皇陵秦俑坑考古发掘队：《秦始皇陵东侧第二号兵马俑坑钻探试掘简报》，《文物》1998 年第 5 期。

㊹ 中国社会科学院考古研究所、河北省文物管理处：《满城汉墓发掘报告》上册，页 119，文物出版社，1980 年。广林壮族自治区文物工作队：《广西西林县普驮铜鼓墓葬》，《文物》1978 年第 9 期。

㊺ 汉代车马具中的小带扣，扣虽小，前部的穿孔却较大，表明系结时无须再另加一条窄带。

㊻ 云南省博物馆：《云南晋宁石寨山古墓群发掘报告》图版 107，文物出版社，1959 年。

㊼ 朝鲜民主主义人民共和国社会科学院考古研究所田野工作队：《考古学资料集》5，平壤，1978 年。

㊽ 韩翔：《焉耆国都、焉耆都督府治所与焉耆镇城》，《文物》1982 年第 4 期。町田章：《古代东アジアの装饰墓》口绘 2，京都，1987 年。

㊾ 河北省文物研究所：《河北定县 40 号汉墓发掘简报》，《文物》1981 年第 8 期。

㊿ 南京博物院：《江苏邗江甘泉二号汉墓》，《文物》1981 年第 11 期。定县博物馆：《河北定县 43 号汉墓发掘简报》，《文物》1973 年第 11 期。

51 藤田亮策、梅原末治：《朝鲜古文化综鉴》卷 3，图版 76，天理，1959 年。洛阳市文物工作队：《洛阳东关夹马营路东汉墓》，《中原文物》1982 年第 5 期。

52 见注㊽之二，口绘 4。

53 《安乡清理西晋刘弘墓》，《中国文物报》1991 年 8 月 18 日。

54 定县博物馆：《河北定县 43 号汉墓发掘简报》，《文物》1973 年第 11 期。

55 洛阳出土者，见河南省文化局文物工作队第二队：《洛阳晋墓的发掘》，《考古学报》1957 年第 1 期。宜兴出土者，见罗宗真：《江苏宜兴晋墓发掘报告》，《考古学报》1957 年第 4 期。集安出土者，见集安县文物保管所：《集安高句丽墓葬发掘简报》，《考古》1983 年第 4 期。新山古坟出土者，见梅原末治：《金铜透彫竜纹带具に就いて》，《考古学杂志》50 卷 4 号，1965 年。

56 见注㉒所载 L. S. Klochko《スキタイの衣装》。

58 奈良县立美术馆：《シルクロード大文明展・オアシスと草原の道》图 7，奈良，1988 年。

59 见注㊽之二，页 70。

⑥　梅原末治：《松尾村谷冢》，载《京都府史迹名胜天然记念物调查报告》册 2，京都，1920 年。

⑥　内蒙古自治区博物馆等：《和林格尔县另皮窑村北魏墓出土的金器》；伊克坚、陆思贤：《土默特左旗出土北魏时期文物》，均载《内蒙古文物考古》第 3 期，1984 年。

⑥　伊克昭盟文物工作站、内蒙古文物工作队：《西沟畔汉代匈奴墓地调查记》，《内蒙古文物考古》创刊号，1980 年。

⑥　河北省文化局文物工作队：《河北定县出土北魏石函》，《考古》1966 年第 5 期。

⑥　《唐文粹》卷七七。

⑥　韩伟：《唐代革带考》，《西北大学学报》（哲社版）1982 年第 3 期。郭文魁：《和龙渤海古墓出土的几件金饰》，《文物》1973 年第 8 期。

⑥　参看《中国古舆服论丛》一书《两唐书舆（车）服志校释稿》【旧 96】注④。

⑥⑧　内蒙古文物考古研究所：《辽陈国公主驸马合葬墓发掘简报》；孙机：《一枚辽代刺鹅锥》，均载《文物》1987 年第 11 期。

⑥　《全唐诗》七函一〇册。

⑥　《全唐诗》八函五册。

⑦　《麈史》卷上："方銙……其稀者目曰稀方，密者目曰排方。"

⑦　挞尾见《中华古今注》卷上"文武品阶腰带"条，獭尾见成都抚琴台前蜀王建墓出土玉带铭，插尾见《阅世编》，鱼尾见《宋史·舆服志》，皆铊尾的别名。

⑦　冯汉骥：《王建墓内出土"大带"考》，《考古》1959 年第 8 期。

⑦　四川省博物馆文物工作队：《四川彭山后蜀宋琳墓清理简报》，《考古通讯》1958 年第 5 期。

⑦　唐昌朴、梁德光：《江西遂川发现北宋郭知章墓》，《文物资料丛刊》6，1982 年。

⑦　宋·欧阳修：《归田录》卷二。

⑦　《宋史·舆服志》。

⑦　宋·徐度：《却埽编》卷上。

⑦　江苏省文物管理委员会：《江苏吴县元墓清理简报》，《文物》1959 年第 11 期。

⑦　宁夏回族自治区博物馆：《西夏八号陵发掘简报》，《文物》1978 年第 8 期。

⑧　毬路带亦名毬文带。《麈史》卷上："国朝祖宗创造金毬文带。"《宋史·吴居厚传》："以老避位……恩许仍服方团金毬文带。"毬路、毬文，名异实同。宋·李诚《营造法式》中多用毬文之名，该书卷二一"格子门"条载"四斜毬文格子门"。宋元时，有些格子门被称为"亮槅"。《古今小说·张古老种瓜娶文女》："韦义方把舌头舔开朱红毬路亭〔亮〕槅。"元曲《谢金吾》："夫役每，把那金钉朱户、虬镂亮槅，拆不动的都打烂了罢！"乃以同音字"虬镂"代表毬路。可见"毬文格子门"与"毬路亮槅"所指亦同。《扬州梦》："近雕阁，穿玉户，龟背毬楼。"则是说格子门上的棂眼有六边形的龟背与套环形的毬路。对照《法式》所载毬文图样，知其为互相络合之圆球组成的图案。许政扬《宋元小说戏曲语释》引《燕青博鱼·醉夫归》"他把我这个竹笼笆的毬楼磴折了四五根"，认为毬楼〔路〕即竹笼上的"圆孔篾纹"（《许政杨文存》页 48~53），其说至确。《法式》中的图样正与圆孔篾纹相似。虽然由于组合上的变化，毬路纹有"四斜"、"簇四"、"簇六"等多种式样，但其基本结构相同。旧说以为毬路纹指萨珊式的联珠

纹，不确。

㉑ 宋·蔡绦：《铁围山丛谈》卷六。

㉒ 《唐语林》卷二："张燕公文逸而学奥，……上亲解紫拂林带以赐焉。"唐兰《〈刘宾客嘉话录〉的校辑与辨伪》（《文史》第 4 辑）谓此条应出自《嘉话录》。

㉓ 南京市博物馆：《江苏省南京市板仓村明墓的发掘》，《考古》1999 年第 10 期。在革带上装带銙、铊尾等带具，虽自其悠远的渊源上说，与中亚、西亚带具有着文化上的联系，但宋以后的带具，却纯然是中国作风，西方绝无与之相近之例。方龄贵《元明戏曲中的蒙古语》（汉语大词典出版社，1991 年）一书中说：狮蛮 "乃 '阄狮蛮' 之省"，"为 dā nishmandī 的对音，本义为伊斯兰教教士"。从而认为狮蛮带与回回人的装束有关。实误。狮蛮带和阄狮蛮不过用字偶同而已。

㉔ 周到：《宋魏王赵頵夫妻合葬墓》，《考古》1964 年第 7 期。按治平四年宋神宗封弟頵为岐王，熙宁四年封弟頵为嘉王。元丰三年分别进封为雍、曹王。元丰八年哲宗即位后进封为扬、荆王。元祐三年追封頵为魏王。

㉕ 王国维：《庚辛之间读书记·片玉词条》。

㉖ 陈柏泉：《上饶发现雕刻人物的玉带牌》，《文物》1964 年第 2 期。

㉗ 白冠西：《安庆市棋盘山发现的元墓介绍》，《文物参考资料》1957 年第 5 期。

㉙ 热河省博物馆筹备组：《赤峰县大营子辽墓发掘报告》，《考古学报》1956 年第 3 期。

㉚ 唐·李德裕《李文饶集·别集》卷一《通犀带赋·序》说："客有以通犀带示余者，嘉其珍物，古人未有词赋，因抒此作。"可见通犀带并非李德裕日常服御之物。赋中谓此带銙上 "芝草绕葩而猎牛，烟霞异状而轮囷"，则似已注意到其自然花纹。9 世纪中一位佚名的阿拉伯旅行家所著《中国印度见闻录》说 "印度各地都有犀牛……有时其角纹似人形、孔雀形、鱼形或其他花纹。中国人用来制造腰带。根据花纹的美观程度，在中国，一条的价格可达两千、三千或者更多的迪纳尔"（据穆根来等译本，中华书局，1983 年）。

㉛ 翁善良、罗伟先：《成都东郊北宋张确夫妇墓》，《文物》1990 年第 3 期。

㉜ 宋仁宗皇后像，见沈从文《中国古代服饰研究》（香港，1981 年）页 332。宣化辽墓壁画，见河北省文物管理处、河北省博物馆：《河北宣化辽壁画墓发掘简报》，《文物》1975 年第 8 期。

㉝ 《金史·舆服志》。

㉞ 《丛书集成初编》本《天水冰山录》附录 "籍没朱宁数"。

㉟ 南京市博物馆：《南京明汪兴祖墓清理简报》，《考古》1972 年第 4 期。江西省文物工作队：《江西南城明益定王朱由木墓发掘简报》，《文物》1983 年第 2 期。辽宁省博物馆文物队等：《鞍山倪家台明崔源族墓的发掘》，《文物》1978 年第 11 期。江西省文物工作队：《江西南城明益宣王朱翊鈏夫妇合葬墓》，《文物》1982 年第 8 期。

㊱ 如《金瓶梅》中提到过 "四指大宽萌（蒙）金茄南香带"（三一回）、"四指荆山白玉玲珑带"（七〇回）等。

㊲ 泰州市博物馆：《江苏泰州市明代徐蕃夫妇墓清理简报》，《文物》1986 年第 9 期。

㊳ 中国社会科学院考古研究所等：《定陵》上册，页 207，文物出版社，1990 年。

㊴ 唐·李贺：《李长吉歌诗》卷三。

⑩⑩ 《宋史·舆服志》："四品以上服金带。以下升朝官，虽未升朝已赐紫、绯，内职诸军将

校；并服红鞓金涂银排方。"

⑩ 据《朴通事谚解》本，朝鲜李朝肃宗三年（1677 年）边暹、朴世华刊，京城帝国大学法文学部影印，奎章阁丛书第八，汉城，1943 年。

⑩ 大同市文物陈列馆等：《山西省大同市元代冯道真、王青墓清理简报》，《文物》1962 年第 10 期。

⑩ 甘肃省博物馆等：《甘肃漳县元代汪世显家族墓葬简报之一》，《文物》1982 年第 2 期。

⑩ 无锡市博物馆：《江苏无锡市元墓中出土一批文物》，《文物》1964 年第 12 期。

⑩ 徐琳：《对钱裕墓出土的"春水"玉和白玉带钩的再认识》，《无锡文博》2000 年第 2 期。

⑩ 故宫博物院编：《古玉精萃》图 89，上海人民美术出版社，1987 年。

⑩ 以上所举闹装绦环之实例，见《定陵》下册，图版 123～126。

霞帔坠子

＊ 原载《文物天地》1994 年第 1 期。

① 南京市博物馆：《南京幕府山宋墓清理简报》，《文物》1982 年第 3 期。上海市文物保管委员会等：《上海古代历史文物图录》页 63。福建省博物馆：《福州北郊南宋墓清理简报》，《文物》1977 年第 7 期。湖州市博物馆：《浙江湖州三天门宋墓》，《东南文化》2000 年第 9 期。陈晶、陈丽华：《江苏武进村前南宋墓清理记要》，《考古》1986 年第 3 期。江西省文物考古研究所等：《江西德安南宋周氏墓清理简报》，《文物》1990 年第 9 期。《中国文物精华》编辑委员会：《中国文物精华·1993》图版 123，1993 年。

② 江苏省文物管理委员会：《江苏吴县元墓清理简报》，《文物》1959 年第 11 期。安徽六安县文物工作组：《安徽六安花石嘴古墓清理简报》，《考古》1986 年第 10 期。长沙市文物工作队：《长沙元墓清理简报》，《湖南文物》第 3 辑，1988 年。

③ 南京博物院：《江苏省出土文物选集》图 216。北京市文物工作队：《北京南苑苇子坑明代墓葬清理简报》，《文物》1964 年第 11 期。江西省博物馆：《江西南城明益王朱祐槟墓发掘报告》，《文物》1973 年第 3 期。上海博物馆：《上海浦东陆氏墓记述》，《考古》1985 年第 6 期。甘肃省文物管理委员会：《兰州上西园明彭泽墓清理简报》，《考古通讯》1957 年第 1 期。《中国文物精华》编辑委员会编：《中国文物精华.1997》图版 105，文物出版社，1997 年。

④ 中国社会科学院考古研究所、北京市文物研究所：《定陵》上册，页 160、162，文物出版社，1990 年。

⑤ 新昌市文管会：《浙江新昌南宋墓发掘简报》，《南方文物》1994 年第 4 期。

⑥ 王正书：《上海打浦桥明墓出土玉器》，《文物》2000 年第 4 期。

明代的束发冠、䯼髻与头面

＊ 原载《文物》2001 年第 7 期。

注
释

華
夏
衣
冠

① 陆诗前二句引自《初夏》，见《剑南诗稿》卷七六。后二句引自《春日》，见同书卷二。

② 《栾城集·后集》卷二。

③ 此玉冠藏南京博物院，见《中国玉器全集》卷5，图97，河北美术出版社，1993年。戴冠本是道家装束。《金真玉光经》"元景道君曳玄黄之绶，建七色玉冠"（《御览》卷六七五引）。由于男女道士都戴冠，故女道士又称大冠子，唐时已然。五代前蜀王衍奉道，祀神仙王子晋为远祖，上尊号：圣祖至道玉宸皇帝。《花蕊夫人宫词》："焚修每遇三元节，天子亲簪白玉冠。"此王衍自戴白玉冠之实录。宫人随驾出游，亦"皆衣道服，顶金莲花冠，衣画云雾，望之若神仙"（《旧五代史·王衍传》）。后人咏前蜀事，其莲花冠常被提到。《十国宫词》："脸夹胭脂冠带莲，醉妆相对坐生怜。"可见此冠亦一世之盛饰。宋代的白玉莲花冠乃承其余绪。

④ 见《明史·舆服志》。这里将乌纱帽列为常服，而《明会典》卷六一则以"乌纱帽、团领衫、束带为公服"。因为展角幞头在明代多与蟒服配套，难以代表服制中一个单独的系列。

⑤ 邓云乡：《红楼风俗谭·服装真与假》，中华书局，1987年。关于这个问题于1992年在《北京日报》上曾开展一次讨论，见尤戈《〈红楼梦〉中的服饰》（7月17日），刘心武《〈红楼梦〉中的服饰并非"戏装"》（8月24日），周汝昌《红楼服饰谈屑》（9月21日），尤戈《莫把"唐寅"作"庚黄"》（10月30日）等文。

⑥ 报恩寺壁画，见向远木：《四川平武明报恩寺勘察报告》，《文物》1991年第4期。宝宁寺水陆画，见山西省博物馆编：《宝宁寺明代水陆画》，文物出版社，1988年。《御世仁风》版画摹本，见沈从文：《中国古代服饰研究·明代巾帽》，商务印书馆香港分馆，1981年。

⑦ 南京市文物保管委员会：《南京中华门外明墓清理简报》，《考古》1962年第9期。

⑧ 薛尧：《江西南城明墓出土文物》，《考古》1965年第6期。

⑨ 《明史·舆服志·文武官朝服》："一品至九品以冠上梁数为差。公冠八梁，加笼巾貂蝉。"

⑩ 南京市博物馆：《江苏南京市明黔国公沐昌祚、沐睿墓》，《考古》1999年第10期。

⑪ 南京市博物馆编：《明朝首饰冠服》页51，科学出版社，2000年。

⑫㊺ 上海博物馆：《上海浦东明陆氏墓记述》，《考古》1985年第6期。

⑬ 江西省文物工作队：《江西南城明益宣王朱翊钶夫妇合葬墓》，《文物》1982年第8期。苏州市博物馆：《苏州虎丘王锡爵墓清理纪略》，《文物》1975年第3期。

⑭ 南京市文物保管委员会等：《明徐达五世孙徐俌夫妇墓》，《文物》1982年第2期。

⑮ 上海市文物保管委员会编：《上海古代历史文物图录》页96，上海教育出版社，1981年。

⑯ 苏州市文物保管委员会等：《苏州张士诚母曹氏墓清理简报》，《考古》1965年第6期。

⑰ 大同市文物陈列馆等：《山西省大同市元代冯道真、王青墓清理简报》，《文物》1962年第10期。

⑱ 冯安贵：《四川平武发现两处宋代窖藏》，《文物》1991年第4期。

⑲ Museum Rietberg Zürich, *Chinesisches Gold und Silber.* Switzerland 1994.

⑳ 肖梦龙、汪青青：《江苏溧阳平桥出土宋代银器窖藏》，《文物》1986 年第 5 期。

㉑ 怀化地区文物工作队等：《湖南通道发现南明窖藏银器》，《文物》1984 年第 2 期。

㉒ 宋・王林：《燕翼诒谋录》卷四。

㉓㉕ 宋・王得臣：《麈史》卷上。

㉔ 宿白：《白沙宋墓》，文物出版社，1957 年。

㉖ 晋祠宋塑，见彭海：《晋祠文物透视》，山西人民出版社，1997 年。偃师砖刻，见石志廉：《北宋妇女画像砖》，《文物》1979 年第 3 期。新密宋墓壁画见郑州市文物考古研究所等：《河南新密市平陌宋墓壁画》，《文物》1998 年第 12 期。《瑶台步月图》，见沈从文：《中国古代服饰研究》第 108 篇。

㉗ 栖霞山出土的䯼髻，见南京博物院珍藏系列《金银器》图 43，上海古籍出版社，1999 年。无锡出土的䯼髻，见《无锡文博》1995 年第 1 期。

㉘ 《金史・舆服志》说："妇人服襜裙，多以黑紫，上遍绣全枝花，周身六襞积，谓之团衫。""年老者以皂纱笼髻如巾状。"即指包髻团衫。

㉙ 张家口市宣化区文物保管所：《河北宣化下八里辽韩师训墓》，《文物》1992 年第 6 期。

㉚ 妇女服丧期间戴白色䯼髻。《金瓶梅》第六八回说吴银儿"戴着白绉纱䯼髻"，西门庆见了便问："你戴的谁人孝？"同书第一六回说花子虚死后，李瓶儿戴着"孝䯼髻"，即白䯼髻。《警世通言〔卷五〕・吕大郎还金完骨肉》中，吕大郎之弟逼嫂改嫁。王氏说："既要我嫁人，罢了。怎好戴孝髻出门！"此孝髻亦指白䯼髻。

㉛ 见《金瓶梅》第四二回。

㉜ 盛氏的䯼髻，见武进市博物馆：《武进明代王洛家族墓》，《东南文化》1999 年第 2 期。陆氏的䯼髻，见本文注⑫。曹氏的䯼髻，见无锡博物馆：《江苏无锡明华复诚夫妇墓发掘简报》，《文物资料丛刊》第 2 集，1978 年。

㉝ 清・叶梦珠《阅世编》卷八说："银丝䯼髻内衬红绫，光采焕发。"因知䯼髻上的绫纱可蒙可衬，作法不一。

㉞ 吴高彬：《浙江义乌明代金冠》，《收藏家》1997 年第 6 期。

㉟㊻ 何民华：《上海市李惠利中学明代墓群发掘简报》，《东南文化》1999 年第 6 期。

㊱ 《醒世姻缘传》第四四回说素姐出嫁前，"狄婆子把他脸上十字缴了两线，上了䯼髻，戴了排环首饰"。则妇女婚后应戴䯼髻。

㊲ 参看扬之水：《终朝采绿・"洗发膏"及其他》，浙江人民出版社，1997 年。

㊳ 见周锡保：《中国古代服饰史》页 423，女图 8 的说明，中国戏剧出版社，1984 年。

㊴ 《明史・舆服志・皇后常服》：洪武四年更定"冠制如特髻，上加龙凤饰"。同《志》"内命妇服"与"品官命妇冠服"部分，说她们也戴"山松特髻"。

㊵ 中国社会科学院考古研究所等：《定陵》上册，页 24、25，文物出版社，1990 年。

㊶ 小屯：《刘娘井明墓的清理》，《文物参考资料》1958 年第 5 期。

㊷ 云南省文物工作队：《云南呈贡王家营明清墓清理报告》，《考古》1965 年第 4 期。

㊸ 江西省文物管理委员会：《江西南城明益庄王墓出土文物》，《文物》1959 年第 1 期。

㊹ 《明朝首饰冠服》页 49。

㊺ 南京市博物馆等：《江苏南京市邓府山明佟卜年妻陈氏墓》，《考古》1999 年第

10 期。

㊼ 《金瓶梅》第二二回说宋惠莲“把鬏髻垫的高高的，梳的虚笼笼的头发，把水鬓描的长长的”。可见鬏髻以高为尚。

㊽ 如《望江亭》中正旦谭记儿的穿关是：“鬏髻，头面，补子袄儿，裙儿，布袜，鞋。”此类例子很多，不备举。

㊾ 汉·刘熙《释名·释首饰》中列举的物品有冠、笄、弁、帻、簪、导、镜、梳、脂、粉等。《续汉书·舆服志》说：“上古穴居而野处，衣毛而冒皮，未有制度。后世圣人……见鸟兽有冠角頳胡之制，遂作冠冕缨蕤，以为首饰。”

㊿ 《汪太孺人像》见本文注㊳所揭书，页423，女图9。《金安人像》见本文注㉞所揭文。

(51) 中国社会科学院考古研究院考古研究所、北京市文物研究所：《定陵》下册，图版106，文物出版社，1990年。

(52) 如《金瓶梅》第一三回中所称“关顶的金簪儿”。

(53) 张先得、刘精义、呼玉恒：《北京市郊明武清侯李伟夫妇墓清理简报》，《文物》1979年第4期。

(54) 从汉代以来，“钿”一直作为饰品的名称，但不同的时代里所指之物不同。《说文·金部》：“钿，金华也。”这是其原始的、也是使用得最广泛的概念。在唐代，“神女花钿落”（杜甫句）之钿指贴在眉间的花子；着“钿钗礼衣”时所用“九钿、八钿”（《新唐书·车服志》）之钿则指花钗。而在清代宫廷的衣饰中，所谓“钿子”却指插满珠宝和花朵的一种箕形头饰。因此对“钿”的用意必须作具体分析。这里说的“钿儿”，也只是在这一时期中特指头箍。

(55) 江西省文物考古研究所：《尘封瑰宝》图版5-5，江西美术出版社，1999年。

(56) 王正书：《上海打浦桥明墓出土玉器》，《文物》2000年第4期。

(57) 如平武王玺墓简报称之为“钿”（见本文注(60)），上海陆氏墓简报称之为“冠饰”（见本文注⑫），无锡曹氏墓简报称之为“如意簪”（见本文注㉜之三），武进王氏简报称之为“月牙形饰件”（见本文注㉜之一），上海李惠利中学明墓简报则称之为“花瓣形弯弧状饰件”（见本文注㉟）。

(58) 《上海李惠利中学明代墓群发掘简报》称：“其中一件发罩（按：即鬏髻）……前面有一银质鎏金花瓣形弯弧状饰件（按：即分心），……发罩后为银质鎏金条形弯弧状饰件（按：即头箍）。”从所附照片看，插在鬏髻后面的是分心，插在前面的是头箍。

(60) 四川省文管会等：《四川平武明王玺家族墓》，《文物》1989年第7期。

(61) 柯九思《宫词》见《草堂雅集》卷一。又元·张昱《宫中词》“鸳鸯鸂鶒满池娇，彩绣金茸日几条。早晚君王天寿节，要将着御大明朝”（《张光弼诗集》卷二）。又《朴通事》中“鸦青段子满刺娇护膝”注“以莲花、荷叶、藕、鸳鸯、峰蝶之形，或用五色绒绣，或用彩色画于段帛上，谓之满刺娇。今按‘刺’，新旧原本皆作‘池’”，则“池”字不应作“刺”。作为一种广泛流行的图案，满池娇既可用于绘瓷、织绣，也可用作首饰上的纹样。参看尚刚：《鸳鸯鸂鶒满池娇——由元青花莲池图案引出的话题》，《装饰》1995年第2期。

(62) 无锡市博物馆：《江苏无锡青山湾明黄钺家族墓》，《考古学集刊》第3集，1983年。

(63) 见本文注㉜之一。

㉔ 彭氏的掩鬓，见江西省博物馆：《江西南城明益王朱祐槟墓发掘报告》，《文物》1973年第3期。孙氏的掩鬓见本文注⑬所揭江西省文物工作队文。

㉕ 重庆市文物调查小组：《重庆市发现汉、宋、明代墓葬》，《文物参考资料》1958年第8期。

㉖ 中国历史博物馆编：《中国历史博物馆》图版187，文物出版社／讲谈社，1984年。

㉗ 见本文注㉗之一，图40。

㉘ 湖南省博物馆：《湖南临湘陆城宋元墓清理简报》，《考古》1988年第1期。

㉙ 江西省文物考古研究所等：《江西德安南宋周氏墓清理简报》，《文物》1990年第9期。

㉚ 孝端后的围髻见《定陵》下册，图版238。孙氏的围髻见《文物》1982年第8期，图版4：5。此物或名"络索"。元·熊进德《西湖竹枝词》"金丝络索双凤头，小叶尖眉未着愁"（此据《元诗纪事》引。《西湖集览》中杨维桢编《西湖竹枝集》作"络条"）。《碎金》所收"南首饰"中有"落索"，似亦是此物。

㉛ 见本文注⑪所揭书，页128。

㉜ 徐俌墓出土者，见本文注⑭。赵炳然墓所出者，见四川省博物馆等：《明兵部尚书赵炳然夫妇合葬墓》，《文物》1982年第2期。王玺墓所出者，见本文注㉖。潘得墓所出者，见云南省博物馆文物工作队：《云南昆明虹山明墓发掘简报》，《文物》1983年第2期。彭泽墓所出者，见甘肃省文管会：《兰州上西园明彭泽墓清理简报》，《考古通讯》1957年第1期。崔鉴墓所出者，见辽宁省博物馆文物队等：《鞍山倪家台明崔源族墓的发掘》，《文物》1978年第11期。戴缙墓所出者，见黄文宽：《戴缙夫妇墓清理报告》，《考古学报》1957年第3期。

中国古代服饰文化考释三则

* 《洛阳金村出土银着衣人像族属考辨》原载《考古》1987年第6期。

① 李学勤：《东周与秦代文明》页29，文物出版社，1984年。

② 《汉书·匈奴传·上》。

③ 《史记》此语含有追叙的意味，或与汉代习惯的说法相混。"三国"指秦、赵、燕。秦拒匈奴，有《秦本纪》惠文君更元七年"韩、赵、魏、燕、齐帅匈奴共攻秦"之记事可证。但赵自武灵王时，"北破林胡、楼烦，筑长城，自代并阴山下，至高阙为塞"。惠文王二十六年，又取东胡欧代地，可知赵所拒为三胡。燕将秦开"袭破走东胡，却千余里。……筑长城，自造阳至襄平"。燕所拒者则为东胡。因战国时匈奴的势力尚未坐大，所以内蒙古发掘的战国墓，不易明确判断哪些是匈奴墓。如，杭锦旗的阿鲁柴登、准格尔旗的玉隆太与速机沟等地的战国墓或属林胡；乌兰察布盟凉城毛庆沟战国墓则可能属楼烦。

④ 西周铜人头，见庆阳地区博物馆：《甘肃宁县焦村西沟出土的一座西周墓》，《考古与文物》1989年第6期。秦围人俑，见秦俑坑考古队：《秦始皇陵东侧马厩坑钻探清理简报》，《考古与文物》1980年第4期；赵康民：《秦始皇陵东侧发现五座马厩坑》，

《考古与文物》1983 年第 5 期；程学华：《始皇陵东侧又发现马厩坑》，《考古与文物》1985 年第 2 期。西汉石俑见《满城汉墓发掘报告》下册，图版 184。

⑤　如《续通考·礼考六》论元代服制时说："其发或打辫，或打纱练，唯庶民椎髻。"但此处所说的椎髻与汉代的式样全然不同。

⑥　中国科学院考古研究所：《沣西发掘报告》页 138～140，文物出版社，1963 年。

⑦　河南信阳地区文管会、光山县文管会：《春秋早期黄君孟夫妇墓发掘报告》，《考古》1984 年第 4 期。

⑧　此从葬坑的发掘情况，见咸阳市博物馆：《汉安陵的勘查及其陪葬墓中的彩绘陶俑》，《考古》1981 年第 5 期。

⑨　夏曾佑：《中国古代史》页 427，三联书店，1955 年（此书约写成于 1920 年前后）。王国维：《观堂集林》卷一三《西胡续考》，1923 年。

⑩　黄文弼：《论匈奴族之起源》（《边政公论》卷 2，第 3～5 合期，1943 年）谓："《晋书·载记》又称胡羯为高鼻多须者何耶？余疑高鼻多须，非必专指匈奴人。《晋书·石季龙载记》称：'闵宣示内外六夷，敢称兵仗者斩之。胡人或斩关或逾城而出者，不可胜数。'则所谓'胡'，乃泛指'六夷'之人也。"纵如其说，亦不能将胡羯排除在高鼻多须者之外。

⑪⑬　潘其风、韩康信：《内蒙古桃红巴拉古墓和青海大通匈奴墓人骨的研究》，《考古》1984 年第 4 期。

⑫　田广金、郭素新：《鄂尔多斯式青铜器》，文物出版社，1986 年。

⑭　亦邻真：《中国北方民族与蒙古族族源》，《元史论集》，人民出版社，1984 年。

⑮　见注⑩所揭文。

⑯　孝堂山者，见罗哲文：《孝堂山郭氏墓石祠》，《文物》1961 年第 4、5 期合刊。两城山者，见山东省博物馆、山东省文物考古研究所：《山东汉画像石选集》图版 7，图 13，齐鲁书社，1982 年。

⑰　《史记·邹阳列传》裴骃集解引。

⑱　前者见梅原末治：《蒙古ノイン·ウラ发见の遗物》页 50～60，东京，1960 年；后者见《满城汉墓发掘报告》上册，页 69～72，文物出版社，1980 年。

⑲　长治铜人，见《新中国的考古发现与研究》图版 86：2，文物出版社，1984 年。斯德哥尔摩与纳尔逊美术馆所藏铜人，见林巳奈夫：《春秋战国时代の金人と玉人》插图 9、17，载《战国时代出土文物の研究》，京都，1985 年。

⑳　麦高文：《中亚古国史》章巽译本，页 57，中华书局，1958 年。

㉑　《后汉书·南匈奴传》说："单于脱帽徒跣，对庞雄等陈道死罪，于是赦之。"这是因为他久居塞内，袭用汉礼之故，并非匈奴本俗。

㉒　李学勤：《新出青铜器研究·考古发现与东周王都》，文物出版社，1990 年。

＊　《汉代军服上的徽识》原载《文物》1988 年第 8 期。

㉓　国家文物局古文献研究室大通上孙家寨汉简整理小组：《大通上孙家寨汉简释文》，《文物》1981 年第 2 期。陈公柔、徐元邦、曹延尊、格桑本：《青海大通马良墓出土汉简的整理与研究》，《考古学集刊》第 5 集，1987 年。

㉔㉕　陕西省文物管理委员会、咸阳市博物馆：《陕西省咸阳市杨家湾出土大批西汉彩绘陶俑》，《文物》1966 年第 3 期。陕西省文管会等：《咸阳杨家湾汉墓发掘简报》，《文物》1977 年第 10 期。

㉖　郭宝钧：《山彪镇与琉璃阁》，科学出版社，1959 年。山西省考古研究所等：《山西省潞城县潞河战国墓》，《文物》1986 年第 6 期。

㉗　徐州博物馆：《徐州狮子山兵马俑坑第一次发掘简报》，《文物》1986 年第 12 期。徐州博物馆、南京大学历史系考古专业：《徐州北洞山西汉墓发掘简报》，《文物》1988 年第 2 期。

㉘　如东魏·赵胡仁墓出土俑，见《考古》1977 年第 6 期，页 393。

＊　《说"金紫"》原载《文史知识》1984 年第 1 期。

㉙　《全唐诗》七函六册。

㉚　《史记·蔡泽列传》。

㉛　《史记·项羽本纪》。

㉜　《汉书·王莽传下》。

㉝　《三国志·魏志·吕布传》裴注引《英雄记》。

㉞　《太平御览》卷四七八、六八八。

㉟　容庚：《武梁祠画像录》，哈佛燕京学社，1946 年。

㊱　《北堂书钞》卷一〇四。

㊲㊳　《旧唐书·舆服志》。

㊴　潘洁兹：《敦煌的故事》页 47，中国青年出版社，1961 年。

㊵　《旧唐书·玄宗纪》开元三年、十九年。

㊶　《唐会要》卷三二。

㊷　《新唐书·车服志》。

注
释